Klett Studienbücher Mathematik

herausgegeben von
Prof. Arthur Engel, Prof. Dr. Karl-Peter Grotemeyer,
Prof. Dr. Günter Pickert, Prof. Dr. Hans Prade und
Prof. Dr. Ingo Weidig

BENEDIKT BÖGEMANN

Höhere Mathematik für Ingenieure und Physiker

Band 1

von Prof. Dr. Klaus Habetha

Ernst Klett Stuttgart

1. Auflage
1⁴ ³ ² | 79 78 77

Einbandentwurf: Edgar Dambacher, Korb bei Waiblingen
Zeichnungen: Otto Waltsgott, Stuttgart
Druck: Ernst Klett, 7000 Stuttgart
ISBN 3-12-983260-2

Inhaltsverzeichnis

Vorwort

Diese dreibändige „Höhere Mathematik" ist als Studienhilfe neben einer drei- oder
viersemestrigen Vorlesung gedacht. Die Schwierigkeit, die Fülle des Stoffes in der
zur Verfügung stehenden Zeit zu bewältigen, ist bei der Grundvorlesung für Ingenieure und Physiker besonders groß. So wird es nicht möglich sein, den Inhalt des
hier vorgelegten Bandes in einem Semester vollständig vorzutragen. Insbesondere
kompliziertere Beweise und auch dieses oder jenes Thema wird man weglassen
müssen, um die Zahl der vorgerechneten Beispiele nicht zu sehr zu beschneiden.
Dieser und die beiden folgenden Bände sollen es daher einem interessierten Studenten ermöglichen, den Vorlesungsstoff durch Selbststudium zu ergänzen, um zu
einem besseren Verständnis zu kommen. Darüber hinaus werden die Bände als Vor-
lesungsskript dienen. Die Übungsaufgaben mit Lösungen sollen zur selbständigen
Arbeit anregen.
Für Verbesserungsvorschläge habe ich insbesondere Herrn Karl Heinz Mayer zu
danken, Herr Erich Kühn hat mich in dankenswerter Weise bei der Korrektur unterstützt und Frau Bärbel Schulte hat mit großer Sorgfalt das Manuskript geschrieben.
Dem Verlag und den Herausgebern danke ich für die gute Zusammenarbeit.

Klaus Habetha

Einleitung

Die Beziehungen zwischen Naturwissenschaften und Technik auf der einen Seite
und Mathematik auf der anderen sind von vielfältiger Art. Hier geht es um die Vor-
bereitung auf den alltäglichen Umgang des Naturwissenschaftlers und Ingenieurs mit
der Mathematik, bei dem er mathematische Modelle z. B. physikalischer Vorgänge
aufzustellen und zu benutzen sucht, um die Natur zu beschreiben. Abb. 1.1 soll
eine mögliche Wirkung eines mathematischen Modells erläutern:

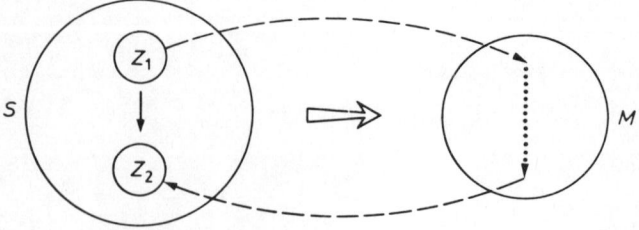

Abb. 1.1

Eine physikalische Situation S wird durch ein mathematisches Modell M beschrieben. Der sich verjüngende Pfeil und die unterschiedliche Größe der Kreise für S und M deuten an, daß M im allgemeinen nur Teilaspekte von S erfassen wird. Ist nun in S ein Zustand Z_1 (z. B. Temperatur, Druck, Spannung) durch Zahlenwerte beschrieben, so soll es das mathematische Modell ermöglichen, aus diesen Zahlen die Werte für einen anderen Zustand Z_2 auszurechnen. Stimmt diese Voraussage, die nicht immer zeitlich in die Zukunft weisen muß, mit den gemessenen Werten von Z_2 im Rahmen der Meßgenauigkeit stets überein, so darf man das mathematische Modell als hinreichend ansehen.

Es kann jedoch vorkommen, daß sich mathematische Modelle bei verfeinerten Meßmethoden als unzureichend erweisen und durch andere ersetzt oder auf Teilbereiche eingeschränkt werden müssen. Das klassische Beispiel hierfür ist die Stellung der Newtonschen innerhalb der relativistischen Mechanik.

Bei der Rechnung in einem mathematischen Modell kann aber möglicherweise auch der Mathematiker die auftretenden Fragen mit den heute zur Verfügung stehenden Mitteln nicht lösen. Dann wird im Wechselspiel zwischen Naturwissenschaftler und Mathematiker das Modell so abgeändert werden müssen, daß einerseits die Vereinfachungen die Beschreibung des natürlichen Vorganges nicht zu sehr verfälschen, daß aber andererseits der Mathematiker die vereinfachten Probleme lösen kann.

Hier zeigen sich Ziele der mathematischen Ausbildung von Naturwissenschaftlern und Ingenieuren. Die Studenten sollen einmal die Mathematik als Sprache lernen, um Modelle für die Anwendungen verstehen und auch aufstellen zu können. Das Aufstellen von Modellen erfordert aber zum anderen eine gewisse Vorstellung von den Problemen, die mathematisch behandelt werden können.

Dies wird in dem vorliegenden Band, dem zwei weitere folgen sollen, angestrebt; neben den Grundbegriffen sollen auch gewisse Rechen- und Lösungstechniken eingeübt sowie eine Vorstellung von den mathematisch lösbaren Fragestellungen vermittelt werden. Dazu sollen die Beispiele im Text und die Aufgaben am Schluß der Kapitel wesentliche Hilfsmittel sein. Es ist aber keineswegs die Absicht der Bände, einen vollständigen Überblick über die für die Anwendungen wichtigen Gebiete der Mathematik zu geben. Der Student soll jedoch soweit mit den jeweiligen Anfangsgründen vertraut gemacht werden, daß bei Bedarf und Interesse eine entsprechende Spezialvorlesung oder Spezialliteratur verstanden werden kann.

Zur Gliederung noch folgenden Hinweis: Der Band ist in Kapitel eingeteilt, innerhalb deren Ankündigungen wie Satz, Definition usw. durchnumeriert werden. Satz 8.3 ist also die dritte Ankündigung in Kap. 8.
Die Aufgaben am Schluß der Kapitel sind manchmal mit Lösungshinweisen versehen, die Lösungen finden sich am Schluß des Bandes. Der Schwierigkeitsgrad der Aufgaben ist unterschiedlich. Im Gegensatz zu den Beispielen im Text wird auf Aufgaben im allgemeinen kein Bezug genommen.

1. Die reellen Zahlen

Mit die ältesten, aber auch heute noch grundlegenden Tätigkeiten in den Anwendungen der Mathematik sind das Zählen und das Messen. Sie dienen u. a. dem Vergleichen von Anzahlen und Längen; mit letzterem werden auch Flächeninhalte erfaßt (Landvermessung). Man vergleicht beim Messen einer Strecke deren Länge mit einer bekannten Strecke, die als Einheitsstrecke zugrundegelegt wird (Meter, Fuß, Zoll usw.). Aus dieser Herkunft ist es zu erklären, daß erst relativ spät die Null und die negativen Zahlen eingeführt wurden, denen nicht ohne weiteres Strecken entsprechen.

Die reellen Zahlen können auf einer Geraden, der Zahlengeraden (Abb. 1.2), veranschaulicht werden. Man legt darauf eine Einheitsstrecke fest, deren linker Endpunkt O Nullpunkt, deren rechter Endpunkt E genannt werden soll. Jede weitere Strecke

Abb. 1.2

kann von O nach rechts abgetragen werden, dem rechten Endpunkt P entspricht eine reelle Zahl x als Verhältnis der Strecken OP und OE. Punkten Q links von O werden negative Maßzahlen x' zugeordnet, die bis auf das Vorzeichen gleich den Streckenverhältnissen QO zu OE sind. Hier wird also noch eine Richtung berücksichtigt. Umgekehrt kann man jeder reellen Zahl genau einen Punkt der Zahlengeraden zuordnen. Meist gibt man an der Zahlengerade gleich die reellen Maßzahlen als Koordinaten an. Wir wollen die *Menge der reellen Zahlen* mit IR bezeichnen.

Die Mathematik ist nicht in der Lage, alle ihre Sätze zu beweisen; man muß stets einige unbewiesene Aussagen, Axiome genannt, zugrundelegen, aus denen alle weiteren Sätze gefolgert werden. So sollen auch hier einige grundlegende Eigenschaften der reellen Zahlen zusammengestellt werden, die aber auf der Zahlengeraden veranschaulicht werden können.

Bevor Eigenschaften aller reellen Zahlen aufgeschrieben werden, soll nur der Teil von ihnen betrachtet werden, der beim einfachen Zählen eine Rolle spielt. Dem Zählen entspricht auf der Zahlengeraden das wiederholte Abtragen der Einheitsstrecke nach rechts. IN = $\{1, 2, 3, 4, \ldots\}$ nennt man die *Menge der natürlichen Zahlen*, eine intuitive Vorstellung von ihnen besitzt wohl jeder. Man kann etwa mit den natürlichen Zahlen beginnen und aus ihnen die reellen Zahlen aufbauen. Der nachstehende Satz ist dabei häufig eines der als unbewiesen vorausgesetzten Axiome. Er kann aus den unten aufgeführten Axiomen der reellen Zahlen gefolgert werden, was allerdings hier unterbleiben soll.

1.1. Satz (*vollständige Induktion*): Gegeben sei eine Aussage oder Eigenschaft A(n), die von den natürlichen Zahlen n = 1, 2, 3 . . . abhängt. Gilt dann

a) A(1) ist richtig,　　　　　　　　[Induktionsanfang, Probe]

b) ist A(n) richtig, so auch A(n+1) [Schluß von n auf n + 1]

so ist A(n) für alle n richtig.

Dieser Satz ist anschaulich klar, da man, mit 1 beginnend, über b) den Beweis für jede vorgegebene natürliche Zahl durchführen kann. Der Satz bringt eine wesentliche Eigenschaft der natürlichen Zahlen zum Ausdruck, die außerdem ein wichtiges Beweisverfahren darstellt. Es sollen daher einige Beispiele betrachtet werden.

Die vollständige Induktion kann auch bei anderen natürlichen Zahlen n_0 beginnen und der Beweis gilt dann für alle nachfolgenden n. An dieser Stelle sei auch noch darauf hingewiesen, daß häufig die Null zu den natürlichen Zahlen gerechnet wird. Das ist manchmal praktisch, im allgemeinen belanglos und scheint mir historisch nicht gerechtfertigt.

1.2. Beispiele:

a) Für alle natürlichen Zahlen n gilt $1+2+3+ \ldots + n = \frac{n(n+1)}{2}$.

Beweis: Induktionsanfang:　　　　　　　　　　$1 = \frac{1 \cdot 2}{2}$

Schluß von n auf n+1:

$1+2+ \ldots +(n+1) = (1+2+ \ldots +n) + (n+1) = \frac{n(n+1)}{2} + (n+1) = \frac{(n+1)(n+2)}{2}$.

b) Für jedes natürliche n gilt: Ordnet man die Zahlen 1, 2, 3, . . ., (n−1), n in irgendeiner Reihenfolge an (das gleiche gilt für n unterscheidbare Gegenstände), so gibt es dafür

　　　　　n! = 1·2·3 . . . (n−1)n　　　　　　[gelesen: *n-Fakultät*]

Möglichkeiten. Man spricht von *Permutationen* von n Elementen. Die Fakultäten werden sehr schnell groß: Um n! = n · (n−1)! auch für n = 1 zu haben, setzt man 0!=1; dann ist 1!=1; 2!=2; 3!=6; 4!=24; 5!=120; 6!=720; 7!=5040; 8!=40320; . . .

Beweis: Induktionsanfang: Für eine Zahl gibt es nur eine Möglichkeit der Anordnung.

Schluß von n auf n+1: n Zahlen lassen sich nach Annahme auf n! Weisen anordnen. Die Zahl (n+1) kann bei jeder dieser Anordnungen an (n+1) verschiedene Stellen gesetzt werden, zusammen ergibt das (n+1)n! = (n+1)! Anordnungen.

c) Für alle natürlichen Zahlen k und n, wobei k nicht größer als n sei, gilt: Es gibt

$$\binom{n}{k} = \frac{n(n-1)(n-2) \ldots (n-k+1)}{k!} = \frac{n!}{k!\,(n-k)!}$$

[gelesen: *n über k*]

verschiedene k-elementige Teilmengen einer Menge mit n Elementen, z. B. von {1, 2, 3, . . ., n}. Da die Teilmengen nur verschiedene Elemente enthalten, spricht man von *Kombinationen ohne Wiederholung*.

Man beachte: Die Aussage enthält, daß $\binom{n}{k}$ eine natürliche Zahl ist. Man setzt $\binom{n}{0} = 1$.

Offenbar hat die obige Definition von $\binom{n}{k}$ auch für beliebige Zahlen n und natürliche k einen Sinn.

Beweis: Da hier zwei natürliche Zahlen in der Behauptung vorkommen, ist nicht von vornherein klar, wie die vollständige Induktion durchzuführen ist. Es bleibt eigentlich nur, die Induktion sowohl nach k als auch nach n zu versuchen, um zu prüfen, welche Möglichkeit zum Erfolg führt. Wir wollen die Induktion nach k versuchen und müssen die Behauptung entsprechend formulieren:

Für alle natürlichen k gilt: Für beliebiges n, das nicht kleiner als k ist, ist die Anzahl der verschiedenen k-elementigen Teilmengen einer n-elementigen Menge $\binom{n}{k}$.

Induktionsanfang: k=1. Eine Aufteilung in Teilmengen mit einem Element ergibt $n = \binom{n}{1}$ Teilmengen.

Schluß von k auf k+1: Nach Annahme gibt es $\binom{n}{k}$ k-elementige Teilmengen. In jeder Teilmenge fehlen also n–k aller Elemente, von denen man jedes einzeln hinzufügen kann, um eine (k+1)-elementige Teilmenge zu erhalten. Jede k-elementige Teilmenge gibt also Anlaß zu (n–k) (k+1)-elementigen Teilmengen, von denen jedoch jede (k+1)-mal auftritt, da sie aus (k+1) verschiedenen k-elementigen Teilmengen durch Hinzufügen eines Elementes erzeugt werden kann. Daher ergeben sich insgesamt $\binom{n}{k} \frac{n-k}{k+1} = \binom{n}{k+1}$ Teilmengen mit (k+1) Elementen.

d) Dem Leser bleibe das Nachrechnen der Formel

$$\binom{n}{k} + \binom{n}{k+1} = \binom{n+1}{k+1}$$

überlassen.

e) *Binomischer Satz*: Für beliebige Zahlen a, b und alle natürlichen Zahlen n gilt

$$(a+b)^n = a^n + \binom{n}{1}a^{n-1}b + \binom{n}{2}a^{n-2}b^2 + \ldots + \binom{n}{n-1}ab^{n-1} + b^n.$$

Beweis: Induktionsanfang: $(a+b)^1 = a+b$.
Schluß von n auf n+1:

$$(a+b)^{n+1} = (a+b)^n(a+b) =$$

$$= a^{n+1} + \binom{n}{1}a^n b + \binom{n}{2}a^{n-1}b^2 + \ldots + \binom{n}{n-1}a^2 b^{n-1} + \binom{n}{n}ab^n +$$

$$+ \binom{n}{0}a^n b + \binom{n}{1}a^{n-1}b^2 + \ldots + \binom{n}{n-1}ab^n + b^{n+1}$$

Aufgrund der oben angegebenen Formel folgt

$$= a^{n+1} + \binom{n+1}{1}a^n b + \binom{n+1}{2}a^{n-1}b^2 + \ldots + \binom{n+1}{n-1}a^2 b^{n-1} + \binom{n+1}{n}ab^n + b^{n+1}.$$

Neben den natürlichen Zahlen sind als spezielle reelle Zahlen bemerkenswert die *ganzen Zahlen* $\mathbb{Z} = \{\ldots, -3, -2, -1, 0, 1, 2, 3, \ldots\}$. Diese gewinnt man durch Abtragen der Einheitsstrecke auf der Zahlengeraden auch nach links. In $\mathbb{Z}$ ist die Subtraktion unbeschränkt ausführbar im Gegensatz zu $\mathbb{N}$, wo die Differenz zweier Zahlen nicht unbedingt wieder zu $\mathbb{N}$ gehört.

Ferner sei die Menge $\mathbb{Q}$ der *rationalen Zahlen* erwähnt. Diese entstehen auf der Zahlengeraden durch Teilung der Einheitsstrecke in q gleiche Teile und Abtragen von Vielfachen dieser Teilstrecken nach beiden Seiten. Dabei ist q eine beliebige natürliche Zahl und die Konstruktion ist leicht mit Hilfe des Strahlensatzes durchführbar.

Bekanntlich kann man dabei für verschiedene q zum gleichen Punkt der Zahlengeraden kommen. Dieser Punkt entspricht der rationalen Zahl, während die verschiedenen Wege, die zu dem Punkt führen, verschiedene Darstellungs- oder Erzeugungsmöglichkeiten der rationalen Zahl angeben:

$$x = \frac{p}{q} = \frac{r}{s}, \quad p,q,r,s \text{ aus } \mathbb{Z}, \quad q,s \neq 0.$$

Diese Gleichung ist bekanntlich dann richtig, wenn ps = qr ist, insbesondere ergibt sich damit die Kürzungsregel für rationale Zahlen:

$$\frac{pr}{qr} = \frac{p}{q}.$$

In $\mathbb{Q}$ ist auch die Division (bis auf die durch 0) unbeschränkt ausführbar, was in $\mathbb{Z}$ nicht der Fall ist.

Die restlichen Punkte der Zahlengeraden stellen *irrationale Zahlen* dar. Es ist von vornherein nicht klar, ob es überhaupt irrationale Zahlen gibt, da man zeichnerisch die Zahlengerade „beliebig dicht" mit rationalen Zahlen ausfüllen kann. Eines der einfachsten Beispiele für eine irrationale Zahl ist $\sqrt{2}$, die man zeichnerisch als Diagonale in einem Quadrat, dessen Seite die Einheitsstrecke ist, leicht gewinnen kann. Wäre nämlich $\sqrt{2} = \frac{p}{q}$ eine rationale Zahl, so wäre nach Definition der Wurzel $2q^2 = p^2$. Dabei nehmen wir $\frac{p}{q}$ gekürzt an. Es müßte also p^2 durch 2 teilbar sein, das ginge in einem Quadrat aber nur, wenn p selbst durch 2 teilbar wäre. Damit müßte wieder q^2 und somit q durch 2 teilbar sein. Das stünde jedoch im Widerspruch zur Voraussetzung, daß $\frac{p}{q}$ gekürzt ist. Also kann $\sqrt{2}$ keine rationale Zahl sein.

Es folgen nun die angekündigten Axiome der reellen Zahlen, aus denen sich alle weiteren Rechenregeln ableiten lassen. Das soll nicht in jedem Fall geschehen, da einige Beispiele zur Illustration genügen. Die Axiome der Ordnung werden wir in Kap. 2 vielfach beim Rechnen mit Ungleichungen anwenden. Das Vollständigkeitsaxiom ist der wesentliche Schritt über die rationalen Zahlen hinaus. Wir werden es an wichtigen Stellen anzuwenden haben. Die Axiome der Addition und Multiplikation haben hier eher den Sinn zu beleuchten, mit wie wenig Grundregeln man für das übliche Rechnen auskommt.

1.3. Axiome der Addition in $\mathbb{R}$:

a) Zu jedem Paar reeller Zahlen a, b gibt es genau eine reelle Zahl a+b, die Summe von a und b.

Für alle reellen a, b und c gilt dann

b) $a+b = b+a$ [Kommutativität]

c) $(a+b)+c = a+(b+c)$ [Assoziativität]

d) Es existiert genau eine reelle Zahl x mit $a + x = b$.

Entsprechen OP bzw. OQ auf der Zahlengeraden den Zahlen a bzw. b, so erhält man a+b durch Abtragen der Strecke OQ von P aus.

Eine Menge mit den Eigenschaften a)–d) heißt *abelsche Gruppe* bezüglich der Verknüpfung ,,+", wobei die Forderungen abgeschwächt werden können. Für die Ableitung weiterer Rechenregeln der Addition zwei Beispiele:

1.4. Hilfssatz: a) Es gibt genau eine reelle Zahl, Null genannt, so daß für alle reellen a

$$0+a = a+0 = a.$$

Man bezeichnet die Lösung von $a+x=b$ als Differenz von b und a: $x = b - a$. Speziell für $b = 0$ bezeichnet man die Differenz von 0 und a durch $-a = 0 - a$.

b) Für alle reellen Zahlen a ist $-(-a) = a$.

In a) wird die Null charakterisiert, der auf der Zahlengeraden natürlich der Punkt O entspricht. Der Differenz $b - a$ entspricht die Strecke PQ (wenn OP bzw. OQ den Zahlen a bzw. b entsprechen), von O aus abgetragen. b) ist ein Beispiel für eine Vorzeichenregel.

Beweis: a) Es sei b fest und 0 die Lösung von $x+b=b$. Dann sei a beliebig und y Lösung von $y+b = a$, es folgt

$$a+0 = (y+b) + 0 = y+(b+0) = y+b = a.$$

Jede weitere reelle Zahl $\tilde{0}$ mit dieser Eigenschaft muß gleich 0 sein, denn es gilt dann

$$0 = 0 + \tilde{0} = \tilde{0}.$$

b) $-(-a)$ ist nach Definition die Lösung von $x + (-a) = 0$. Nach der Definition von $-a$ ist diese Lösung aber a.

Für die Summe endlich vieler Zahlen führt man üblicherweise eine Abkürzung ein:

1.5. Definition: a) Es sei für beliebiges natürliches $n \geq 3$

$$a_1+a_2+ \ldots +a_n = (a_1+a_2+ \ldots +a_{n-1}) + a_n.$$

b) Zur Abkürzung setzt man

$$\sum_{k=1}^{n} a_k = a_1+a_2+ \ldots +a_n.$$

Σ heißt Summenzeichen, k Summationsindex.

Wegen des Assoziativgesetzes hätte man unter a) auch eine beliebige andere (sinnvolle) Klammersetzung wählen können. Auf die Bezeichnung des Summationsindex kommt es offenbar nicht an, es ist also

$$\sum_{k=1}^{n} a_k = \sum_{j=1}^{n} a_j = \sum_{i=1}^{n} a_i.$$

Mit dieser Abkürzung schreibt sich z.B. der binomische Satz:

$$(a+b)^n = \sum_{k=o}^{n} \binom{n}{k} a^k b^{n-k}.$$

1.6. Axiome der Multiplikation in $\mathbb{R}$:

a) Zu jedem Paar reeller Zahlen a, b gibt es genau eine reelle Zahl ab, das Produkt von a und b (gelegentlich auch $a \cdot b$ geschrieben).
Für alle reellen a, b und c gilt dann

b) $ab = ba$ [Kommutativität]

c) $(ab)c = a(bc)$ [Assoziativität]

d) für $a \neq 0$ existiert genau ein reelles x mit $ax = b$. x heißt Quotient von b und a, geschrieben $x = \frac{b}{a} = b/a = ba^{-1}$, speziell $\frac{1}{a} = a^{-1}$.

e) $a(b+c) = ab+ac$ [Distributivität].

ab kann man auf der Zahlengeraden mit dem Strahlensatz zeichnen. Diese Regeln a)-d) sichern, daß die von Null verschiedenen reellen Zahlen eine abelsche Gruppe bezüglich „ $\cdot$ " bilden. Wie in Hilfssatz 1.4a folgt die Existenz einer eindeutig bestimmten Zahl 1 mit $a \cdot 1 = 1 \cdot a = a$ für alle reellen a. Eine Menge mit mindestens zwei Elementen, die den Forderungen unter 1.3 und 1.6 genügt, nennt man Körper gegenüber den beiden auftretenden Verknüpfungen. Die Eigenschaft, ein Körper zu sein, ist nicht kennzeichnend für die reellen Zahlen, z. B. ist auch $\mathbb{Q}$ ein Körper. Nun wieder zwei Beispiele für Rechenregeln, es sei auch auf die Aufgaben 1.2 und 1.3 hingewiesen.

1.7. Hilfssatz:

a) Für alle reellen a ist $a \cdot 0 = 0 \cdot a = 0$.

b) Für alle reellen $a \neq 0$ ist $(a^{-1})^{-1} = a$.

Beweis: a) Sei b beliebig, dann ist $b + 0 = b$ und aus 1.6e folgt $(b+0)a = ba + 0 \cdot a = ba$, also nach 1.4a: $0 \cdot a = 0$. b) Wie 1.4b.

1.8. Axiome der Ordnung in $\mathbb{R}$:

a) „$<$" (gelesen: kleiner) ist eine Relation in $\mathbb{R}$ mit den folgenden Eigenschaften: Für jedes Paar reeller Zahlen a,b ist genau eine der drei Möglichkeiten $a < b$, $a = b$, $b < a$ richtig.

b) Aus $a < b$ und $b < c$ folgt $a < c$ [Transitivität].

c) Aus $a < b$ folgt für alle c $a+c < b+c$.

d) Aus $a < b$ und $c > 0$ folgt $ac < bc$.

Auf der Zahlengeraden bedeutet $a < b$, daß b rechts von a liegt, die Schreibweise $b > a$ (gelesen: b größer a) soll denselben Sachverhalt ausdrücken. Gilt entweder a < b oder a =b, so schreibt man auch a $\leq$ b (entsprechend a $\geq$ b). Für a > 0 heißt a positiv, für a < 0 heißt a negativ.

Folgerungen aus den Ordnungsaxiomen ist der nächste Paragraph gewidmet. Daher wird hier auf die Behandlung von Beispielen verzichtet.

1.9. Weitere Axiome in ℝ: a) *Archimedisches Axiom.* Zu jeder reellen Zahl a gibt es eine natürliche Zahl n > a. b) *Vollständigkeitsaxiom:* A und B seien Mengen reeller Zahlen, so daß für jedes a aus A und jedes b aus B gilt a $\leq$ b. Dann existiert (mindestens) eine reelle Zahl c, so daß für alle a aus A und alle b aus B a $\leq$ c $\leq$ b.

Die auf der Zahlengeraden selbstverständliche Aussage a) wird später häufig in der Form gebraucht: Zu jedem $\epsilon > 0$ gibt es ein natürliches n mit $\frac{1}{n} < \epsilon$. Man wähle dazu ein $n > \frac{1}{\epsilon}$, woraus $\frac{1}{n} < \epsilon$ folgt (s. Satz 2.1d).

Die Axiome bis 1.9a charakterisieren ℝ immer noch nicht, auch ℚ erfüllt sie, man spricht von einem archimedisch angeordneten Körper. Eine ganz wesentliche, darüber hinausgehende Eigenschaft von ℝ ist aber die „Lückenlosigkeit" der Zahlengeraden. In Axiom 1.9b wird diese Lückenlosigkeit zum Ausdruck gebracht, die auf der Zahlengeraden recht anschaulich ist. Mit anderen Worten: Liegen alle Zahlen aus B rechts von jeder Zahl aus A, dann gibt es „zwischen" A und B mindestens eine reelle Zahl c, die natürlich auch zu A oder B oder beiden gehören kann. Zahlreiche andere Formulierungen sind natürlich möglich. Zu Anwendungen dieses Axioms (obere Grenze) werden wir erst in § 7 kommen.

1.10. Beispiele:
a) Wir hatten oben gesehen, daß $\sqrt{2}$ keine rationale Zahl ist. Wir wählen nun zwei Mengen rationaler Zahlen wie folgt: A enthält alle positiven rationalen Zahlen, deren Quadrat < 2 ist, B alle die, deren Quadrat > 2 ist. Dann ist für a aus A und b aus B sicher a < b, denn nach den im nächsten Paragraphen abzuleitenden Regeln ist a < b für positive Zahlen gleichbedeutend mit $a^2 < b^2$, und letzteres ist richtig. Damit gibt es eine reelle Zahl „zwischen" A und B, bei der es sich um die irrationale Zahl $\sqrt{2}$ handelt, die weder zu A noch zu B gehört.
b) A enthalte alle negativen reellen Zahlen, B alle nichtnegativen. Zwischen A und B liegt offenbar c = 0.
c) In A seien die Zahlen, $-1, -\frac{1}{2}, -\frac{1}{3}, \ldots, -\frac{1}{n}, \ldots$ enthalten, in B die Zahlen $1, \frac{1}{2}, \frac{1}{3}, \ldots, \frac{1}{n}, \ldots$. Auch hier liegt offenbar c = 0 zwischen A und B. Man sieht an diesem Beispiel, daß A oder B nicht ganze Teile der Zahlengeraden auszufüllen brauchen, um c festzulegen. Nach dem Archimedischen Axiom ist c=0 eindeutig bestimmt.

Aufgaben zu Kap. 1

1. Man beweise mit vollständiger Induktion für alle natürlichen n:

a) $\sum\limits_{k=1}^{n} k^2 = \frac{1}{6} n (n+1) (2n+1)$

b) $\sum\limits_{k=0}^{n} x^k = \frac{1 - x^{n+1}}{1 - x}$ für $x \neq 1$, x^0 ist 1 zu setzen.

c) $\sum\limits_{k=1}^{n} \frac{1}{k(k+1)} = 1 - \frac{1}{n+1}$

d) $\sum\limits_{k=1}^{n} \frac{1}{k(k+1)(k+2)} = \frac{n(n+3)}{4(n+1)(n+2)}$

e) $\sum\limits_{k=1}^{n} \frac{k}{2^k} = 2 - \frac{n+2}{2^n}$

2. Man beweise für alle reellen Zahlen a,b
$$a(-b) = (-a)b = -(ab)$$

3. Man beweise, daß ab = 0 nur gilt, wenn a = 0 oder b = 0 oder beides.

2. Ungleichungen und Beträge, Dezimalbrüche

Dieses Kapitel enthält im wesentlichen Beispiele und einfache Folgerungen aus den Axiomen der reellen Zahlen. Es ist nur der Übersichtlichkeit halber abgetrennt worden.

I. Ungleichungen

Der nachfolgende Satz stellt alle wesentlichen Regeln für das Rechnen mit Ungleichungen zusammen, die man neben den Axiomen selbst braucht.

2.1. Satz: a) Aus $a < b$ und $c < d$ folgt $a+c < b+d$ (Ungleichungen kann man addieren).

b) Aus $a < b$ und $c < 0$ folgt $ac > bc$.

c) $1 > 0$.

d) Aus $0 < a < b$ folgt $0 < \frac{1}{b} < \frac{1}{a}$.

e) Für $a > 0$, $b > 0$ ist $a < b$ genau dann erfüllt, wenn $a^2 < b^2$.

Beweis: a) $a < b$ und $c < d$ sowie Axiom 1.8c ergeben $a+c < b+c$ und $b+c < b+d$. Nach Axiom 1.8b folgt die Behauptung.

b) Aus $c < 0$ folgt $0 < -c$ durch Addition von $-c$, also ist nach Axiom 1.8d $a(-c) < b(-c)$. Wegen $a(-c) = -ac$ ergibt Addition von $ac+bc$ die Behauptung.

c) Wäre $1 < 0$, so würde nach b) folgen $1 = 1 \cdot 1 > 0 \cdot 1 = 0$, das ist ein Widerspruch zur Annahme. Zusammen mit 1.8a folgt $1 > 0$.

d) Zuerst wird gezeigt, daß mit $a > 0$ auch $\frac{1}{a} > 0$. Wäre nämlich $\frac{1}{a} < 0$, so erhielte man nach Multiplikation mit a $1 < 0 \cdot a = 0$ in Widerspruch zu c). Dann folgt aus $0 < a$ und $0 < b$ sowohl $0 < ab$ als auch $0 < \frac{1}{ab}$. Multiplikation von $a < b$ mit $\frac{1}{ab}$ liefert die Behauptung.

e) Aus $0 < a < b$ folgt $aa < ba$ und $ab < bb$, also $a^2 < b^2$. Ist $a^2 < b^2$, so kann nicht $b \leq a$ sein, da daraus wie eben $b^2 \leq a^2$ folgen würde. Also ist mit $a^2 < b^2$ auch $a < b$.

Es folgen nun einige wichtige Ungleichungen, zu deren Beweis teilweise vollständige Induktion herangezogen werden muß.

2.2. Satz (*Bernoullische Ungleichung*): Für alle reellen Zahlen $x \geq -1$ und alle natürlichen n gilt

$(1+x)^n \geq 1+nx$ mit strenger Ungleichung für $n > 1$ und $x \neq 0$.

Beweis: Mit vollständiger Induktion: Induktionsvoraussetzung:
Für $n = 1$ ist $1+x \geq 1+x$.
Schluß von n auf $(n+1)$: Wegen $x \geq -1$ ist $1+x \geq 0$, also

$$(1+x)^{n+1} = (1+x)^n(1+x)$$
$$\geqq (1+nx)(1+x)$$
$$\geqq 1+(n+1)x+nx^2 \geqq 1+(n+1)x$$

Wegen $n>0$ und $x^2 \geqq 0$, somit $nx^2 \geqq 0$. Dabei ergibt sich $n>0$ durch Induktion aus $1>0$ und $x^2 \geqq 0$ aus Satz 2.1b bzw. Axiom 1.8c.

2.3. Satz (*Ungleichung zwischen arithmetischem und geometrischem Mittel*):
Für beliebige positive reelle Zahlen a und b gilt
$$\frac{a+b}{2} \geqq \sqrt{ab}.$$

Die linke Seite heißt arithmetisches, die rechte geometrisches Mittel der beiden Zahlen. Die Existenz der Wurzel wird vorausgesetzt.

Beweis: Aus $(a-b)^2 \geqq 0$ folgt $a^2+b^2 \geqq 2ab$ und $(a+b)^2 \geqq 4ab$. Nach Satz 2.1e folgt die Behauptung.

2.4. Satz (*Schwarzsche Ungleichung*): Für jedes natürliche n und beliebige reelle $a_1, a_2, \ldots, a_n, b_1, b_2, \ldots, b_n$ gilt.

$$\left(\sum_{k=1}^{n} a_k b_k\right)^2 \leqq \left(\sum_{k=1}^{n} a_k^2\right)\left(\sum_{k=1}^{n} b_k^2\right).$$

Beweis: Für alle reellen λ und μ hat man.

$$0 \leqq \sum_{k=1}^{n}(\lambda a_k + \mu b_k)^2 = \lambda^2 \sum_{k=1}^{n} a_k^2 + \mu^2 \sum_{k=1}^{n} b_k^2 + 2\lambda\mu \sum_{k=1}^{n} a_k b_k.$$

Setzt man zur Abkürzung

$$A = \sum_{k=1}^{n} a_k^2, \qquad B = \sum_{k=1}^{n} b_k^2, \qquad C = \sum_{k=1}^{n} a_k b_k,$$

so ergibt sich
$$A\lambda^2 + B\mu^2 + 2C\lambda\mu \geqq 0$$

für alle reellen λ und μ, während $C^2 \leqq AB$ zu beweisen ist. Betrachtet man die speziellen Werte $\lambda = \sqrt{B}$, $\mu = \eta\sqrt{A}$, wobei $\eta = \pm 1$ so gewählt wird, daß $\eta C \leqq 0$, so folgt
$$2AB + 2C\eta\sqrt{AB} \geqq 0$$
und für $AB > 0$ $-\eta C \leqq \sqrt{AB}$.

Da die linke Seite nicht negativ ist, kann man quadrieren und erhält die Behauptung. Für $A = 0$ oder $B = 0$ ist $C = 0$ und die Behauptung richtig.

2.5. Beispiele:
a) Es ist $n < 2^n$ für alle n.
Nach der Bernoullischen Ungleichung ist $2^n = (1+1)^n \geqq 1+n > n$.

b) $(a+\frac{1}{a})^2 + (b+\frac{1}{b})^2 \geqq \frac{25}{2}$ für a+b=1, a > 0, b > 0.

Der Ausdruck auf der linken Seite werde mit A abgekürzt. Aus der Ungleichung zwischen geometrischem und arithmetischem Mittel folgt $1 \geqq 2\sqrt{ab}$ oder $ab \leqq \frac{1}{4}$. Damit wird

$$A = a^2+b^2+\frac{a^2+b^2}{a^2b^2} + 4 \geqq 17(a^2+b^2) + 4.$$

Weiter ist $a^2+b^2 = (a+b)^2 - 2ab \geqq 1 - \frac{1}{2}$ und

$$A \geqq \frac{17}{2} + 4 = \frac{25}{2}.$$

II. Absoluter Betrag

Für das Rechnen mit reellen (und komplexen) Zahlen, insbesondere mit Ungleichungen, ist der Begriff des absoluten Betrages wichtig.

2.6. Definition: Der *absolute Betrag* |a| einer reellen Zahl a ist gegeben durch

$$|a| = \left\{ \begin{array}{l} a \text{ für } a \geq 0 \\ -a \text{ für } a < 0. \end{array} \right.$$

Die wesentlichen Eigenschaften sind

2.7. Satz: Für alle reellen a,b gilt
   a) $|a| \geq 0$, $|a| \geq a$ und $|a| \geq -a$.
   b) $|a| = 0$ genau dann, wenn a = 0.
   c) $|ab| = |a|\,|b|$.
   d) $|\frac{a}{b}| = \frac{|a|}{|b|}$ für $b \neq 0$.
   e) $||a| - |b|| \leq |a+b| \leq |a|+|b|$ [*Dreiecksungleichung*]

Beweis: a, b) Für a > 0 ist |a| = a > 0 > -a, für a < 0 ist |a| = -a > 0 > a und für a = 0 ist |a| = 0.

c) Für $a \geq 0$, $b \geq 0$ ist $ab \geq 0$ und daher |ab| = ab = |a|\,|b|. Für $a \geq 0$, b < 0 ist $ab \leq 0$ und daher |ab| = -ab = a(-b) = |a|\,|b|. Der Fall a < 0, $b \geq 0$ ist analog zu behandeln und für a < 0, b < 0 gilt ab > 0, also |ab| = ab = (-a)\,(-b) = |a|\,|b|.

d) Wegen c) kann man sich auf den Fall a = 1 beschränken.
Für b > 0 ist $\frac{1}{b}$ > 0, also $|\frac{1}{b}| = \frac{1}{b} = \frac{1}{|b|}$. Für b < 0 ist $\frac{1}{b}$ < 0, also $|\frac{1}{b}| = -\frac{1}{b} = \frac{1}{-b} = \frac{1}{|b|}$.

e) Für $a+b \geq 0$ ist |a+b| = a+b $\leq$ |a|+|b| nach Teil a). Für a+b < 0 ist
|a+b| = -a -b $\leq$ |a|+|b| auch nach a).

16

Damit ist $|a+b| \leqq |a|+|b|$ gezeigt. Die andere Ungleichung ergibt sich aus

$$|a| = |a+b-b| \leqq |a+b|+|b|,$$

also $|a|-|b| \leqq |a+b|$. Vertauschung von a und b liefert $|b|-|a| \leqq |a+b|$. Beide Ungleichungen zusammen ergeben $||a|-|b|| \leqq |a+b|$.

Die letzte Ungleichung hat ihren Namen aus der Geometrie, wo sie besagt, daß die Seite eines Dreiecks nicht länger als die Summe der Längen der beiden anderen Seiten ist. Man kann das auch so ausdrücken: Der Abstand zweier Punkte ist nicht größer als die Summe der Abstände der beiden Punkte von einem dritten.

2.8. Beispiele:

a) $\left| \sum_{k=1}^{n} a_k \right| \leqq \sum_{k=1}^{n} |a_k|$

Beweis mit vollständiger Induktion: Induktionsanfang für n = 1 gibt $|a_1| \leqq |a_1|$. Schluß von n auf n+1:

$$\left| \sum_{k=1}^{n+1} a_k \right| = \left| \sum_{k=1}^{n} a_k + a_{n+1} \right|$$

Nach der Dreiecksungleichung folgt

$$\left| \sum_{k=1}^{n+1} a_k \right| \leqq \left| \sum_{k=1}^{n} a_k \right| + |a_{n+1}|$$

$$\leqq \sum_{k=1}^{n} |a_k| + |a_{n+1}| = \sum_{k=1}^{n+1} |a_k|.$$

b) Es sei a die größte der Zahlen

$|a_1|, |a_1+a_2|, \ldots, |a_1+a_2+\ldots+a_n|$. Ferner sei $b_1 \geqq b_2 \geqq \ldots \geqq b_n \geqq 0$. Dann ist

$$\left| \sum_{k=1}^{n} a_k b_k \right| \leqq a\, b_1.$$

Man vergleiche hierzu die Schwarzsche Ungleichung und Aufgabe 10 zu diesem Paragraphen. Zum Beweis wird die Summe umgeformt, um $b_k \geqq b_{k+1}$ ausnutzen zu können:

$$\sum_{k=1}^{n} a_k b_k = \sum_{k=2}^{n} \left(\sum_{j=1}^{k} a_j - \sum_{j=1}^{k-1} a_j \right) b_k + a_1 b_1 =$$

$$= \sum_{k=1}^{n} \left(\sum_{j=1}^{k} a_j \right) b_k - \sum_{k=2}^{n} \left(\sum_{j=1}^{k-1} a_j \right) b_k$$

In der letzten Summe setze man $m = k - 1$ und $b_{n+1} = 0$, dann wird

$$\sum_{k=1}^{n} a_k b_k = \sum_{k=1}^{n} (\sum_{j=1}^{k} a_j) b_k - \sum_{m=1}^{n} (\sum_{j=1}^{m} a_j) b_{m+1}.$$

Rückbenennung des Summationsbuchstabens m in k ergibt

$$\sum_{k=1}^{n} a_k b_k = \sum_{k=1}^{n} (\sum_{j=1}^{k} a_j) (b_k - b_{k+1})$$

und wegen $b_k - b_{k+1} \geqq 0$ folgt

$$\left| \sum_{k=1}^{n} a_k b_k \right| \leqq \sum_{k=1}^{n} \left| \sum_{j=1}^{k} a_j \right| (b_k - b_{k+1}) \leqq a \sum_{k=1}^{n} (b_k - b_{k+1}) = a\, b_1.$$

III. Dezimalbrüche

Der letzte Teil dieses Paragraphen soll der Darstellung reeller Zahlen durch Dezimal-
und Dualbrüche gewidmet sein. Bekanntlich kann man jede natürliche Zahl mit
Hilfe der Ziffern $1, 2, 3, 4, 5, 6, 7, 8, \cdot 9, 0$ als endliche Summe von Zehnerpoten-
zen darstellen:

$$n = \sum_{i=0}^{r} a_i\, 10^i$$

mit $a_i = 1, 2, 3, \ldots, 9, 0$. Die a_i sind eindeutig bestimmt und können leicht berechnet werden. Man sucht die größte Zehnerpotenz $\leqq n$ auf und bestimmt deren
größtes Vielfaches $\leqq n$, dies bestimmt r und a_r. Von der Differenz $n - a_r 10^r$ wird
entsprechend ein Vielfaches der nächstkleineren Zehnerpotenz abgezogen usw.
Nimmt man auch negative Exponenten hinzu, so erhält man eine Darstellung gewisser rationaler Zahlen:

$$\frac{p}{q} = a_r a_{r-1} \ldots a_1 a_0, a_{-1} a_{-2} \ldots a_{-s} = \sum_{k=-s}^{r} a_k 10^k.$$

Läßt man hier beliebig viele negative Potenzen zu, so gewinnt man eine nichtab-
brechende Ziffernfolge $a_r a_{r-1} \ldots a_1 a_0, a_{-1} a_{-2} \ldots$
Diese bezeichnet man als unendlichen Dezimalbruch (im Sinne von § 7 handelt es
sich um eine konvergente unendliche Reihe). Der unendliche Dezimalbruch heißt
periodisch, wenn die Ziffernfolge der a_i schließlich aus einem sich wiederholenden
Abschnitt besteht, etwa

$$a_r a_{r-1} \ldots a_1 a_0, a_{-1} a_{-2} \ldots a_{-s} a_{-s-1} \ldots a_{-t} a_{-s-1} \ldots a_{-t} \ldots$$

$$= a_r a_{r-1} \ldots a_1 a_0, a_{-1} \ldots a_{-s} \overline{a_{-s-1} \ldots a_{-t}}.$$

Die letzte Form ist eine Schreibweise, die den periodischen Dezimalbruch bezeichnet. Die Zahlen $a_r a_{r-1} \ldots a_1 a_0$, $a_{-1} \ldots a_{-s}$ heißen Vorperiode; der Dezimalbruch bricht ab, wenn von einem a_{-s} an alle $a_i = 0$ sind.

Über die Darstellung rationaler Zahlen durch Dezimalbrüche kann man nun beweisen:

2.9. Satz: Jeder positiven rationalen Zahl entspricht genau ein periodischer, nicht abbrechender Dezimalbruch.

Beweis: Nach dem Archimedischen Axiom kann man stets durch Subtraktion einer geeigneten natürlichen Zahl $0 < \frac{p}{q} \leq 1$ mit $0 < p$, $0 < q$ voraussetzen. Dann wird $\frac{p}{q}$ dargestellt durch $0, a_1 a_2 a_3 \ldots$ mit

$$a_1 = 10\,\frac{p}{q} - \frac{r_1}{q}, \qquad 0 \leq r_1 < q$$

$$a_2 = 10\,\frac{r_1}{q} - \frac{r_2}{q}, \qquad 0 \leq r_2 < q$$

$$\vdots$$

$$a_k = 10\,\frac{r_{k-1}}{q} - \frac{r_k}{q}, \qquad 0 \leq r_k < q.$$

$$\vdots$$

Da stets $\frac{r_k}{q} < 1$, ist $\frac{10\,r_k}{q} < 10$ und man hat durch das Verfahren eine eindeutige Festlegung der a_k zu einer der Ziffern $0, 1, \ldots, 9$. Es ist jeweils

$$\frac{r_k}{10^k q} = \frac{p}{q} - \sum_{j=1}^{k} \frac{a_j}{10^j} \qquad \textit{euklidischer Algorithmus} \qquad s = \frac{p}{q}$$

der noch in einen Dezimalbruch zu entwickelnde Rest. Da es nur q verschiedene Reste gibt, muß sich spätestens im $(q+1)$-ten Schritt einer der Reste wiederholen. Von da ab wiederholen sich dann auch die a_i und man hat einen periodischen Dezimalbruch. Die a_i liegen eindeutig fest bis auf den folgenden Fall: Ist $r_k = 0$, so sind es auch alle folgenden. Man wähle dann a_k um 1 kleiner, was gehen muß, da r_{k-1} noch $\neq 0$ sein sollte. Dann ist $r_k = q$ und man erhält $a_{k+1} = 10 - \frac{r_{k+1}}{q}$, also $a_{k+1} = 9$ und $r_{k+1} = q$, man erhält die Periode $\bar{9}$. Damit ist jeder positiven rationalen Zahl eindeutig ein nichtabbrechender periodischer Dezimalbruch zugeordnet.

Umgekehrt kann man aus jedem solchen Dezimalbruch die rationale Zahl wie folgt zurückgewinnen:
Sei $s = 0, a_1 \ldots a_r \overline{a_{r+1} \ldots a_{r+t}}$, dann ist $10^t s$ ein Dezimalbruch mit derselben Periode, nur das Komma ist um t Stellen verschoben. Bei Differenzbildung hebt sich (für uns hier formal) die Periode weg und man erhält für $(1 - 10^t)s$ und damit für s selbst eine rationale Zahl. Daß dies dieselbe Zahl ist, von der man ausgegangen ist, ergibt sich bei Betrachtung des obigen Ausdrucks für $\frac{r_k}{10^k q}$ bei geeignetem k. Die für reelle Zahlen wichtige Ergänzung ist der

2.10. Satz: Jeder irrationalen Zahl entspricht genau ein unendlicher, nicht periodischer Dezimalbruch.

Dieser Satz soll hier nicht bewiesen, sondern nur plausibel gemacht werden. Wieder kann man sich auf Zahlen x zwischen 0 und 1 beschränken. Dann suche man unter den Zahlen 0,0; 0,1;...; 0,9 die größte unterhalb von x. Ein entsprechendes Verfahren legt die zweite und die weiteren Dezimalstellen fest. Auf diese Weise erhält man einen unendlichen Dezimalbruch, der x entspricht. Er kann nicht periodisch sein, da x irrational sein sollte.

Die Dezimalbrüche beruhen auf der Verwendung der Grundzahl 10, historisch hat es schon andere Grundzahlen gegeben (12,20,60). Heute ist wegen der Verwendung von Computern besonders die Grundzahl 2 (Dualsystem, dyadische Zahlen) von Bedeutung. Hier sind nur die Ziffern 0 und 1 (meist L geschrieben) notwendig, die sich elektrisch oder magnetisch leicht durch zwei Zustände realisieren lassen. Durch völlig analoge Betrachtungen wie oben erhält man den

2.11. Satz: Jeder positiven reellen Zahl entspricht genau ein nichtabbrechender Dualbruch. Den rationalen Zahlen entsprechen dabei genau die periodischen Dualbrüche.

2.12. Beispiele:

Es seien einige Beispiele für Dualzahlen und -brüche angeführt:

$$12 = LL00 = 1 \cdot 2^3 + 1 \cdot 2^2 + 0 \cdot 2^1 + 0 \cdot 2^0,$$

$$113 = LLL000L = 1 \cdot 2^6 + 1 \cdot 2^5 + 1 \cdot 2^4 + 0 \cdot 2^3 + 0 \cdot 2^2 + 0 \cdot 2^1 + 1 \cdot 2^0,$$

$$\frac{1}{2} = 0, L,$$

$$\frac{1}{3} = 0, \overline{0L} = 0 \cdot 2^0 + 0 \cdot 2^{-1} + 1 \cdot 2^{-2} + 0 \cdot 2^{-3} + 1 \cdot 2^{-4} + \ldots,$$

$$\frac{1}{4} = 0, 0L.$$

Aufgaben zu Kap. 2:

1. Für $\frac{a}{b} < \frac{c}{d}$ mit $b > 0$ und $d > 0$ beweise man

$$\frac{a}{b} < \frac{a+c}{b+d} < \frac{c}{d}.$$

2. Man beweise $x^2 > 0$ für alle reellen $x \neq 0$.

3. Man beweise die Ungleichung zwischen arithmetischem und geometrischem Mittel für n positive reelle Zahlen:

$$\frac{1}{n}(a_1 + a_2 + \ldots + a_n) \geqq \sqrt[n]{a_1 a_2 \ldots a_n}.$$

Anleitung: Vollständige Induktion und Normierung der rechten Seite zu 1.

4. Man beweise mit vollständiger Induktion

   a) $2^n < n!$ für $n \geqq n_o$, $n_o = ?$

   b) $\sum\limits_{k=1}^{n} \dfrac{1}{\sqrt{k}} > \sqrt{n}$ für $n \geqq 2$.

5. Für welche reellen x und y gilt

   a) $xy > x$,   b) $\dfrac{x}{y} + \dfrac{y}{x} > 2$?

6. Für alle reellen Zahlen a, b, c mit a+b+c = 0 gilt
$$a^2(a-1) + b^2(b-1) + c^2(c-1) \leqq 3abc.$$

7. Für alle positiven reellen Zahlen ϵ sei $|a-b| < \epsilon$. Man zeige a = b.

8. Die kleinste von n reellen Zahlen heißt Minimum, die größte Maximum, Schreibweise:
$$m = \min \{a_1, \ldots, a_n\}, \quad M = \max \{a_1, \ldots, a_n\}.$$
   Man zeige
$$\min \{a, b\} = \frac{a+b - |a-b|}{2}, \quad \max \{a,b\} = \frac{a+b + |a-b|}{2}.$$

9. Für beliebige reelle Zahlen a, b und $\epsilon \neq 0$ gilt
$$|ab| \leqq \frac{1}{2}\left(\epsilon^2 a^2 + \frac{b^2}{\epsilon^2}\right).$$

10. Man zeige $\sum\limits_{k=1}^{n} |a_k| \leqq \sqrt{n} \cdot \sqrt{\sum\limits_{k=1}^{n} a_k^2}$.

11. Man bestimme die Dualdarstellungen der Zahlen

   a) $1; 2; 3; 4; 5; 6; 7; 8; 9; 10$.

   b) $\frac{1}{5}; \frac{1}{6}; \frac{1}{7}; \frac{1}{8}; \frac{1}{9}; \frac{1}{10}$.

3. Die komplexen Zahlen

Für die Anwendungen reichen die bisher behandelten reellen Zahlen nicht aus, so verwendet man u. a. in der Strömungslehre und Elektrotechnik einen weiteren Zahlbereich, die komplexen Zahlen. Ein innermathematischer Grund ist, daß es Gleichungen wie $x^2 + 1 = 0$ gibt, die in $\mathbb{R}$ keine Lösungen besitzen. Es wird sich zeigen, daß bei dem Aufbau der komplexen Zahlen die Körpergesetze (Axiome 1.3 und 1.6) erfüllt bleiben, während die Ordnung verlorengeht. Bereits in diesem Band (die komplexen Funktionen werden erst im dritten Band behandelt) können die komplexen Zahlen mit Nutzen verwendet werden. Die komplexen Zahlen a+bi laufen im wesentlichen auf Paare reeller Zahlen (a, b) hinaus, so werden sie auch konstruiert.

3.1. Definition: Es sei C = $\{(x, y) \,|\, x, y \in \mathbb{R}\}$ die Menge der geordneten Paare reeller Zahlen [d.h. (x, y) ist im allgemeinen von (y, x) verschieden, $(x, y) = (\tilde{x}, \tilde{y})$ genau dann, wenn $x = \tilde{x}$ und $y = \tilde{y}$].

In C werden die folgende Addition und Multiplikation erklärt:

a) (x, y) + (x', y') = (x + x', y + y').

b) (x, y) (x', y') = (xx' − yy', xy' + yx').

Gelegentlich wird das Produkt auch mit einem Punkt zwischen den Faktoren geschrieben. Bei seiner Definition ist schon an (x+iy) (x'+iy') gedacht worden.

3.2. Satz: In C gelten die in den Axiomen 1.3 und 1.6 angegebenen Gesetze bezüglich der in 3.1 definierten Addition und Multiplikation. (0, 0) ist das Nullelement der Addition, (1, 0) das Einselement der Multiplikation.

Beweis: Die Gesetze der Addition ergeben sich direkt aus denen von Axiom 1.3. Sie müssen nur auf jede Komponente der Paare angewendet werden. (x, y)+(0, 0) = = (x, y) ist gleichfalls trivial.

Nicht ganz so offensichtlich sind die Gesetze der Multiplikation, einzig die Kommutativität ist direkt abzulesen. Assoziativität und Distributivität müssen anhand der hier gegebenen Verknüpfungen nachgerechnet werden, was dem Leser überlassen bleiben soll.

$(1,0) (x, y) = (1 \cdot x - 0 \cdot y, 1 \cdot y + 0 \cdot x) = (x, y)$ ist klar. Die Lösung von $(a, b) z = (c, d)$ für $(a, b) \neq (0, 0)$ ergibt sich zu

$$z = \left(\frac{ac+bd}{a^2+b^2}, \frac{ad-bc}{a^2+b^2}, \right),$$

wie man anhand der Definition des Produktes sofort nachrechnet.

C hat den einen Nachteil: $\mathbb{R}$ ist offensichtlich nicht in C enthalten. Man will aber die Menge der komplexen Zahlen als eine Erweiterung von $\mathbb{R}$ konstruieren; daher wird der $\mathbb{R}$ entsprechende Teil von C aus C herausgenommen und durch $\mathbb{R}$ ersetzt, um zu den komplexen Zahlen zu kommen. Dazu braucht man den

3.3. Hilfssatz: Für alle a, b $\in \mathbb{R}$ gilt $(a, 0) + (b, 0) = (a+b, 0)$
$$(a, 0)\,(b, 0) \quad = (ab, 0).$$

Beweis: Nach Definition 3.1 gilt
$$(a, 0) + (b, 0) = (a+b, 0+0) = (a+b, 0)$$
$$(a, 0)\,(b, 0) = (ab - 0 \cdot 0,\, a \cdot 0 + 0 \cdot b) = (ab, 0).$$
Also wird $\mathbb{R}$ durch die Zuordnung von a zu (a, 0) eineindeutig auf
$R = \{(a, 0) \mid a \in \mathbb{R}\} \subset C$ abgebildet, wobei Addition und Multiplikation in $\mathbb{R}$ in diejenige in R übergehen. Man sagt: $\mathbb{R}$ ist isomorph zu R.

3.4. Definition: Die *Menge* $\mathbb{C}$ der *komplexen Zahlen* entsteht aus C durch Ersetzung
von R durch $\mathbb{R}$. Die Zahl (0, 1), die nicht in R liegt, wird *imaginäre*
Einheit genannt und durch i abgekürzt.

3.5. Hilfssatz: Jede komplexe Zahl z läßt sich in der Form
$z = x + iy$ mit reellen x und y darstellen. Es gilt $i^2 = -1$.

Beweis: Ist $z = (x, y)$, so ist $z = (x, 0) + (y, 0)\,(0,1)$, wobei $(x, 0)$ bzw. $(y, 0)$
durch x bzw. y zu ersetzen sind. Also $z = x + iy$. $i^2 = (0, 1)\,(0, 1) =$
$= (0 \cdot 1 - 1 \cdot 1, 0 \cdot 1 + 1 \cdot 0) = (-1, 0) = -1$.

Damit ist die übliche Darstellung der komplexen Zahlen erreicht. Man kann leicht sehen, daß Gesetze der Ordnung entsprechend Axiom 1.8 nicht gelten können. Es folgt nämlich (wie in Kap. 2) $-1 < 0$ und ist nun etwa $i > 0$, so ergibt sich $-1 = i \cdot i > 0 \cdot i = 0$ (entsprechend für $-i > 0$), was ein Widerspruch ist. Das Rechnen mit Ungleichungen ist nur für Beträge komplexer Zahlen möglich, die nun definiert werden sollen:

3.6. Definition: Ist $z = x+iy \in \mathbb{C}$, so heißt
a) x *Realteil* von z, $x = \operatorname{Re} z$,
b) y *Imaginärteil* von z, $y = \operatorname{Im} z$,
c) $|z| = \sqrt{x^2 + y^2}$ *absoluter Betrag* von z,
d) $\bar{z} = x - iy$ *konjugiert komplexe Zahl* zu z.

Für $\bar{z}$ überlegt man sich leicht Rechenregeln wie $\overline{z_1 + z_2} = \bar{z}_1 + \bar{z}_2$.
Für $|z|$ gelten die gleichen Regeln wie für den Betrag einer reellen Zahl (Satz 2.7):

3.7. Satz: a) Für alle z ist $|z| \geqq 0$.

b) $|z| = 0$ genau dann, wenn $z = 0$.

c) $|z_1 z_2| = |z_1||z_2|$ für alle z_1, z_2.

d) $\left|\frac{z_1}{z_2}\right| = \frac{|z_1|}{|z_2|}$ für alle z_1 und alle $z_2 \neq 0$.

e) $||z_1|-|z_2||\leqq|z_1+z_2| \leqq |z_1|+|z_2|$ für alle z_1,z_2

[*Dreiecksungleichung*].

f) $|z| = |\bar{z}|$, $z\bar{z} = |z|^2$ für alle z.

Beweis: a), b) nach Definition.

c) $|(x_1+iy_1)(x_2+iy_2)|^2 = |x_1x_2 - y_1y_2 + i(x_1y_2+y_1x_2)|^2$

$$= (x_1x_2 - y_1y_2)^2 + (x_1y_2+y_1x_2)^2$$

$$= x_1^2x_2^2 + y_1^2y_2^2 + x_1^2y_2^2 + y_1^2x_2^2$$

$$= |z_1|^2|z_2|^2.$$

Nach Ziehen der Quadratwurzel ergibt sich die Behauptung.

d) Wegen c) kann man sich auf $|\frac{1}{z}| = \frac{1}{|z|}$ beschränken.

Nach dem Beweis von Satz 3.2 gilt wegen $z \cdot \frac{1}{z} = 1$

$$\frac{1}{z} = \frac{x}{x^2+y^2} - i\,\frac{y}{x^2+y^2} = \frac{\bar{z}}{|z|^2},$$

also

$$|\frac{1}{z}|^2 = \frac{x^2+y^2}{(x^2+y^2)^2} = \frac{1}{x^2+y^2} = \frac{1}{|z|^2}.$$

Damit folgt die Behauptung.

e) $|z_1+z_2|^2 = (x_1+x_2)^2 + (y_1+y_2)^2$

$$= |z_1|^2 + |z_2|^2 + 2(x_1x_2+y_1y_2).$$

Nach der Schwarzschen Ungleichung 2.4 ist

$$x_1x_2 + y_1y_2 \leqq \sqrt{x_1^2 + y_1^2}\,\sqrt{x_2^2 + y_2^2} = |z_1||z_2|,$$

also

$$|z_1+z_2|^2 \leqq (|z_1|+|z_2|)^2.$$

Daraus ergibt sich der rechte Teil der Dreiecksungleichung, der andere folgt dann wie im Reellen.

f) $|z| = |\bar{z}|$ nach Definition, $z\bar{z} = (x+iy)(x-iy) = x^2 -(iy)^2 = |z|^2$.

Es seien einige Beispiele für das Rechnen mit komplexen Zahlen angefügt:

3.8. Beispiele:

a) Man zerlege in Real- und Imaginärteil:

$(2 + 5i)^2$, bei einem Produkt ist einfach auszumultiplizieren:

$$(2 + 5i)^2 = 4 - 25 + 20i = -21 + 20i.$$

$\frac{2 + 6i}{3 - 5i}$, bei einem Quotienten ist es im allgemeinen am besten, Nenner und Zähler mit dem konjugiert komplexen Wert des Nenners malzunehmen, da der Nenner dann reell wird:

$$\frac{2 + 6i}{3 - 5i} = \frac{2 + 6i}{3 - 5i} \cdot \frac{3 + 5i}{3 + 5i} = \frac{6 - 30 + i(10+18)}{9 + 25} = -\frac{12}{17} + i\,\frac{14}{17}.$$

b) Man bestimme die Lösung z der folgenden Gleichung und ihren absoluten Betrag:

$$\left(\frac{14-5i}{2+3i} + \frac{9-3i}{1-2i}\right) \bar{z} = 6 + 7i.$$

$$\frac{(14-5i)(1-2i) + (9-3i)(2+3i)}{(2+3i)(1-2i)} \bar{z} = 6 + 7i$$

$$\bar{z} = (6+7i)\frac{8-i}{31-12i} = 1 + 2i.$$

Also ist $z = 1 - 2i$ und $|z| = \sqrt{5}$.

Die komplexen Zahlen lassen sich in der Gaußschen Zahlenebene veranschaulichen. Man ordnet $z = x + iy$ in der mit einem rechtwinkligen Koordinatensystem versehenen Ebene den Punkt (x,y) zu, dessen Projektionen auf die Achsen, also die Werte x und y haben (Abb.3.1):

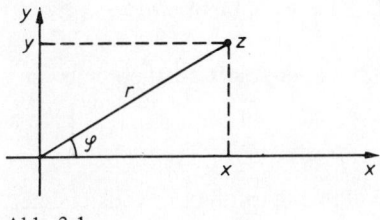
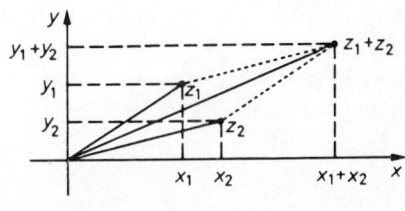

Abb. 3.1   Abb. 3.2

Die beiden Achsen heißen *reelle* bzw. *imaginäre Achse*. Der Addition zweier komplexer Zahlen entspricht geometrisch eine Addition nach dem „Parallelogramm der Kräfte" (Abb. 3.2). Aus den elementaren Kongruenzsätzen liest man die Richtigkeit ab.
Um die Multiplikation geometrisch zu veranschaulichen, benötigt man neue Bestimmungsstücke einer Zahl z, die in Abb. 3.1 bereits angegeben sind. Sie werden uns später noch an anderer Stelle nützlich sein. Z. B. empfiehlt sich die Beschreibung eines rotationssymmetrischen Vorganges in der Natur durch Polarkoordinaten, da man dann nur noch eine Koordinate benötigt.

3.9. Definition: Einer komplexen Zahl z werden die folgenden *Polarkoordinaten* zugeordnet:
a) der Betrag $r = |z|$, der geometrisch gleich dem Abstand von z vom Nullpunkt ist, und
b) für $z \neq 0$ das Argument $\varphi = \arg z$, das gleich dem Winkel zwischen der Verbindung von 0 und z und der x-Achse ist. Dabei wird als positiver Drehsinn die direkte Drehung der reellen in die imaginäre Achse festgelegt. Da man durch mehrmaligen Umlauf um den Nullpunkt (um ganzzahlige Vielfache von 2π) verschiedene Werte von φ erhalten kann, muß man den Bereich von φ festlegen.
Üblich sind $0 \leq \varphi < 2\pi$ oder $-\pi < \varphi \leq \pi$.

Die Mehrdeutigkeit des Argumentes bringt gelegentlich Schwierigkeiten und muß dann durch die angegebene Festlegung behoben werden.
Setzt man die trigonometrischen Funktionen als von der Schule her bekannt voraus, so hat man den

3.10. Hilfssatz: In Polarkoordinaten gilt für $z = x + iy$
  a) $x = r \cos \varphi$, $y = r \sin \varphi$, $z = r (\cos \varphi + i \sin \varphi)$,
  b) $z_1 z_2 = r_1 r_2 (\cos(\varphi_1 + \varphi_2) + i \sin(\varphi_1 + \varphi_2))$,
  c) $\frac{1}{z} = \frac{1}{r} (\cos \varphi - i \sin \varphi)$ für $z \neq 0$,
  d) $z^n = r^n (\cos n\varphi + i \sin n\varphi)$ für alle ganzen Zahlen n
  [*Moivresche Formeln*].
  e) $\arg z = -\arg \bar{z}$ für $-\pi < \arg z < \pi$. *sehr wichtig*

Beweis: Unter Verwendung der Definition von sin und cos am rechtwinkligen Dreieck ist a) sofort klar.
b) ergibt sich durch Ausmultiplikation bei Verwendung der Additionstheoreme von sin und cos (siehe Satz 9.18c).

c) Es ist $\frac{1}{z} = \frac{\bar{z}}{z\bar{z}} = \frac{\bar{z}}{r^2} = \frac{r(\cos \varphi - i \sin \varphi)}{r^2} = \frac{1}{r} (\cos \varphi - i \sin \varphi)$.

d) Für $n = 1,2,3,\ldots$ verwende man b) und beweise die Behauptung mit vollständiger Induktion. Für $n = 0$ wird $z^0 = 1$ gesetzt, für $n < 0$ benutze man c).
e) $\bar{z}$ hat die Koordinaten x und $-y$, dem entspricht gleiches r, aber $-\varphi$ (Abb. 3.4).

Nun kann man $z_1 z_2$ und $\frac{1}{z}$ wie folgt geometrisch gewinnen:

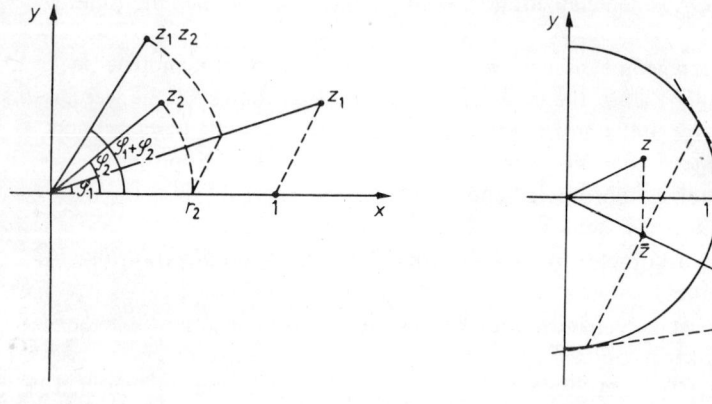

Abb. 3.3   Abb. 3.4

Für $z_1 z_2$ muß $\varphi_1 + \varphi_2$ konstruiert werden, $r_1 r_2$ kann man wie angegeben mit dem Strahlensatz erhalten. $\frac{1}{z}$ liegt auf dem Strahl durch 0 und $\bar{z}$, $\frac{1}{r}$ kann man mit dem Höhensatz im rechtwinkligen Dreieck gewinnen.

26

3.11. Beispiele:

Man gebe in a)–e) die Punkte der Gaußschen Zahlenebene an, die den Gleichungen oder Ungleichungen genügen:

a) $|z-1| = |z+1|$.

Das sind alle Punkte, die von 1 und −1 denselben Abstand haben, also handelt es sich um die imaginäre Achse. Ähnlich kann man jede Gerade beschreiben: $|z-a| = |z-b|$.

b) $|z-2| \leqq |z+2|$.

Das sind alle Punkte, die von −2 einen nicht kleineren Abstand haben als von 2, daher handelt es sich um die Halbebene $\{z|z = x+iy, \ x \geqq 0\}$ mit Einschluß der imaginären Achse.

c) $|z-a| = r$ bzw. $(z-a)(\bar{z}-\bar{a}) = r^2$.

Das sind alle Punkte, die von a den Abstand r haben, also der Kreis um a vom Radius r.

$|z-a| < r$ ist das Innere des Kreises, $|z-a| > r$ das Äußere.

d) $|\arg z - \arg z_o| \leqq \frac{\pi}{2}$.

Das sind alle Punkte, deren Argument von dem von z_o um nicht mehr als $\frac{\pi}{2}$ abweicht, also eine Halbebene mit Einschluß des Randes, in Abbildung 3.5 ist der eingezeichnete Winkel durch $\pm \frac{\pi}{2}$ beschränkt.

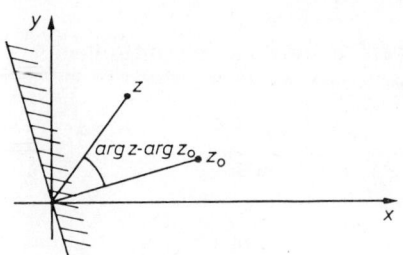

Abb. 3.5

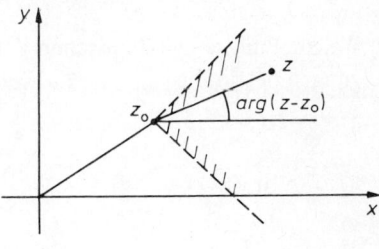

Abb. 3.6

e) $|\arg(z-z_o)| < \frac{\pi}{4}$.

Dies ist von dem vorigen Beispiel wohl zu unterscheiden. $z - z_o$ ist parallel zu der Strecke von z_o nach z; wenn das Argument von $z - z_o$ eingeschränkt wird, handelt es sich um einen Winkel der Öffnung $\frac{\pi}{2}$ mit dem Scheitel in z_o, in Abb. 3.6 ist der eingezeichnete Winkel durch $\pm \frac{\pi}{4}$ beschränkt.

f) Man gebe die Lösungen der Gleichung $z^n = 1$ an $(n = 1,2,3,\ldots)$. Nach der Moivreschen Formel 3.10d ist $z^n = r^n(\cos n\varphi + i \sin n\varphi) = 1$. Also muß $r = 1$ sein, da $1^n = 1$. Ferner muß $n\varphi$ gleich dem Argument von 1 sein, das zu $0, \pm 2\pi, \pm 4\pi, \ldots$ gewählt werden kann, mithin $n\varphi = 2k\pi$. Für $k = 0, 1, \ldots, (n-1)$ erhält man verschiedene φ, für $k = n, n + 1, \ldots$ unterscheiden sie sich von den vorherigen nur um Vielfache von 2π, was zu keinen neuen Punkten Anlaß gibt (ebenso für $k < 0$).

Damit hat man als Lösungen von $z^n = 1$

$$z_k = \cos \frac{2k\pi}{n} + i \sin \frac{2k\pi}{n}, \; k = 0, 1, \ldots (n-1).$$

Diese Zahlen heißen n-te *Einheitswurzeln*. Sie liegen mit gleichen Abständen auf dem Kreis $\{z \mid |z| = 1\}$ verteilt.

Aufgaben zu Kap. 3:

1. Man zerlege in Real- und Imaginärteil:

   a) $(5+i)^2$, b) $(1-i)(1+i)$, c) $\frac{3+i}{4-5i}$, d) $\frac{3(1-i)^2}{2(2-i)(2+i)}$

2. Man bestimme aus der folgenden Gleichung z und dessen Betrag:

   $$\left(\frac{19+4i}{2-3i} + \frac{1o-6i}{1+i} \right) \bar{z} = 11 + 23i.$$

3. Man bestimme Betrag und Argument von

   a) $\sqrt{2+2i}$, b) $\sqrt[3]{-i}$, c) $\sqrt[4]{-16}$.

4. Man löse die quadratischen Gleichungen

   a) $z^2 + iz + \frac{9}{4} = 0$, b) $z^2 - 6z + 18 = 0$.

5. Welche Punkte der Gaußschen Zahlenebene werden durch die folgenden Bedingungen bestimmt:

   a) $|z-2| > 2$ und $|\arg z| < \frac{\pi}{4}$

   b) $\frac{\pi}{4} < \arg(z-i) < \frac{3\pi}{4}$

   c) $|\arg \sqrt{z}| \leqq \frac{\pi}{4}$.

4. Mengen und Funktionen

In den vorhergehenden Kapiteln ist bereits des öfteren der Begriff „Menge" verwendet worden. Dieser Begriff ist fundamental für die Mathematik und darum schwierig. Georg Cantor, dem die Entwicklung der Mengenlehre zu danken ist, hat eine Menge als „gedankliche Zusammenfassung gewisser wohlunterschiedener Objekte unserer Umwelt oder unseres Denkens zu einem Ganzen" betrachtet. Das entspricht unserer intuitiven Vorstellung und reicht hier aus, kann aber zu Widersprüchen und Irrtümern Anlaß geben. In der Mathematik beschränkt man sich daher auf die Angabe von Axiomen, denen Mengen genügen sollen, ohne den Versuch zu machen, sie wirklich zu definieren. Ähnlich ist in Kap. 1 bei den reellen Zahlen vorgegangen worden.

Die Verwendung von Mengen ist in diesem Buch nur als Sprechweise aufzufassen, diese Sprechweise und drei einfache Operationen — die bekannt sein sollten — sind im folgenden zusammengestellt:

4.1. Definition: a) Von einem Objekt muß feststellbar sein, ob es in einer *Menge* liegt oder nicht. Schreibweise: $x \in M$, gelesen „x in M", „x Element von M" oder „x liegt in M"; $x \notin M$, was mit dem entsprechenden Zusatz „nicht" gelesen wird. Eine Menge wird häufig in den Formen

$$M = \{a,b,c\} \text{ oder } M = \{x|x \text{ hat Eigenschaft E}\}$$

angegeben.

b) N ist *Teilmenge* von M, wenn alle Elemente von N auch Elemente von M sind, Schreibweise: $N \subseteq M$.

Bei $N \subset M$ ohne das Gleichheitszeichen soll $N \neq M$ sein, man spricht von einer echten Teilmenge.

c) Die *Vereinigung* zweier Mengen ist definiert durch

$$M \cup N = \{x|x \in M \text{ oder } x \in N\}$$

d) Der *Durchschnitt* zweier Mengen ist definiert durch

$$M \cap N = \{x|x \in M \text{ und } x \in N\}.$$

e) Die *Differenz* zweier Mengen ist definiert durch

$$M - N = \{x|x \in M \text{ und } x \notin N\}.$$

Häufig wird $M - N$ durch $M\backslash N$ bezeichnet.

Einige Beispiele und Rechenregeln sollen den Gebrauch erläutern.

4.2. Beispiele:

a) Es seien $\mathbb{N}$ und die Menge der geraden Zahlen $G = \{2,4,6,\ldots\} =$
$= \{n|n = 2m, m \in \mathbb{N}\}$ gegeben. Dann ist $G \subset \mathbb{N}$, $G \cap \mathbb{N} = G$, $G \cup \mathbb{N} = \mathbb{N}$,
$\mathbb{N} - G = U = \{n|n = 2m - 1, m \in \mathbb{N}\}$ ist die Menge der ungeraden natürlichen Zahlen.

b) Es seien $M = \{\frac{p}{2} \mid p \in \mathbb{Z}\}$,

$N = \{\frac{p}{q} \mid p \in \mathbb{Z},\ q = 2 \text{ oder } 3,\ p \text{ und } q \text{ teilerfremd}\}$.

Es ist weder $M \subseteq N$ noch $N \subseteq M$ sowie

$M \cup N = \{\frac{p}{q} \mid p \in \mathbb{Z},\ q = 2 \text{ oder } 3\}$

$M \cap N = \{\frac{p}{2} \mid p \in \mathbb{Z},\ p \text{ ungerade}\}$

$M - N = \mathbb{Z},\quad N - M = \{\frac{p}{3} \mid p \in \mathbb{Z},\ 3 \text{ kein Teiler von } p\}$.

c) Eine besondere Menge ist die *leere Menge*, die kein Element enthält, Bezeichnung ϕ. So ist der Durchschnitt zweier Mengen leer, wenn sie kein gemeinsames Element enthalten: $N \cap M = \phi$.

d) Für uns wichtige Mengen auf der Zahlengeraden sind die zwischen zwei Zahlen a und b ($a < b$) liegenden x, die *Intervalle*. Je nachdem, ob die Endpunkte dazugerechnet werden oder nicht, spricht man von abgeschlossenen oder offenen Intervallen. Schreibweise:

$[a,b] = \{x \mid x \in \mathbb{R},\ a \leq x \leq b\}$ abgeschlossenes Intervall,

$]a,b[= \{x \mid x \in \mathbb{R},\ a < x < b\}$ offenes Intervall.

Dann gibt es offenbar noch die Möglichkeiten

$[a,b[= \{x \mid x \in \mathbb{R},\ a \leq x < b\}$ rechts halboffenes Intervall,

$]a,b] = \{x \mid x \in \mathbb{R},\ a < x \leq b\}$ links halboffenes Intervall.

Für $a = b$ wird $[a,a] = \{a\}$. Für halboffene oder offene Intervalle ergibt sich in diesem Fall die leere Menge, ebenso wie für $b < a$. Das Intervall $]a{-}\epsilon, a{+}\epsilon[$ mit $\epsilon > 0$ heißt ϵ-*Umgebung* von a: $U_\epsilon(a)$. Schließlich seien noch die unendlich ausgedehnten Intervalle erwähnt, z. B.

$]a, \infty[= \{x \mid x \in \mathbb{R},\ a < x\},\quad]{-}\infty, a[= \{x \mid x \in \mathbb{R},\ x < a\},\quad]{-}\infty, \infty[= \mathbb{R}$.

Das Zeichen ∞ (gelesen: *unendlich*) werden wir noch mehrfach verwenden; es symbolisiert keine Zahl und wird auch hier nur als Abkürzung verwendet.

Die Vereinigung oder die Differenz zweier Intervalle braucht kein Intervall zu sein (s. Aufgabe 4.1). Anders ist es beim Durchschnitt: Der Durchschnitt zweier offener (abgeschlossener) Intervalle ist entweder leer oder ein offenes (abgeschlossenes) Intervall.

Beweis: I_1 habe die Endpunkte a_1 und b_1, entsprechend für I_2 mit a_2 und b_2. Die Numerierung sei so gewählt, daß $a_1 \leq a_2$. $I_1 \cap I_2$ ist genau dann nicht leer, wenn $a_2 \in I_1$, $I_1 \cap I_2$ hat dann die Endpunkte a_2 und $\min\{b_1, b_2\}$. Je nachdem I_1 oder I_2 offen bzw. abgeschlossen sind, ergeben sich entsprechende Eigenschaften von $I_1 \cap I_2$.

Der kurze Ausflug in die Mengenlehre soll mit der Behandlung eines Begriffes abgeschlossen werden, der des öfteren verwendet wird:

4.3. Definition: Zu zwei nichtleeren Mengen A und B sei das *cartesische Produkt* A x B die Menge aller *geordneten Paare* (a, b) mit $a \in A$ und $b \in B$.

Insbesondere ist $(a, b) = (c, d)$ genau dann, wenn $a = c$ und $b = d$ sind; es ist also $(a, b) \neq (b, a)$ genau dann, wenn $a \neq b$.

Zur Abkürzung sei

$$A = A^1, \quad A \times A = A^2, \quad A^2 \times A = A^3, \ldots, \quad A^n \times A = A^{n+1}.$$

Wir haben bereits im vorigen Kapitel $\mathbb{R} \times \mathbb{R}$ zur Konstruktion der komplexen Zahlen verwendet. Die Natur eines geordneten Paares ist für uns nicht wichtig, man kann (a,b) als spezielle, aus a und b aufgebaute Menge auffassen:
$(a,b) = \{a, \{a,b\}\}$.

Eine weitere wichtige Anwendung des cartesischen Produkts ist der Begriff der Funktion (synonym: Abbildung, Transformation, Operator usw.). Fast alle physikalischen und technischen Vorgänge werden durch Funktionen beschrieben, so ist z. B. die Temperatur eine Funktion von Ort und Zeit, der Strom eine von Spannung und Widerstand abhängige Größe, die Verformung eines Körpers wird durch die ausgeübte Kraft (Druck) bestimmt usw. Aber auch in der Mathematik ist die Funktion einer der zentralen Begriffe, der unter anderem häufig zur Konstruktion neuer Objekte dient (das andere wesentliche Konstruktionsverfahren zur Gewinnung neuer Objekte entspricht der in Kap. 3 gewählten Einführung der komplexen Zahlen $\mathbb{C}$). Der Rest dieses Paragraphen ist daher dem Begriff der Funktion und einfachen allgemeinen Eigenschaften von Funktionen gewidmet. Insbesondere soll dabei eine Funktion selbst als Objekt aufgefaßt werden, was durch die Bezeichnungsweise unterstützt werden wird (auch innerhalb der Mathematik ist die Betrachtung und Ausnutzung einer Funktion als Element einer Funktionenmenge noch nicht alt).

4.4. Definition: Unter einer *Funktion* von der Menge A in die Menge B (stets beide nicht leer) versteht man eine Teilmenge f von A × B mit den folgenden Eigenschaften:

a) Zu jedem $a \in A$ gibt es ein $(a, b) \in f$.

b) Sind $(a_1, b_1) \in f$, $(a_2, b_2) \in f$ und $a_1 = a_2$, so gilt $b_1 = b_2$.

A heißt *Definitionsbereich*, B *Bildbereich*, f *Graph* der Funktion. f beschreibt eine Zuordnungsvorschrift, die jedem $a \in A$ ein $b \in B$ zuordnet, nämlich das b aus $(a,b) \in f$. Diese Beziehung zwischen $a \in A$ und $b \in B$ wird häufig in der Form $b = f(a)$ oder $a \mapsto f(a)$ geschrieben, a heißt *Urbild* von b, b *Bild* von a oder *Funktionswert* an der Stelle a. Um die Rolle von A und B klarzustellen, ist die Bezeichnung $f : A \to B$ für eine Funktion von A nach B üblich.

Die Bedingung a) gibt an, daß eine Funktion stets auf dem ganzen Definitionsbereich definiert sein soll; b) fordert, daß jedem $a \in A$ nur ein $b \in B$ zugeordnet wird, es werden nur eindeutige Funktionen betrachtet. Stets ist f, das die ganze Funktion beschreibt, von einem Funktionswert $f(a)$ wohl zu unterscheiden.
$\{b \mid b \in B, b = f(a) \text{ für ein } a \in A\}$ heißt Wertebereich von f.

4.5. Beispiele:

a) $f : \mathbb{R} \to \mathbb{R}$ mit $f(x) = a$ für alle x heißt *konstante Funktion*, sie ist entsprechend für alle anderen Definitionsbereiche erklärbar, speziell z. B. für $\mathbb{C}$. $f = a$ heißt, daß die Funktion f gleich der eben angegebenen Funktion ist, im Gegensatz zu $f(x) = a$; dies ist eine *Gleichung*, in der die x aus dem Definitionsbereich von f gesucht werden, die auf a abgebildet werden (Urbilder von a), diese x heißen *Lösungen* oder *Wurzeln* der Gleichung.

Zeichnet man den Graph dieser Funktion in ein rechtwinkliges Koordinatensystem ein, so ergibt sich eine zur x-Achse parallele Linie.

b) $f : \mathbb{R} \to \mathbb{R}$ mit $f(x) = x$ für alle x ist ebenso wie das vorige Beispiel für jeden Definitionsbereich erklärbar. Diese Funktion heißt *Identität* (hier in $\mathbb{R}$), Schreibweise: $id_{\mathbb{R}}$, entsprechend $id_{\mathbb{C}}$.

Diese Bezeichnungen sind allerdings in der Analysis nicht üblich; wir werden sie nicht viel verwenden. Der Graph von $id_{\mathbb{R}}$ ist die Winkelhalbierende zwischen den positiven x- und y-Achsen.

c) Viele Listen, in denen Versuchsergebnisse notiert werden, können als Funktion aufgefaßt werden:

n	f(n)		t	f(t)
1	0,733		1,1	0,733
2	0,815		1,3	0,851
3	0,756		1,1	0,612

Das zweite Beispiel stellt jedoch keine Funktion dar (warum?).

d) Ein *Polynom* $P : \mathbb{R} \to \mathbb{R}$ ist gegeben durch

$$P(x) = a_o + a_1 x + a_2 x^2 + \ldots + a_n x^n = \sum_{k=o}^{n} a_k x^k \quad \text{für alle x mit reellen}$$

Zahlen a_k. Dieselbe Definition ist für $\mathbb{C}$ möglich, dann können die a_k auch komplexe Zahlen sein. Ist $a_n \neq 0$, so heißt n Grad des Polynoms.

Eine *rationale Funktion* ist eine Funktion

$$R : \mathbb{R}' \to \mathbb{R} \quad \text{mit} \quad R(x) = \frac{P(x)}{Q(x)}, \text{ P, Q Polynome,}$$

für alle $x \in \mathbb{R}' = \{x \mid x \in \mathbb{R}, \; Q(x) \neq 0\}$, ebenso auch in $\mathbb{C}$.

Insbesondere die Menge der Polynome ist wichtig und interessant, da man numerisch immer nur mit Polynomen rechnet und versucht, kompliziertere Funktionen durch Polynome anzunähern.

Der Funktionswert eines Polynoms läßt sich mittels des sogenannten *Hornerschemas* ausrechnen. Dazu schreibe man P(x) in der Form

$$P(x) = a_o + x(a_1 + x(a_2 + x(\ldots (a_{n-1} + xa_n) \ldots))).$$

Zur numerischen Berechnung beginne man mit a_n, multipliziere mit x, addiere a_{n-1} usw. Tabellenmäßig sieht das etwa wie folgt aus:

a_n	b_n	$= a_n$	c_{n-1}	$= b_n x$
a_{n-1}	b_{n-1}	$= a_{n-1} + c_{n-1}$	c_{n-2}	$= b_{n-1} x$
a_{n-2}	b_{n-2}	$= a_{n-2} + c_{n-2}$	c_{n-3}	$= b_{n-2} x$
$\vdots$	$\vdots$			$\vdots$
a_1	b_1	$= a_1 + c_1$	c_0	$= b_1 x$
a_0	b_0	$= a_0 + c_0 = P(x)$		

Die auszuführenden Rechenoperationen sind die Addition in der mittleren und die Multiplikation mit x in der rechten Spalte. Das Verfahren ist für Rechenmaschinen sehr geeignet.

e) Ein Polynom in x und y ist eine Abbildung

$$P : \mathbb{R} \times \mathbb{R} \rightarrow \mathbb{R} \text{ mit } P(x,y) = \sum_{j=1}^{n} \sum_{k=1}^{m} a_{jk} x^j y^k.$$

Das entspricht völlig den Polynomen in einer Variablen. Spezielle Polynome dieser Art sind die Real- und Imaginärteile komplexer Polynome. Häufig verwendet man auch folgende Schreibweise

$$P(x,y) = \sum_{i=1}^{n} \sum_{j=0}^{i} b_{ij} x^j y^{i-j}$$

Die innere Summe heißt Anteil vom Grad i und das ganze Polynom hat den Grad n.

Eine rationale Funktion $R : (\mathbb{R} \times \mathbb{R})' \rightarrow \mathbb{R}$ ist entsprechend durch

$$R(x,y) = \frac{P(x,y)}{Q(x,y)} \text{ für } (\mathbb{R} \times \mathbb{R})' = \{(x,y) | Q(x,y) \neq 0\} \text{ definiert.}$$

f) Eine Funktion $t : \mathbb{R} \rightarrow \mathbb{R}$ heißt *Treppenfunktion* mit der Darstellung $(a_0, a_1, \ldots, a_n; c_1, \ldots, c_n)$, wenn $a_0 < a_1 < \ldots < a_n$ und

$$t(x) = \begin{cases} 0 & \text{für } x < a_0 \\ c_k & \text{für } a_{k-1} < x < a_k \\ 0 & \text{für } x > a_n. \end{cases}$$

Die Werte von t in den „Sprungstellen" a_k sind nicht durch die Darstellung festgelegt, sondern können geeignet festgesetzt werden (z. B. gleich Null, c_k oder c_{k+1}).

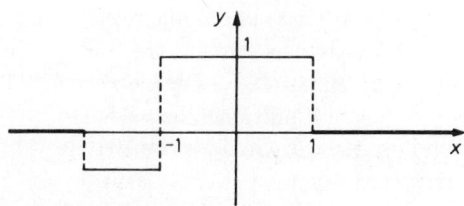

Abb. 4.1

Ein Beispiel für n = 2 mit $a_0 = -2$, $a_1 = -1$, $a_2 = 1$; $c_1 = -\frac{1}{2}$, $c_2 = 1$ ist in Abb. 4.1 wiedergegeben.

Diese Funktionen zeichnen sich dadurch aus, daß der Flächeninhalt der von dem Graphen von t und der x-Achse begrenzten Fläche elementargeometrisch sofort angegeben werden kann.

Es sollen nun noch einige Begriffe eingeführt werden, die mit der Umkehrfunktion einer Funktion zusammenhängen. Umkehrfunktionen werden wir häufiger zu bilden haben.

4.6. Definition: Eine Funktion f : A → B heißt

a) *injektiv* (oder eineindeutig) wenn aus f(a) = f(a′) stets folgt a = a′,

b) *surjektiv* (oder Abbildung auf), wenn es zu jedem b ∈ B ein a ∈ A mit f(a) = b gibt,

c) *bijektiv* (oder umkehrbar eindeutig), wenn f sowohl injektiv als auch surjektiv ist.

d) Sind f : A → B und g : B → C gegeben, so heißt h : A → C mit h(a) = g(f(a)) für alle a ∈ A *zusammengesetzte Funktion* (oder *Verkettung*) von f und g.
Schreibweise: h = g ∘ f.

e) Die für eine bijektive Abbildung existierende Funktion g : B → A mit g(f(a)) = a für alle a heißt *Umkehrfunktion* (oder inverse Funktion) von f. Es ist also g ∘ f = id_A, f ∘ g = id_B.
Schreibweise: $g = f^{-1}$.

Bei der zusammengesetzten Funktion ist g ∘ f wohl zu unterscheiden von dem manchmal auch definierten Produkt gf, z. B. für g : IR → IR, f : IR → IR ist gf : IR → IR bestimmt durch (gf) (x) = g(x)f(x). Ebenso ist bei der Bezeichnung der inversen Funktionen auf Verwechslung mit $\frac{1}{f}$ zu achten, wobei $\left(\frac{1}{f}\right)(x) = \frac{1}{f(x)}$.

Die oben definierte Injektivität verlangt, daß ein Wert b ∈ B nicht Bild zweier verschiedener Werte a sein kann. Die Surjektivität verlangt, daß jedes b ∈ B tatsächlich Bild eines a ist. Beides zusammen gestattet es bei bijektiven Funktionen jedem b ∈ B genau ein a ∈ A, nämlich das Urbild von b, zuzuordnen. Der Graph von f^{-1} entsteht aus dem von f einfach durch Vertauschung der Komponenten in den Paaren (a,b).

4.7. Beispiele:

a) f : IR → IR mit f(x) = ax + b und a ≠ 0 ist sowohl injektiv als auch surjektiv (also bijektiv), da aus f(x) = f(x′) folgt ax = ax′ und damit x = x′, daneben ist f(x) = ax + b = c für alle c auflösbar durch $x = \frac{c-b}{a}$. Die Umkehrabbildung lautet f^{-1} : IR → IR mit $f^{-1}(x) = \frac{x-b}{a}$. Diese Funktionen heißen affin.

b) Die Umkehrbarkeit der durch Polynome 1. Grades vermittelten Abbildungen geht bereits bei Polynomen 2. Grades verloren:

34

$f : \mathbb{R} \to \mathbb{R}$ mit $f(x) = x^2$ ist weder injektiv noch surjektiv, $x^2 = x'^2$ hat nämlich nur $x = \pm x'$ zur Folge, also ist f nicht injektiv, und negative reelle Zahlen treten als Bilder nicht auf, also ist f nicht surjektiv.

Schränkt man aber den Wertebereich auf $\mathbb{R}^+ = [0,\infty[$ ein, so wird die Funktion surjektiv, schränkt man auch noch den Definitionsbereich auf $\mathbb{R}^+$ ein, so wird sie auch injektiv.

Die Umkehrabbildung von $\tilde{f} : \mathbb{R}^+ \to \mathbb{R}^+$ mit $\tilde{f}(x) = x^2$ ist natürlich $\tilde{f}^{-1} : \mathbb{R}^+ \to \mathbb{R}^+$ mit $\tilde{f}^{-1}(x) = \sqrt{x}$.

Schränkt man den Definitionsbereich auf $\mathbb{R}^- =]-\infty,0]$ ein, so besitzt $\tilde{\tilde{f}} : \mathbb{R}^- \to \mathbb{R}^+$ mit $\tilde{\tilde{f}}(x) = x^2$ die Umkehrfunktion $\tilde{\tilde{f}}^{-1} : \mathbb{R}^+ \to \mathbb{R}^-$ mit $\tilde{\tilde{f}}^{-1}(x) = -\sqrt{x}$.

Das Beispiel zeigt, daß Definitionsbereich und Bildbereich die Eigenschaften einer Funktion sehr wohl beeinflussen können; für die Zuordnungsvorschrift ist das ohnehin klar.

c) Am Beispiel b) ist zu sehen, daß nicht jedes Polynom ohne weiteres eine Umkehrfunktion besitzt, $f : \mathbb{R} \to \mathbb{R}$ mit $f(x) = x^3$ ist andererseits ein Beispiel dafür, daß auch Polynome höheren Grades eine Umkehrfunktion besitzen können,

$f^{-1} : \mathbb{R} \to \mathbb{R}$ mit $f^{-1}(x) = \sqrt[3]{x}$.

Die Existenz der Umkehrfunktion ist also bei Polynomen von höherem als erstem Grad im Einzelfall zu untersuchen. Keine Treppenfunktion dagegen besitzt eine Umkehrfunktion.

d) Injektive Abbildungen spielen beim Vergleich der „Größe" zweier Mengen eine Rolle. Gibt es eine injektive Abbildung $f : A \to B$, so kann man sagen, daß B „mindestens soviel Elemente" enthält wie A.

Hervorzuheben ist der folgende Fall:

> Eine Menge A heißt *abzählbar*, wenn es eine injektive Abbildung von A in $\mathbb{N}$ gibt.

Das ist gleichbedeutend mit der Möglichkeit, $\mathbb{N}$ surjektiv auf A abzubilden. Man kann nämlich zu jedem $a \in A$ eines der Urbilder in $\mathbb{N}$ aussuchen und auf diese Weise eine injektive Abbildung von A in $\mathbb{N}$ konstruieren. Umgekehrt kann man aus der injektiven Abbildung von A in $\mathbb{N}$ eine surjektive Abbildung von $\mathbb{N}$ in A erzeugen, indem man den natürlichen Zahlen, die keine Urbilder in A haben, einfach ein festes Element aus A zuordnet.

> Eine Menge A heißt unendlich, wenn es eine injektive Abbildung von $\mathbb{N}$ in A gibt, sonst heißt A endlich.

So ist die Menge G der geraden Zahlen sowohl unendlich als auch abzählbar, da sie bijektiv auf $\mathbb{N}$ abgebildet werden kann:

> $f : G \to \mathbb{N}$ mit $f(2n) = n$.

Nicht ganz so klar ist die Abzählbarkeit bei der Menge $\mathbb{Q}$ der rationalen Zahlen. Man kann sich beim Nachweis auf die positiven rationalen Zahlen beschränken, denn hat man eine Abbildung g von $\mathbb{N}$ auf die positiven rationalen Zahlen, so definiere man $f : \mathbb{N} \to \mathbb{Q}$ durch

> $f(1) = 0, \; f(2n) = g(n), \; f(2n+1) = -g(n),$

f ist dann offenbar surjektiv.

Die positiven rationalen Zahlen ordne man nun in dem folgenden Schema an:

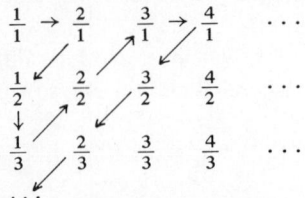

Durchläuft man dieses Schema in der angegebenen Art und Weise, so erreicht man jede positive rationale Zahl in endlich vielen Schritten. Ist n die notwendige Schritt-zahl, um $\frac{p}{q}$ zu erreichen, so definiert $g : \mathbb{N} \to \{r | r \in \mathbb{Q},\ r > 0\}$ mit $g(n) = \frac{p}{q}$ eine surjektive Abbildung. Also ist $\mathbb{Q}$ abzählbar.

$\mathbb{R}$ ist nicht abzählbar, der Beweis soll hier nicht geführt werden.

Der Schluß dieses Paragraphen werde von einigen Bemerkungen zur Logik gebildet. Mathematische Sätze stellen Verknüpfungen von Aussagen dar. Der Beweis besteht im allgemeinen aus der schrittweisen Umformung einer Aussage in eine andere. Von diesen Einzelschritten sollen vier erwähnt werden.
Aus zwei Aussagen A und B bildet man eine neue Aussage "A und B" (Schreib-weise: A $\wedge$ B). Die neue Aussage ist richtig (oder wahr), wenn sowohl A als auch B richtig sind. Hier besteht Übereinstimmung mit dem Sprachgebrauch.
Anders ist es bei der Aussage „A oder B" (Schreibweise: A $\vee$ B), diese Aussage soll richtig sein, wenn entweder A oder B oder beide richtig sind. Hier ist der Sprach-gebrauch nicht einheitlich, man verwendet „oder" umgangssprachlich manchmal im ausschließenden Sinn.
Eine weitere Operation ist die Verneinung einer Aussage A (Schreibweise: $\neg$A), deren Bildung nicht immer ganz leicht ist und Übung erfordert. Vor allem darf man die Bildung der Verneinung nicht mit der Bildung eines Gegensatzes verwechseln: Die Verneinung von „Die Katze ist schwarz" ist nicht „Die Katze ist weiß", sondern „Die Katze ist nicht schwarz".
Schließlich sei die Implikation angeführt, aus den Aussagen A und B wird die Aus-sage „Wenn A, so B" (Schreibweise: A $\Rightarrow$ B) gebildet. Diese ist richtig, wenn für richtiges A auch B richtig ist, sie ist nur dann falsch, wenn B falsch ist bei richtigem A. Für eine falsche Aussage A wird stets „A $\Rightarrow$ B" als richtig angesehen, unabhängig vom Wahrheitswert von B. Die beiden Aussagen „A $\Rightarrow$ B" und „B $\Rightarrow$ A" faßt man üblicherweise zu „A $\Leftrightarrow$ B" zusammen, gelesen „A äquivalent B" oder „A genau dann, wenn B". Den letzten Terminus haben wir bereits des öfteren benutzt.
Der sogenannte indirekte Beweis, der auch schon verwendet worden ist, besteht in folgendem: Zu zeigen ist die Richtigkeit einer Aussage B, man nimmt $\neg$ B als richtig an und versucht zusammen mit der Voraussetzung A auf eine falsche Aussage zu kommen (Widerspruch), der Widerspruch kann in der Ableitung von $\neg$ A bestehen, aber auch in der von $\neg$ C für eine als richtig bekannte Aussage C. Dann muß der Ausgangspunkt der Betrachtungen, nämlich $\neg$ B, falsch gewesen und B richtig sein.

Dabei wird angenommen, daß nur die Wahl zwischen B und $\neg$ B besteht („tertium non datur"). Wir machen diese Annahme stets, der indirekte Beweis ist häufig der einfachere, weil man die zusätzliche Aussage $\neg$ B zur Verfügung hat.

Gelegentlich wird der Doppelpunkt zur Klarstellung einer Definition in einer Gleichung verwendet:

A : = B bedeutet, daß A durch diese Gleichung definiert wird, gleichwertig ist B = : A.

Aufgaben zu Kap. 4

1. Man gebe Beispiele dafür an, daß
   a) die Vereinigung,   b) die Differenz
   zweier Intervalle kein Intervall ist.

2. Man beweise
   $$(A \cap B) \cup C = (A \cup C) \cap (B \cup C).$$

3. Man beweise
   $$A \subseteq B \Leftrightarrow A \cup B = B.$$

4. Man beweise für drei Mengen A, B, C
   a) $C - (A \cup B) = (C - A) \cap (C - B)$
   b) $C - (A \cap B) = (C - A) \cup (C - B)$
   (De Morgansche Regeln)

5. Man beweise für Abbildungen $f : A \to B$, $g : B \to C$
   a) f,g injektiv $\Rightarrow$ g $\circ$ f injektiv,
   b) g $\circ$ f injektiv $\Rightarrow$ f injektiv,
   c) g $\circ$ f bijektiv $\Rightarrow$ f injektiv und g surjektiv,
   d) f,g surjektiv $\Rightarrow$ g $\circ$ f surjektiv.

6. Man beweise für Abbildungen $f : A \to B$, $g : B \to A$, daß aus $g \circ f = id_A$ und $f \circ g = id_B$ folgt, daß $g = f^{-1}$ und $f = g^{-1}$.

7. Eine Funktion f heißt in einem Intervall I *streng monoton wachsend*, wenn $f(x) < f(x')$ für alle $x, x' \in I$ mit $x < x'$. Man zeige, daß bei geeigneter Einschränkung des Bildbereiches eine solche Funktion eine Umkehrfunktion besitzt.

8. Man zeige, daß $\mathbb{Z}$ abzählbar ist.

9. Man zeige, daß eine Teilmenge einer abzählbaren Menge abzählbar ist.

10. Man zeige für zwei Aussagen A,B:
    A oder (A und B) $\Leftrightarrow$ A.

11. Man zeige für zwei Aussagen A, B:
    $\neg$ (A und B) $\Leftrightarrow$ ($\neg$ A oder $\neg$ B).

5. Vektorrechnung in Ebene und Raum

Die natürlichen und reellen Zahlen können als mathematisches Modell des Zählens und des Messens (auf einer Geraden) angesehen werden. Von diesen Modellen ausgehend soll nun ein Modell des uns umgebenden Raumes konstruiert werden. Descartes hat als erster den wichtigen Schritt getan, Punkte durch Zahlen und geometrische Gebilde durch Gleichungen zu beschreiben.

Hier wird das Modell des Raumes als Vektorraum definiert, der auch als Modell für zahlreiche andere Erscheinungen der Natur dienen kann: Kraft, Geschwindigkeit, elektrisches Feld usw. Gemeinsam ist allen zu beschreibenden Erscheinungen, daß man sie durch eine Richtung und Größe (Stärke) festlegen kann. Aus der nachstehenden Definition werden diese Begriffe bald abzuleiten sein:

5.1. Definition: a) Der *n-dimensionale euklidische Raum*,

$$\mathbb{R}^n := \{\, \mathfrak{x} \mid \mathfrak{x} : \{1,2,3,\ldots,n\} \to \mathbb{R} \,\}.$$

sei die Menge der Abbildungen der Zahlen $\{1, 2, \ldots, n\}$ in die reellen Zahlen. Diese Abbildungen werden durch die n-Tupel $(x_1, \ldots, x_n)$ der Funktionswerte $x_i = \mathfrak{x}(i)$ beschrieben. Die x_i heißen *Koordinaten*, jedes $\mathfrak{x} \in \mathbb{R}^n$ heißt *Vektor*.

b) Zu je zwei Vektoren $\mathfrak{x}, \mathfrak{y} \in \mathbb{R}^n$ sei eine Addition

$$\mathfrak{x} + \mathfrak{y} = (x_1 + y_1, x_2 + y_2, \ldots, x_n + y_n)$$

und zu $\mathfrak{x} \in \mathbb{R}^n$ und $a \in \mathbb{R}$ eine Multiplikation

$$a\,\mathfrak{x} = (ax_1, ax_2, \ldots, ax_n)$$

erklärt. Beide Verknüpfungen führen wieder zu Vektoren des $\mathbb{R}^n$.

Die Bezeichnung der Vektoren durch deutsche Buchstaben soll der Klarheit dienen; üblich ist auch die Bezeichnung $\vec{x}$ oder sogar x, wenn keine Verwechslungen zu befürchten sind. Zwei Vektoren sind offenbar genau dann gleich, wenn alle Koordinaten gleich sind.

Für $n = 1$ wird der Exponent weggelassen und weiterhin nur $\mathbb{R}$ geschrieben, hier tritt nichts Neues auf. Im $\mathbb{R}^n$ soll im folgenden Geometrie und Physik getrieben werden, dazu sind nur $n = 2, 3$ oder gelegentlich $n = 4$ notwendig. Um nicht dieselbe Theorie für $n = 2$ und $n = 3$ doppelt durchführen zu müssen, soll im allgemeinen n als Dimension stehen, man kann sich dafür die Werte 2 oder 3 eingesetzt denken.

Als erstes soll eine Struktur des $\mathbb{R}^n$ herausgestellt werden, die ausführlich in der linearen Algebra untersucht wird und Grundlage der Theorie der Vektorräume ist:

5.2. Satz: Im $\mathbb{R}^n$ gelten mit Definition 5.1 die folgenden Rechenregeln:

    I. Gesetze der Addition

       a) $\mathfrak{x} + \mathfrak{y} = \mathfrak{y} + \mathfrak{x}$ [Kommutativität]

b) $(\vec{x}+\vec{y}) + \vec{z} = \vec{x} + (\vec{y}+\vec{z})$ [Assoziativität]

c) $\vec{u} + \vec{x} = \vec{b}$ besitzt genau eine Lösung $\vec{x}$

II. Gesetze der Multiplikation mit einer reellen Zahl (Skalar)

a) $(a+b)\,\vec{x} = a\,\vec{x} + b\,\vec{x}$, $a(\vec{x}+\vec{y}) = a\,\vec{x} + a\,\vec{y}$ [Distributivität]

b) $(ab)\,\vec{x} = a(b\,\vec{x})$ [Assoziativität]

c) $1\,\vec{x} = \vec{x}$

Beweis: Alle Regeln folgen sofort aus den entsprechenden Gesetzen für reelle Zahlen, da die Operationen koordinatenweise erklärt sind.

5.3. Bemerkung: Da die Gesetze der Addition völlig den Axiomen 1.3 in $\mathbb{R}$ entsprechen, gelten auch die dortigen Folgerungen; insbesondere gibt es einen eindeutig bestimmten Nullvektor $\vec{o} = (0, 0, \ldots, 0)$, der inverse Vektor zu $\vec{x}$ bezüglich der Addition ist $-\vec{x} = (-x_1, \ldots, -x_n)$.

5.4. Definition: Eine nichtleere Menge V, in der eine Addition sowie eine Multiplikation mit reellen Zahlen so erklärt sind, daß die Rechenregeln von Satz 5.2 gelten, heißt (reeller) *Vektorraum* oder (reeller) *linearer Raum*.

Ist die Multiplikation sogar mit komplexen Zahlen erklärt, so spricht man von einem *komplexen Vektorraum*. Insbesondere bei Funktionenräumen (auch der oben erklärte $\mathbb{R}^n$ ist ein solcher) wird die Vektorraumeigenschaft nachzuweisen sein.

Es soll nun untersucht werden, inwieweit der $\mathbb{R}^3$ ein Modell des uns umgebenden Raumes darstellt (entsprechend der $\mathbb{R}^2$ das einer Ebene). Elementare geometrische Begriffe und Eigenschaften werden dabei vorausgesetzt. Im Raum sei ein *orthonormiertes Koordinatensystem* gegeben, d. h. drei sich in einem Punkt schneidende Geraden, die paarweise aufeinander senkrecht stehen. Jede dieser Geraden erhält eine Orientierung, so daß die positiven Achsen ein Rechtsystem bilden, d. h. die x-, y- und z-Achse lassen sich in dieser Reihenfolge durch Daumen, Zeige- und Mittelfinger der rechten Hand wiedergeben (man probiere aus, daß die linke Hand nicht dasselbe leistet). Der Nullpunkt des Koordinatensystems ist der gemeinsame Schnittpunkt der Geraden, von dem aus auf jeder Geraden die gleiche Einheitsstrecke abgetragen wird.

Einem Punkt P des Raumes werden nun drei reelle Zahlen als Koordinaten dadurch zugeordnet, daß man den Punkt senkrecht auf die drei Achsen projiziert und die Maßzahlen der Projektionspunkte als Koordinaten nimmt.

Dem Punkt P wird der Vektor $\vec{x}$ (P) des $\mathbb{R}^3$ mit diesen drei Koordinaten zugeordnet, der *Ortsvektor* von P.

Offenbar gehören zu verschiedenen Punkten verschiedene Vektoren und umgekehrt, so daß man eine bijektive Abbildung des Raumes auf den $\mathbb{R}^3$ hat. Man symbolisiert den Vektor durch den Pfeil von O nach P. Damit ist zugleich dem Vektor eine Richtung zugeordnet.

Bisher sind zwei Operationen mit Vektoren erklärt worden. Der Addition von Vektoren entspricht geometrisch das „Parallelogramm der Kräfte",

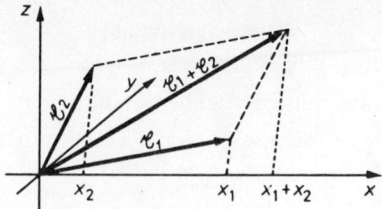

Abb. 5.1

man vervollständige $\wp_1$ und $\wp_2$ zu einem Parallelogramm, dessen vierte Ecke neben O, P und Q gerade $\wp_1 + \wp_2$ bestimmt (Abb. 5.1).

Der Multiplikation eines Vektors mit einem Skalar a entspricht eine Verschiebung von P auf der Geraden durch O und P. Ist a negativ, so wandert P auf die andere Seite des Nullpunktes dieser Geraden.

Für viele Zwecke reicht aber die behandelte Zuordnung zwischen Raum und $\mathbb{R}^3$ nicht aus, da die Vektoren bisher alle an den Nullpunkt gebunden sind. Deshalb führen wir eine *affine Struktur* in unserem Raum ein:

5.5. Definition: Jedem Paar (P_1, P_2) von Punkten des Raumes − denen in einem gegebenen Koordinatensystem die Vektoren $\wp_1$ und $\wp_2$ entsprechen mögen − wird der Vektor $\overrightarrow{P_1P_2} = \wp_2 - \wp_1$ zugeordnet, symbolisiert durch einen Pfeil von P_1 nach P_2.

Dies ist mit der vorherigen Zuordnung verträglich, wenn man bedenkt, daß dem Nullpunkt O der Nullvektor zugeordnet ist. Anschaulich rechtfertigt sich diese Zuordnung durch die Tatsache, daß die Projektionen der Strecke von P_1 nach P_2 auf die Achsen gerade als Längen die Differenzen der Koordinaten von P_2 und P_1 haben (Abb. 5.2). Damit können Vektoren überall im Raume „angehängt" werden, man spricht von *freien Vektoren*.

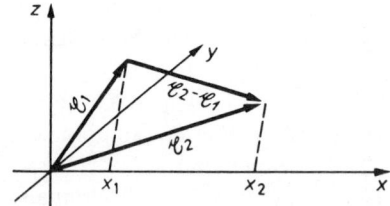

Abb. 5.2

Den Vektoren ist bereits eine (von der Wahl des Koordinatensystems unabhängige) Richtung zugeordnet, nun soll auch die Länge eines Vektors definiert werden. Die Definition der Länge eines Vektors soll mit der Definition eines Produktes von Vektoren verbunden werden. Mit dieser Definition wird unser Raum zu einem *euklidischen Raum*, gleichzeitig wird ein wichtiger Schritt für das Rechnen mit Vektoren getan.

5.6. Definition: a) Zu je zwei Vektoren $\mathfrak{x}$ und $\mathfrak{y}$ heißt

$$\mathfrak{x} \cdot \mathfrak{y} = x_1 y_1 + x_2 y_2 + \ldots + x_n y_n$$

Skalarprodukt oder *inneres Produkt* von $\mathfrak{x}$ und $\mathfrak{y}$.

b) $\quad |\mathfrak{x}| = \sqrt{\mathfrak{x} \cdot \mathfrak{x}} = \left(\sum_{k=1}^{n} x_k^2 \right)^{\frac{1}{2}}$

heißt *Länge* des Vektors.

Durch zweifache Anwendung des Satzes von Pythagoras sieht man leicht, daß $|\mathfrak{x}(P)|$ der elementargeometrische Abstand zwischen O und P ist. Der nächste Satz faßt die Eigenschaften des Skalarproduktes zusammen, wobei a) die geometrische Deutung darstellt.

5.7. Satz: a) Ist α der Winkel zwischen den Strecken OP und OQ, die den Vektoren $\mathfrak{x}$ bzw. $\mathfrak{y}$ entsprechen, so ist

$\mathfrak{x} \cdot \mathfrak{y} = |\mathfrak{x}| \, |\mathfrak{y}| \, \cos \alpha$.

b) $|\mathfrak{x} \cdot \mathfrak{y}| \leqq |\mathfrak{x}| \, |\mathfrak{y}|$ [Schwarzsche Ungleichung]

mit Gleichheit nur für Vektoren gleicher Richtung, d. h. wenn Zahlen λ, μ mit $\lambda^2 + \mu^2 \neq 0$ existieren, so daß

$\lambda \mathfrak{x} + \mu \mathfrak{y} = \mathfrak{o}$.

c) $\mathfrak{x} \cdot \mathfrak{y} = \mathfrak{y} \cdot \mathfrak{x}$ [Kommutativität]

d) $a (\mathfrak{x} \cdot \mathfrak{y}) = (a\mathfrak{x}) \cdot \mathfrak{y} = \mathfrak{x} \cdot (a\mathfrak{y})$ für $a \in \mathbb{R}$. [Assoziativität]

e) $\mathfrak{x} \cdot (\mathfrak{y} + \mathfrak{z}) = \mathfrak{x} \cdot \mathfrak{y} + \mathfrak{x} \cdot \mathfrak{z}$ [Distributivität]

f) $|\mathfrak{x} + \mathfrak{y}| \leq |\mathfrak{x}| + |\mathfrak{y}|$ [Dreiecksungleichung]

Beweis: a) Nach dem Cosinussatz der elementaren Geometrie (Abb. 5.3) gilt in dem von $\mathfrak{x}$ und $\mathfrak{y}$ aufgespannten Dreieck

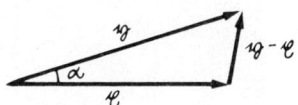

Abb. 5.3

$$|\mathfrak{y} - \mathfrak{x}|^2 = |\mathfrak{x}^2| + |\mathfrak{y}|^2 - 2 |\mathfrak{x}| \, |\mathfrak{y}| \, \cos \alpha,$$

das heißt

$$\sum_{k=1}^{n} (y_k - x_k)^2 = \sum_{k=1}^{n} (x_k^2 + y_k^2) - 2 |\mathfrak{x}| \, |\mathfrak{y}| \, \cos \alpha$$

oder nach Wegheben der Quadrate

$$\mathfrak{x} \cdot \mathfrak{y} = \sum_{k=1}^{n} x_k y_k = |\mathfrak{x}| \, |\mathfrak{y}| \, \cos \alpha.$$

b) Dies ist nur eine andere Formulierung von Satz 2.4.

41

c) — e) sind sofort aus der Definition ablesbar.

f) $|\kappa + \mathscr{y}|^2 = |\kappa|^2 + 2\,\kappa \cdot \mathscr{y} + |\mathscr{y}|^2 \leq (|\kappa| + |\mathscr{y}|)^2$ nach b).

Teil a) dieses Satzes zeigt, daß das Skalarprodukt auch eine geometrisch definierbare Größe ist. Dies kann umgekehrt ohne Rückgriff auf die Geometrie zur Definition des Winkels zwischen zwei Vektoren benutzt werden, wenn der Cosinus als bekannt vorausgesetzt wird:

$$\cos \alpha = \frac{\kappa \cdot \mathscr{y}}{|\kappa|\,|\mathscr{y}|}$$

für κ, $\mathscr{y} \neq \mathscr{o}$, bestimmt eindeutig einen Winkel α, wenn man $0 \leq \alpha \leq \pi$ festlegt. Zwei Vektoren mit $\kappa \cdot \mathscr{y} = 0$ heißen *orthogonal* oder *senkrecht aufeinander*, dem entspricht $\alpha = \pi/2$, Schreibweise $\kappa \perp \mathscr{y}$.
Die nachfolgenden Beispiele sind Anwendungen des Skalarproduktes.

5.8. Beispiele:

a) Mechanische Deutung des Skalarproduktes.
Bewegt eine Kraft $\mathscr{k}$ einen Massenpunkt längs eines Vektors $\mathscr{b}$, so leistet nur der Anteil von $\mathscr{k}$ in Richtung $\mathscr{b}$ Arbeit: $|\mathscr{k}|$ cos α, wenn α der Winkel zwischen $\mathscr{k}$ und $\mathscr{b}$ ist. Die Arbeit ergibt sich also zu A = ($|\mathscr{k}|$ cos α) $|\mathscr{b}|$ = $\mathscr{k} \cdot \mathscr{b}$.

b) Parameterdarstellung einer Geraden.
Sind ein Richtungsvektor $\mathscr{A}$ und ein Punkt P_o der Geraden gegeben, so ergibt sich (Abb. 5.4) der Ortsvektor eines beliebigen Punktes P der Geraden als Summe aus dem Ortsvektor $\kappa(P_o)$ und einem geeigneten Vielfachen von $\mathscr{A}$. Dieses Vielfache wird üblicherweise durch t bezeichnet.

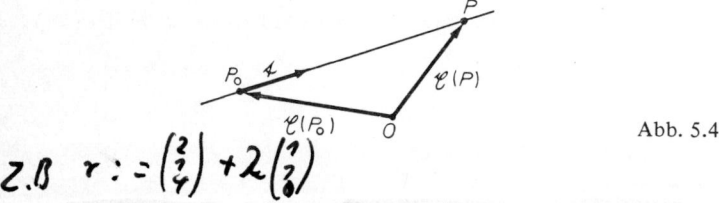

Abb. 5.4

$z.B \quad r : = \begin{pmatrix} 3 \\ 2 \\ 1 \end{pmatrix} + 2 \begin{pmatrix} 1 \\ 2 \\ 0 \end{pmatrix}$

$\kappa(P) = \kappa(P_o) + t\,\mathscr{A}$ heißt *Parameterstellung der Geraden*.
Sind zwei Punkte P_1 und P_2 auf der Geraden gegeben, so gelangt man zur Parameterdarstellung durch

$\mathscr{A} = \kappa(P_2) - \kappa(P_1)$ und $P_o = P_1$:

$\kappa(P) = \kappa(P_1) + t(\kappa(P_2) - \kappa(P_1))$.

c) Hessesche Normalform der Geradengleichung in der Ebene.
Gegeben sei ein auf der Geraden senkrechter Vektor $\mathscr{n}$, den man als Normale bezeichnet, seine Länge sei zu 1 normiert; außerdem sei ein Punkt P_o der Geraden vorgegeben. Dann ist $\kappa\,(P) - \kappa(P_o)$ der Vektor von P_o nach P, also ist er senkrecht zu $\mathscr{n}$ (Abb. 5.5):

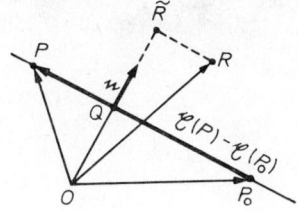

Abb. 5.5

$(\rho(P) - \rho(P_o)) \cdot \mathcal{M} = 0.$

Umgekehrt liegt jeder Punkt P, der dieser Gleichung genügt, auf der Geraden.
Üblicherweise setzt man $\rho(P_o) \cdot \mathcal{M} = p \geq 0$ bei geeignetem Vorzeichen von $\mathcal{M}$.

$\rho(P) \cdot \mathcal{M} - p = 0$

heißt *Hessesche Normalform der Geraden in der Ebene*. In Koordinaten x, y hat sie
die Form $ax + by - p = 0, a^2 + b^2 = 1, p \geq 0$.
Auch p hat eine geometrische Bedeutung. Geht die Gerade durch den Nullpunkt,
so ist p = 0. Fällt man für p $\neq$ 0 das Lot vom Nullpunkt auf die Gerade, so sei der
Lotfußpunkt Q (Abb. 5.5) Der Winkel α zwischen $\rho(Q)$ und $\mathcal{M}$ muß 0 oder $\dot{\pi}$ sein,
wegen

$0 < p = \rho(Q) \cdot \mathcal{M} = |\rho(Q)| \, |\mathcal{M}| \cos \alpha = |\rho(Q)| \cos \alpha$ ergibt sich $\alpha = 0$.

p ist der Abstand des Nullpunktes von der Geraden.
Dieses Ergebnis kann noch ausgedehnt werden. Ist R ein beliebiger Punkt der Ebene
und $\tilde{R}$ der Fußpunkt des Lotes von R auf die Gerade durch O und Q, so ist $\rho(R) \cdot \mathcal{M}$
die Länge der Projektion von $\rho(R)$ auf diese Gerade, also gleich der Länge der
Strecke von O nach $\tilde{R}$. Damit erhält man (Abb. 5.5):

$f(R) = \rho(R) \cdot \mathcal{M} - p$

ist der Abstand des Punktes R von der Geraden $\rho(P) \cdot \mathcal{M} = p$. Der Abstand ist
positiv, wenn R auf der vom Nullpunkt abgewandten Seite der Geraden liegt, sonst
negativ.

d) Parameterdarstellung einer Ebene.
Die Vektoren des $\mathbb{R}^2$ kann man als Summe von Vielfachen zweier fester Vektoren
gewinnen, z. B.

$(x, y) = x \, (1,0) + y \, (0,1).$

Dies bestimmt auch eine Ebene im Raum: Ausgehend von einem Punkt P_o der
Ebene erhält man alle weiteren Punkte durch Addition geeigneter Vielfache zweier
fester Vektoren $\mathcal{M}$ und $\mathcal{b}$ (Abb. 5.6). Man sagt, $\mathcal{M}$ und $\mathcal{b}$ spannen die Ebene auf.
Offensichtlich sind dazu aber nicht alle Paare von Vektoren in der Ebene geeignet,
z. B. liefern $\mathcal{M}$ und $-\mathcal{M}$ nur die Punkte der Geraden durch P_o mit der Richtung $\mathcal{M}$.
Daher wird nun definiert:

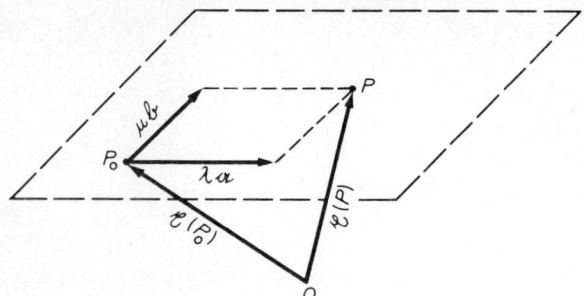

Abb. 5.6

5.9. Definition: Vektoren $\mathfrak{u}_1, \mathfrak{u}_2, \ldots, \mathfrak{u}_m$ des $\mathbb{R}^n$ heißen *linear abhängig*, wenn es reelle Zahlen $\lambda_1, \lambda_2, \ldots, \lambda_m$ gibt, die nicht alle Null sind, so daß

$$\sum_{i=1}^{m} \lambda_i \mathfrak{u}_i = \mathfrak{o}.$$

Die linke Seite heißt auch *Linearkombination* der $\mathfrak{u}_1, \ldots, \mathfrak{u}_m$; sind nicht alle λ_i Null, so heißt die Linearkombination nichttrivial.
Vektoren $\mathfrak{u}_1, \ldots, \mathfrak{u}_m$, die nicht linear abhängig sind, heißen *linear unabhängig*.
Zwei linear abhängige Vektoren heißen auch kollinear, drei komplanar.

Ein einzelner Vektor ist genau dann linear abhängig, wenn er der Nullvektor ist. Zwei Vektoren sind genau dann kollinear, wenn einer ein Vielfaches des anderen ist. Dabei sei auch im folgenden stets der triviale Fall ausgeschlossen, daß unter $\mathfrak{u}_1, \ldots, \mathfrak{u}_m$ der Nullvektor enthalten ist. Man setze dann nämlich den Faktor am Nullvektor 1, an allen anderen Vektoren 0 und erhält so die lineare Abhängigkeit.
Zwei von einem Punkt ausgehende kollineare Vektoren bestimmen somit nur eine Gerade, während zwei linear unabhängige Vektoren eine Ebene aufspannen. Addiert man alle möglichen Vielfachen $u\,\mathfrak{u}$ und $v\,\mathfrak{b}$, so erhält man in

$$\mathfrak{r}(P) = \mathfrak{r}(P_o) + u\,\mathfrak{u} + v\,\mathfrak{b}$$

die Parameterdarstellung der von den linear unabhängigen Vektoren $\mathfrak{u}$ und $\mathfrak{b}$ aufgespannten Ebene durch P_o. Dies kann auch direkt als Definition einer Ebene genommen werden.
Sind drei nicht auf einer Geraden liegende Punkte P_1, P_2, P_3 in der Ebene gegeben, so setze man $P_o = P_1, \mathfrak{u} = \mathfrak{r}(P_2) - \mathfrak{r}(P_1)$ und $\mathfrak{b} = \mathfrak{r}(P_3) - \mathfrak{r}(P_1)$.
Die lineare Unabhängigkeit von $\mathfrak{u}$ und $\mathfrak{b}$ ist gegeben, da P_1, P_2 und P_3 nicht auf einer Geraden liegen.

$$\mathfrak{r}(P) = \mathfrak{r}(P_1) + u\,(\mathfrak{r}(P_2) - \mathfrak{r}(P_1)) + v\,(\mathfrak{r}(P_3) - \mathfrak{r}(P_1))$$

ist dann die Parameterdarstellung der Ebene.

44

Es sei noch auf folgendes hingewiesen: Eine Gerade wird durch einen (linear unabhängigen) Vektor aufgespannt, ihre Dimension ist 1. Eine Ebene wird durch zwei linear unabhängige Vektoren aufgespannt, ihre Dimension ist 2; speziell ist 2 die Dimension des $\mathbb{R}^2$. Der $\mathbb{R}^3$ wird durch drei linear unabhängige Vektoren aufgespannt, daher ist seine Dimension 3. Zum Beispiel ist $(x, y, z) = x(1, 0, 0) + y(0, 1, 0) + z(0, 0, 1)$, vier Vektoren im $\mathbb{R}^3$ sind stets linear abhängig. Diese Bemerkungen sollen hier nicht vertieft oder bewiesen werden, es sei nur noch erwähnt, daß man n linear unabhängige Vektoren, die den $\mathbb{R}^n$ aufspannen (erzeugen), eine *Basis* nennt. Die sogenannte kanonische Basis sind die Vektoren $\nu_1, \ldots, \nu_n$, wobei ν_i an der i-ten Stelle eine 1 und sonst Nullen hat. Das sind die Vektoren der Länge 1 in Richtung der Achsen des Koordinatensystems.

e) Hessesche Normalform der Ebenengleichung.

Man kann eine Ebene auch dadurch festlegen, daß man einen zur Ebene senkrechten Vektor ν, die Normale, und einen Punkt P_0 der Ebene vorgibt. Es sei wieder ν durch $|\nu| = 1$ normiert. Für einen beliebigen Punkt P der Ebene ist dann $\wp(P) - \wp(P_0)$ senkrecht zu ν (Abb. 5.7), normiert man weiter durch geeignete Vorzeichenwahl von ν das Vorzeichen von $p := \wp(P_0) \cdot \nu \geqq 0$, so erhält man in

$$\wp(P) \cdot \nu - p = 0$$

die Hessesche Normalform der Ebenengleichung. Ähnlich wie bei der Geraden ergibt sich durch Betrachtung des Lotes vom Nullpunkt auf die Ebene p als Abstand des Nullpunktes von der Ebene. Für einen beliebigen Punkt R des Raumes ist $f(R) = \wp(R) \cdot \nu - p$ der Abstand des Punktes R von der Ebene, wobei der Abstand auf der vom Nullpunkt abgewandten Seite positiv ist.

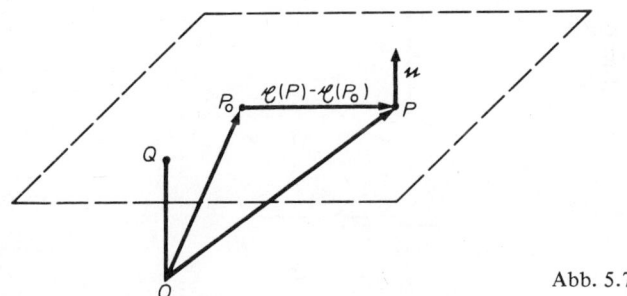

Abb. 5.7

Die Grundaufgaben der Bestimmung der Schnittpunkte von Geraden und/oder Ebenen werden im nächsten Paragraphen behandelt, da dort die Lösungen linearer Gleichungssysteme untersucht werden. Ferner stellt sich die Frage des Überganges etwa von der Parameterdarstellung der Ebene zur Hesseschen Normalform. Dazu wird noch ein weiteres Produkt zweier räumlicher Vektoren benötigt. Vorher sollen aber als Anwendung des Skalarproduktes die Koordinatentransformationen behandelt werden.

5.10. Beispiel:

Koordinatentransformationen.

a) Translationen

Als *Translation* bezeichnet man eine Verschiebung des Nullpunktes O des Koordinatensystems in einen anderen Punkt O', wobei die neuen Koordinatenachsen parallel zu den alten bleiben sollen (Abb. 5.8). Wie in der Abbildung für die x-Koordinate angedeutet, ist der Unterschied zwischen den alten und den neuen Koordinaten gerade durch die Koordinaten des neuen Nullpunktes im alten Koordinatensystem gegeben

$$x(P) = x(O') + x'(P),$$

ähnlich für y und z, in Vektorschreibweise hat man

$$\mathcal{r}(P) = \mathcal{r}(O') + \mathcal{r}'(P).$$

Entsprechend ist wegen $\mathcal{r}(O') = -\mathcal{r}'(O)$

$$\mathcal{r}'(P) = \mathcal{r}'(O) + \mathcal{r}(P).$$

Die Veränderung der Koordinaten ist also leicht zu überblicken. Das ist nicht so ohne weiteres der Fall für

b) Drehungen des Koordinatensystems.

Jetzt werde der Nullpunkt festgehalten und das Koordinatendreibein gedreht. Letzteres besteht aus den Einheitsvektoren in Richtung der Koordinatenachsen. Da unsere Zuordnung zwischen $\mathbb{R}^3$ und dem Raum auch vom Koordinatensystem abhing, seien alle Vektoren auf ein festes Koordinatensystem mit demselben Nullpunkt bezogen; dieses feste Bezugssystem spielt keine Rolle, wie sich ergeben wird.

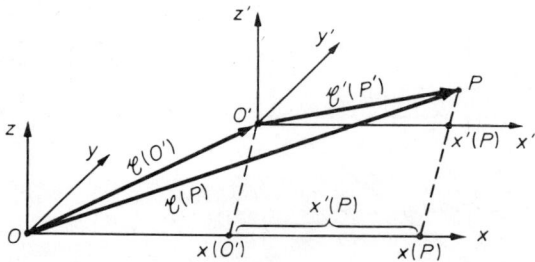

Abb. 5.8

Das Koordinatendreibein werde mit $\mathcal{n}_1, \mathcal{n}_2, \mathcal{n}_3$ bezeichnet, die Koordinaten mit x_1, x_2, x_3, so daß

$$\mathcal{r}(P) = \sum_{j=1}^{3} x_j \mathcal{n}_j = \sum_{i=1}^{3} (\mathcal{r}(P) \cdot \mathcal{n}_i) \mathcal{n}_i.$$

Die zweite Form ergibt sich aus der ersten durch Multiplikation mit $\mathcal{n}_i$, wenn man $\mathcal{n}_i \cdot \mathcal{n}_j = \delta_{ij}$ berücksichtigt, wobei

$$\delta_{ij} = \begin{cases} 0 \text{ für } i \neq j \\ 1 \text{ für } i = j \end{cases}$$

46

Kroneckersymbol heißt. Es ist nämlich $\textit{n}_i \cdot \textit{n}_i = |\textit{n}_i|^2 = 1$ und verschiedene $\textit{n}_i$ stehen aufeinander senkrecht. Bezieht man gestrichene Größen auf das neue Koordinatensystem, so ist speziell

$$\textit{n}_j{'} = \sum_{i=1}^{3} (\textit{n}_j{'} \cdot \textit{n}_i)\textit{n}_i, \quad j =. \ 1, 2, 3.$$

Mit der Abkürzung $a_{ij} : = \textit{n}_i{'} \cdot \textit{n}_j = \cos \sphericalangle (\textit{n}_i{'}, \textit{n}_j)$ ergibt sich dann

$$x_j{'} = \textit{P}(P) \cdot \textit{n}_j{'} = \sum_{i=1}^{3} a_{ji} x_i$$

$$x_i = \textit{P}(P) \cdot \textit{n}_i = \sum_{j=1}^{3} a_{ji} x_j{'}.$$

Diese beiden Gleichungen beschreiben die Transformation der Koordinaten bei einer Drehung des Koordinatensystems.

Aus $\textit{n}_j{'} = \sum_{i=1}^{3} a_{ji}\textit{n}_i$ erhält man

$$\textit{n}_j{'} \cdot \textit{n}_k{'} = \sum_{i=1}^{3} \sum_{l=1}^{3} a_{ji}a_{kl}\textit{n}_i \cdot \textit{n}_l \text{ oder } \sum_{i=1}^{3} a_{ji}a_{ki} = \delta_{jk}.$$

Diese Beziehungen sind charakteristisch für eine *Drehung* des Koordinatensystems. Sie legen von den 9 Winkeln zwischen $\textit{n}_i{'}$ und $\textit{n}_j$ 6 fest.
Es ist nicht immer praktisch, die Transformation der Koordinaten durch 9 Winkel zu beschreiben, zwischen denen 6 Gleichungen bestehen. Diesem Nachteil wird abgeholfen durch die

c) Eulerschen Winkel.
Es sollen drei Winkel angegeben werden, die einerseits frei wählbar sind und andererseits gerade die Drehung eines Koordinatensystems festlegen. In Abb. 5.9 sind die

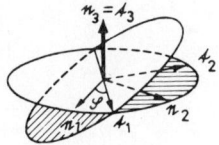 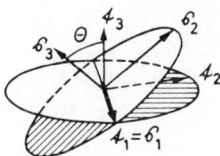 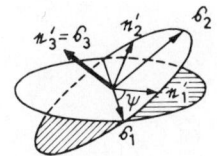

Abb. 5.9

$\textit{n}_1$ - $\textit{n}_2$ -Ebene und $\textit{n}_1{'}$- $\textit{n}_2{'}$-Ebene angedeutet, A_1 sei die Richtung der Schnittgeraden dieser beiden Ebenen. Man drehe zuerst das Koordinatensystem um die $\textit{n}_3$ - Achse um den Winkel φ, so daß $\textit{n}_1$ in A_1 übergeht, $\textit{n}_2$ gehe in A_2 über. Man erhält

$$A_1 = \textit{n}_1 \cos \varphi + \textit{n}_2 \sin \varphi$$
$$A_2 = -\textit{n}_1 \sin \varphi + \textit{n}_2 \cos \varphi$$
$$A_3 = \textit{n}_3,$$

47

wenn man $\cos \varphi = \mathit{w}_1 \cdot \mathit{A}_1$ definiert. Eine vollständige Zurückführung auf die gegebenen Dreibeine erhält man am leichtesten mit Hilfe des anschließend definierten Vektorproduktes, es ist z. B.

$$\mathit{A}_1 = \frac{\mathit{w}_3 \times \mathit{w}_3'}{|\mathit{w}_3 \times \mathit{w}_3'|} \quad \text{(falls } \mathit{w}_3 \neq \mathit{w}_3', \text{ sonst ist } \mathit{A}_1 = \mathit{w}_1').$$

Dann drehe man um die A_1 - Achse um den Winkel Θ, so daß A_3 in w_3' übergeht, $\cos \Theta = \mathit{w}_3 \cdot \mathit{w}_3'$:

$$\mathit{B}_1 = \mathit{A}_1$$
$$\mathit{B}_2 = \mathit{A}_2 \cos \Theta + \mathit{A}_3 \sin \Theta$$
$$\mathit{B}_3 = -\mathit{A}_2 \sin \Theta + \mathit{A}_3 \cos \Theta = \mathit{A}_3'.$$

Schließlich wird um die w_3' - Achse um den Winkel ψ gedreht, so daß B_1 in w_1' übergeht, $\cos \psi = \mathit{w}_1' \cdot \mathit{A}_1$:

$$\mathit{w}_1' = \mathit{B}_1 \cos \psi + \mathit{B}_2 \sin \psi$$
$$\mathit{w}_2' = -\mathit{B}_1 \sin \psi + \mathit{B}_2 \cos \psi$$
$$\mathit{w}_3' = \mathit{B}_3.$$

Diese drei Winkel φ, ψ, Θ heißen *Eulersche Winkel*, die Transformation des Koordinatendreibeins beschreibt sich in ihnen zusammenfassend wie folgt:

$$\mathit{w}_1' = \mathit{w}_1 (\cos \varphi \cos \psi - \sin \varphi \cos \Theta \sin \psi) +$$
$$+ \mathit{w}_2 (\sin \varphi \cos \psi + \cos \varphi \cos \Theta \sin \psi) + \mathit{w}_3 \sin \Theta \sin \psi$$
$$\mathit{w}_2' = \mathit{w}_1 (-\cos \varphi \sin \psi - \sin \varphi \cos \Theta \cos \psi) +$$
$$+ \mathit{w}_2 (-\sin \varphi \sin \psi + \cos \varphi \cos \Theta \cos \psi) + \mathit{w}_3 \sin \Theta \cos \psi$$
$$\mathit{w}_3' = \mathit{w}_1 \sin \varphi \sin \Theta - \mathit{w}_2 \cos \varphi \sin \Theta + \mathit{w}_3 \cos \Theta, \ 0 \leq \varphi, \psi, \Theta < 2\pi.$$

Zum Abschluß folgt die Definition eines weiteren Produktes zwischen zwei Vektoren, wobei insbesondere darauf hingewiesen sei, daß dies nur bei räumlichen Vektoren möglich ist.

5.11. Definition:

Für $\mathit{x}, \mathit{y} \in \mathbb{R}^3$ heißt

$$\mathit{x} \times \mathit{y} := (x_2 y_3 - x_3 y_2, x_3 y_1 - x_1 y_3, x_1 y_2 - x_2 y_1)$$

äußeres Produkt oder *Vektoprodukt* von x und y.

Im Gegensatz zum Skalarprodukt ist das Ergebnis wieder ein räumlicher Vektor. Es folgen erst einmal Rechenregeln für das Vektorprodukt, die anschließenden Beispiele sollen seine Verwendung in der Mechanik und Geometrie illustrieren.

5.12. Satz: a) $\mathit{x} \times \mathit{y}$ steht senkrecht auf x und y; $\mathit{x}, \mathit{y}, \mathit{x} \times \mathit{y}$ bilden in dieser Reihenfolge ein Rechtsdreibein, falls nicht einer der Vektoren verschwindet;

$|\mathit{x} \times \mathit{y}|$ ist gleich dem Flächeninhalt des von x und y aufgespannten Parallelogramms.

b) $\mathfrak{x} \times \mathfrak{y} = \mathfrak{o}$ genau dann, wenn $\mathfrak{x}$ und $\mathfrak{y}$ kollinar.

c) $\mathfrak{x} \times \mathfrak{y} = -\mathfrak{y} \times \mathfrak{x}$

d) $a(\mathfrak{x} \times \mathfrak{y}) = (a\mathfrak{x}) \times \mathfrak{y} = \mathfrak{x} \times (a\mathfrak{y})$

e) $\mathfrak{x} \times (\mathfrak{y} + \mathfrak{z}) = \mathfrak{x} \times \mathfrak{y} + \mathfrak{x} \times \mathfrak{z}$ [Distributivität].

Teil a) enthält eine geometrische Deutung, Teil c) zeigt, daß hier ein nichtkommutatives Produkt vorliegt; in den Beispielen wird gezeigt, daß das Produkt auch nicht assoziativ ist.

Beweis: a, b) $(\mathfrak{x} \times \mathfrak{y}) \cdot \mathfrak{x} = x_1(x_2 y_3 - x_3 y_2) + x_2(x_3 y_1 - x_1 y_3) +$

$$+ x_3(x_1 y_2 - x_2 y_1) = 0,$$

ähnlich $(\mathfrak{x} \times \mathfrak{y}) \cdot \mathfrak{y} = 0$, also $\mathfrak{x} \times \mathfrak{y} \perp \mathfrak{x}, \mathfrak{y}$. Ferner ist mit einiger Zwischenrechnung

$$|\mathfrak{x} \times \mathfrak{y}|^2 = (x_2 y_3 - x_3 y_2)^2 + (x_3 y_1 - x_1 y_3)^2 + (x_1 y_2 - x_2 y_1)^2$$

$$= (x_1{}^2 + x_2{}^2 + x_3{}^2)(y_1{}^2 + y_2{}^2 + y_3{}^2) - (x_1 y_1 + x_2 y_2 + x_3 y_3)^2$$

$$= |\mathfrak{x}|^2 |\mathfrak{y}|^2 (1 - \cos^2 \alpha),$$

wenn $\alpha = \sphericalangle(\mathfrak{x}, \mathfrak{y})$. Hieraus ergibt sich einmal b), denn $\mathfrak{x} \times \mathfrak{y} = \mathfrak{o}$ genau dann, wenn $\mathfrak{x} = \mathfrak{o}$ oder $\mathfrak{y} = \mathfrak{o}$ oder $\alpha = 0, \pi$. Ferner ist $|\mathfrak{x}| \, |\mathfrak{y}| \sin \alpha$ der elementargeometrische Inhalt des von $\mathfrak{x}$ und $\mathfrak{y}$ aufgespannten Parallelogramms, da etwa $|\mathfrak{y}| \sin \alpha$ die Höhe in diesem Parallelogramm ist. Um schließlich zu zeigen, daß $\mathfrak{x}, \mathfrak{y}, \mathfrak{x} \times \mathfrak{y}$ ein Rechtssystem bilden, beachte man, daß der Übergang von $\mathfrak{x}$ zu $a\mathfrak{x}$ und von $\mathfrak{y}$ zu $c(\mathfrak{y} + b\mathfrak{x})$ wegen der Teile b), d) und c) des Satzes nur die Länge von $\mathfrak{x} \times \mathfrak{y}$ ändert, nicht die Richtung, wenn a und c positiv sind. Daher kann man annehmen, daß $\mathfrak{x}$ und $\mathfrak{y}$ zueinander senkrechte Einheitsvektoren sind. Nach dem bisher bewiesenen ist dann auch $\mathfrak{x} \times \mathfrak{y}$ ein Einheitsvektor und senkrecht auf der von $\mathfrak{x}$ und $\mathfrak{y}$ aufgespannten Ebene. In Frage steht nur das Rechtssystem. Man fasse nun $\mathfrak{x}$ und $\mathfrak{y}$ als $\mathfrak{n}_1$' und $\mathfrak{n}_2$' eines neuen Koordinatensystems auf.

$\mathfrak{n}_1 \times \mathfrak{n}_2 = \mathfrak{n}_3, \mathfrak{n}_2 \times \mathfrak{n}_3 = \mathfrak{n}_1, \mathfrak{n}_3 \times \mathfrak{n}_1 = \mathfrak{n}_2$ rechnet man sofort nach und kann dann z. B. nach Beispiel 5.10c bei der Überführung von $\mathfrak{n}_1, \mathfrak{n}_2, \mathfrak{n}_3$ in $\mathfrak{n}_1', \mathfrak{n}_2', \mathfrak{n}_3'$ mit Hilfe der Eulerschen Winkel in jedem Schritt leicht nachrechnen, daß dieselben Beziehungen gelten, insbesondere also $\mathfrak{n}_3' = \mathfrak{n}_1' \times \mathfrak{n}_2' = \mathfrak{x} \times \mathfrak{y}$. Da $\mathfrak{n}_1', \mathfrak{n}_2', \mathfrak{n}_3'$ aber ein Rechtssystem waren, ist dies auch für $\mathfrak{x}, \mathfrak{y}, \mathfrak{x} \times \mathfrak{y}$ gezeigt.
c) – e) lassen sich aus der Definition ablesen.

5.13. Beispiele:

a) Das Vektorprodukt findet naheliegende Anwendungen in der Mechanik und Elektrizitätslehre. Von ersteren seien zwei angeführt:
Wird ein starrer Körper im Nullpunkt eines Koordinatensystems festgehalten und greift im Punkt P eine Kraft $\mathfrak{k}$ an, so erzeugt diese ein Drehmoment

$$\mathfrak{m} = \mathfrak{x}(P) \times \mathfrak{k}.$$

Dreht sich ein starrer Körper um eine Achse mit der Winkelgeschwindigkeit u (Winkel pro Zeiteinheit), so wird der Vektor der Winkelgeschwindigkeit $\vec{u}$ festgelegt durch die Richtung der Drehachse, den Betrag $\breve{u}$ und die Forderung, daß die Körperdrehung im Uhrzeigersinne erfolgt, wenn man in Richtung von $\vec{u}$ blickt. Liegt der Nullpunkt des Koordinatensystems auf der Achse, so ist die Geschwindigkeit eines Punktes P des Körpers gegeben durch (Abb. 5.10)

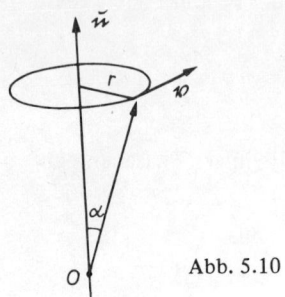

Abb. 5.10

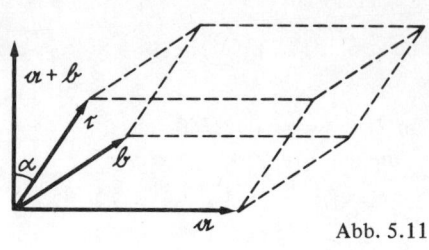

Abb. 5.11

$$v(P) = \vec{u} \times \varrho(P),$$

v steht nämlich senkrecht auf der durch $\vec{u}$ und ϱ (P) aufgespannten Ebene und bildet mit diesen ein Rechtssystem. Außerdem ist

$| v (P) | = ru = | \varrho (P) | \, | \vec{u} | \sin \alpha$.

b) Sind a und b zwei nichtkollineare Vektoren in einer Ebene, so kann man durch $\dfrac{a \times b}{|a \times b|}$ einen Normaleneinheitsvektor der Ebene bestimmen.

Auf diese Weise kann man leicht von der Parameterdarstellung zur Hesseschen Normalform der Ebene übergehen.

c) Spatprodukt

$$(a \times b) \cdot c$$

heißt *Spatprodukt* der drei Vektoren a, b und c. Seine geometrische Bedeutung formulieren wir in dem

5.14. Hilfssatz: Das Spatprodukt $(a \times b) \cdot c$ dreier Vektoren ist gleich dem Rauminhalt des von a, b und c aufgespannten Parallelepipeds. Der Rauminhalt ist positiv, wenn a, b und c in dieser Reihenfolge ein Rechtssystem bilden. Das Spatprodukt ist genau dann Null, wenn die drei Vektoren komplanar sind.

Weiter gilt: $(a \times b) \cdot c = a \cdot (b \times c)$

Man kann also den Rauminhalt durch Vektoroperationen erfassen.

Beweis: a und b spannen ein Parallelogramm auf mit dem Flächeninhalt $|a \times b|$. Der Rauminhalt des Parallelepipeds ist (Abb. 5.11) $h|a \times b| = | c | \, | a \times b | \cos \alpha = c \cdot (a \times b)$. Bilden a, b und c kein Rechtsdreibein, so vertausche man a und b.

50

Das Spatprodukt ist genau dann Null, wenn einer der drei Vektoren verschwindet oder $\vec{a}$ und $\vec{b}$ kollinear sind oder $\vec{c}$ in die von $\vec{a}$ und $\vec{b}$ aufgespannte Ebene fällt. Das ist aber gleichbedeutend damit, daß $\vec{a}$, $\vec{b}$ und $\vec{c}$ komplanar sind.

Die Vektorgleichung ergibt sich aus der geometrischen Bedeutung, kann aber auch leicht in Koordinaten nachgerechnet werden.

d) **5.15. Hilfssatz** (*Entwicklungssatz*):

$$\vec{a} \times (\vec{b} \times \vec{c}) = (\vec{a} \cdot \vec{c})\,\vec{b} - (\vec{a} \cdot \vec{b})\,\vec{c}$$

Diesem Satz kann man sofort entnehmen, daß das Vektorprodukt nicht assoziativ ist.

Beweis: Sind $\vec{b}$ und $\vec{c}$ kollinear, etwa $\vec{b} = \lambda \vec{c}$, so steht rechts und links $\vec{o}$. Spannen $\vec{b}$ und $\vec{c}$ eine Ebene auf, so steht $\vec{b} \times \vec{c}$ auf dieser Ebene senkrecht, $\vec{a} \times (\vec{b} \times \vec{c})$ muß dann wieder in dieser Ebene liegen, also

$$\vec{a} \times (\vec{b} \times \vec{c}) = \lambda\,\vec{b} + \mu\,\vec{c}.$$

Multipliziert man skalar mit $\vec{a}$, so erhält man

$$0 = \lambda\,(\vec{a} \cdot \vec{b}) + \mu\,(\vec{a} \cdot \vec{c})$$

oder $\quad \lambda = \kappa\,(\vec{a} \cdot \vec{c}), \quad \mu = -\kappa\,(\vec{a} \cdot \vec{b}),$

also $\quad \vec{a} \times (\vec{b} \times \vec{c}) = \kappa\,[(\vec{a} \cdot \vec{c})\,\vec{b} - (\vec{a} \cdot \vec{b})\,\vec{c}].$

Sind $\vec{a}$ und $\vec{b} \times \vec{c}$ nicht kollinear (andernfalls steht auf beiden Seiten $\vec{o}$), kann man durch Ausrechnen einer Koordinate auf beiden Seiten leicht $\kappa = 1$ zeigen.

e) **5.16. Hilfssatz** *(Identität von Lagrange)*:

$$(\vec{a} \times \vec{b}) \cdot (\vec{c} \times \vec{d}) = (\vec{a} \cdot \vec{c})(\vec{b} \cdot \vec{d}) - (\vec{a} \cdot \vec{d})(\vec{b} \cdot \vec{c}).$$

Beweis: Man verwende die Vertauschbarkeit von Vektor- und Skalarprodukt im Spatprodukt und den Entwicklungssatz:

$$
\begin{aligned}
(\vec{a} \times \vec{b}) \cdot (\vec{c} \times \vec{d}) &= \vec{a} \cdot (\vec{b} \times (\vec{c} \times \vec{d})) \\
&= \vec{a} \cdot ((\vec{b} \cdot \vec{d})\,\vec{c} - (\vec{b} \cdot \vec{c})\,\vec{d}) \\
&= (\vec{a} \cdot \vec{c})(\vec{b} \cdot \vec{d}) - (\vec{a} \cdot \vec{d})(\vec{b} \cdot \vec{c}).
\end{aligned}
$$

Aufgaben zu Kap. 5:

1. Man bestimme die Parameterdarstellung der Geraden durch $P_1:(1, 2, 3)$ und $P_2:(-1, 3, 0)$. Wie muß der Parameter eingeschränkt werden, wenn nur die Punkte der Strecke zwischen P_1 und P_2 durchlaufen werden sollen?

2. a) Man beweise, daß sich jede Gerade in der Form $\vec{x} \times \vec{t} = \vec{a}$ beschreiben läßt (Plückersche Geradengleichung). Dabei ist $\vec{t}$ der Einheitsvektor in Richtung der Geraden. Man bestimme aus $\vec{t}$ und $\vec{a}$ den Ortsvektor des Fußpunktes des Lotes vom Nullpunkt auf die Gerade.

b) Man gebe den Übergang der Parameterdarstellung zur Plückerschen Darstellung einer Geraden an und umgekehrt.

3. Gegeben seien zwei Ebenen $\mathfrak{r} \cdot \mathfrak{m}_1 = p_1$, $\mathfrak{r} \cdot \mathfrak{m}_2 = p_2$ und zwei Punkte P_1, P_2.
   a) Man bestimme die Durchstoßpunkte der Geraden durch P_1 und P_2 mit den beiden Ebenen.
   b) Man gebe die Ebene durch die beiden Durchstoßpunkte und den Nullpunkt an.

4. Man bestimme die Plückersche Gleichung der Geraden, die durch einen Punkt P_0 geht und die Verbindungsgerade zweier Punkte P_1, P_2 unter dem Winkel α schneidet.
   Zahlenbeispiel: $P_0 : (-6, 7, -3)$; $P_1 : (-5, 7, -4)$; $P_2 : (-4, 5, -3)$; $\alpha = \frac{\pi}{6}$.

5. Die Vektoren $\mathfrak{m}$ und $\mathfrak{b}$ bestimmen die Richtung einer Ebene. Man bestimme die Gleichung der Geraden, die zu der Ebene parallel ist, durch den Punkt P_0 geht und vom Nullpunkt minimalen Abstand hat.

6. Welchem Dreiecksatz entspricht die Vektorgleichung
   $$(\mathfrak{m} + \mathfrak{b}) \cdot (\mathfrak{m} + \mathfrak{b}) = \mathfrak{m} \cdot \mathfrak{m} + 2 \mathfrak{m} \cdot \mathfrak{b} + \mathfrak{b} \cdot \mathfrak{b}\ ?$$

7. Man bestimme die Gleichung der Ebene durch die drei Punkte $P_1 : (1, 3, 0)$; $P_2 : (2, -2, 0)$; $P_3 : (0, 1, 2)$. Wie groß ist der Cosinus des Winkels, den der Vektor $\mathfrak{m} = (2, 1, -2)$ mit der Normalen der Ebene einschließt? Man bestimme einen Einheitsvektor, der senkrecht zu $\mathfrak{m}$ und parallel zur Ebene ist.

8. Man bestimme den kürzesten Abstand zweier windschiefer Geraden, d. h. die Richtungsvektoren sind nicht kollinear und die Geraden schneiden sich nicht. Anleitung: Man bestimme die auf beiden Geraden senkrechte Richtung und bestimme die Gerade dieser Richtung, die beide gegebenen Geraden schneidet.

9. Die Punkte $P_1 : (2, 1, 5)$; $P_2 : (-1, 2, -2)$; $P_3 : (2, -1, 4)$ sind die Eckpunkte eines Dreiecks. Man prüfe, ob dieses Dreieck rechtwinklig ist. Wie groß ist der Flächeninhalt des Dreiecks?

10. Wie lauten die räumlichen Einheitsvektoren $\mathfrak{n}_1$ und $\mathfrak{n}_2$, die mit der y-Achse den Winkel $\frac{\pi}{3}$ und mit der z-Achse den Winkel $\frac{\pi}{4}$ einschließen? Welchen Winkel schließen $\mathfrak{n}_1$ und $\mathfrak{n}_2$ ein? Man gebe die Einheitsvektoren an, die auf $\mathfrak{n}_1$ und $\mathfrak{n}_2$ senkrecht stehen.

11. Man fasse die Summe
    $$\vartheta = \mathfrak{m} \times \mathfrak{b} + \mathfrak{b} \times \mathfrak{r} + \mathfrak{r} \times \mathfrak{m}$$
    zu einem Vektorprodukt zusammen.

12. Man bestimme das Volumen des durch die drei Vektoren $\mathfrak{m} = (2, -3, 5)$; $\mathfrak{b} = (-1, 2, 3)$ und $\mathfrak{r} = (3, 2, 1)$ aufgespannten Tetraeders.

6. Lineare Gleichungssysteme und Matrizen

Die Bestimmung der Schnittpunkte dreier Ebenen $\wp \cdot \mathcal{M}_i = p_i$, $i = 1, 2, 3$, führt mit $\wp = (x_1, x_2, x_3)$, $\mathcal{M}_i = (a_{i1}, a_{i2}, a_{i3})$ auf das Gleichungssystem

$$a_{11}x_1 + a_{12}x_2 + a_{13}x_3 = p_1$$

$$a_{21}x_1 + a_{22}x_2 + a_{23}x_3 = p_2$$

$$a_{31}x_1 + a_{32}x_2 + a_{33}x_3 = p_3.$$

Zu fragen ist nach der Existenz von Lösungen und nach ihrer Bestimmung. Aus der Geometrie kann leicht entnommen werden, daß es verschiedene Lösungsmengen gibt (man überlege sich jeweils eine passende geometrische Situation): kein Schnittpunkt, genau ein Schnittpunkt, eine Gerade als Menge der Schnittpunkte, eine Ebene als Menge der Schnittpunkte.

Auch die anderen Schnittaufgaben zwischen Geraden und Ebenen führen auf solche Gleichungssysteme, dabei braucht insbesondere die Zahl der Gleichungen nicht unbedingt mit der Zahl der Unbekannten übereinzustimmen (z. B. beim Schnitt zweier Ebenen).

Gleichungssysteme dieser Art treten in zahlreichen Anwendungsgebieten auf, z. B. bei dem Ausgleich von Beobachtungsfehlern, bei der Berechnung elektrischer Netzwerke (Wheatstonesche Brücke) oder bei statischen Netzwerken (Fachwerk). Die näherungsweise Lösung von Differentialgleichungen wird häufig auf die Lösung linearer Gleichungssysteme zurückgeführt, wobei die Zahl der Unbekannten in die Hunderte gehen kann. Daher müssen die Zahl der Gleichungen und die der Unbekannten beliebig sein.

6.1. Definition: $\sum\limits_{j=1}^{n} a_{ij}x_j = c_i$, $i = 1, \ldots, m$,

> heißt *lineares Gleichungssystem* mit n Unbekannten x_i und m Gleichungen. Die a_{ij} heißen Koeffizienten und die c_i rechte Seiten. Sind alle $c_i = 0$, so heißt das System *homogen*, sonst *inhomogen*. Die stets vorhandene Lösung $x_1 = x_2 = \ldots = x_n = 0$ des homogenen Systems heißt *triviale Lösung*.

In Analogie zum Fall $n = 3$ kann man mit $\wp \in \mathbb{R}^n$ und $\mathcal{M}_i = (a_{i1}, \ldots, a_{in}) \in \mathbb{R}^n$ davon sprechen, daß die Schnittmenge von m (Hyper-) Ebenen $\wp \cdot \mathcal{M}_i = c_i$ des $\mathbb{R}^n$ gesucht wird. Eine andere Auffassung ist die, daß man $f : \mathbb{R}^n \to \mathbb{R}^m$ mit $f(\wp) = (\wp \cdot \mathcal{M}_1, \ldots, \wp \cdot \mathcal{M}_m)$ definiert und nach den Urbildern des Punktes $(c_1, \ldots, c_m) \in \mathbb{R}^m$ fragt.

Der nächste Satz ist typisch für lineare Probleme und wird uns auch bei linearen Differentialgleichungen begegnen.

6.2. Satz: Zwei Lösungen des inhomogenen Systems unterscheiden sich um eine Lösung des homogenen Systems. Daher erhält man alle Lösungen des inhomogenen Systems, wenn man eine dieser Lösungen kennt (sog. *partikuläre Lösung* χ_p) und dazu eine beliebige Lösung des homogenen Systems addiert: $\chi = \chi_p + \chi_h$.

Dieser Satz zeigt unter anderem, daß die Lösung des inhomogenen Systems eindeutig ist, wenn das homogene nur die triviale Lösung hat.

Beweis: Aus
$$\sum_{j=1}^{n} a_{ij}x_j = c_i, \qquad \sum_{j=1}^{n} a_{ij}y_j = c_i$$

folgt
$$\sum_{j=1}^{n} a_{ij}(x_j - y_j) = 0,$$

also ist $\chi - \chi_y$ eine Lösung des homogenen Systems.

Der Berechnung der Lösungen mit Hilfe des Verfahrens von Gauß sei ein Hilfssatz vorausgeschickt, der zeigt, daß die im Gaußschen Verfahren vorgenommenen Umformungen die Lösungsmenge nicht beeinflussen.

6.3. Hilfssatz: Die Menge der Lösungen eines linearen Gleichungssystems bleibt unverändert, wenn man

a) Gleichungen vertauscht,
b) Unbekannte vertauscht,
c) Gleichungen mit einer Zahl $\neq 0$ multipliziert,
d) Vielfache einer Gleichung zu einer anderen addiert.

Beweis: a) und b) stellen nur Umnumerierungen dar, bei den Unbekannten ist allerdings darauf zu achten, daß man diese Umnumerierung rückgängig zu machen hat, um die Lösungen des ursprünglichen Systems zu erhalten. c) ist gleichfalls trivial.
d) Führt man diese Addition aus, so bleibt jede Lösung auch Lösung des veränderten Systems. Da man die Addition rückgängig machen kann (die addierte Gleichung ist ja selbst unverändert geblieben), können auch keine neuen Lösungen hinzukommen.

6.4. Satz (*Gaußscher Algorithmus*): Ein lineares Gleichungssystem kann durch die im letzten Hilfssatz genannten Umformungen auf die Gestalt

$$
\begin{aligned}
x_1 \qquad\quad + b_{1(r+1)}x_{r+1} + \ldots + b_{1n}x_n &= d_1 \\
x_2 \qquad + b_{2(r+1)}x_{r+1} + \ldots + b_{2n}x_n &= d_2 \\
\ddots \qquad \vdots \qquad\qquad\qquad\qquad\quad & \\
x_r + b_{r(r+1)}x_{r+1} + \ldots + b_{rn}x_n &= d_r \\
0 &= d_{r+1} \\
\vdots \qquad & \\
0 &= d_m
\end{aligned}
$$

54

gebracht werden. r heißt *Rang* des Gleichungssystems, es ist $r \leq \min \{m, n\}$. Dabei ist eine geeignete Numerierung der $x_1, \ldots, x_n$ zu wählen.

a) Genau dann, wenn $d_{r+1} = \ldots = d_m = 0$, ist das Gleichungssystem lösbar (Lösbarkeitsbedingungen).

b) Wenn das System lösbar ist, sind $n - r$ Unbekannte frei wählbar.

Beweis: Der Beweis ist konstruktiv, d. h. er gibt das Umrechnungsverfahren an. Man numeriere die Unbekannten so, daß $a_{11} \neq 0$. Dann multipliziere man die erste Gleichung mit a_{11}^{-1} und addiere geeignete Vielfache der ersten Gleichung zu den weiteren, so daß die Koeffizienten von x_1 Null werden. Dies ist der erste Schritt. Dann numeriere man die restlichen Variablen so, daß in der zweiten Gleichung der Koeffizient $\tilde{a}_{22}$ von x_2 nicht Null ist. Multiplikation der zweiten Gleichung mit $\tilde{a}_{22}^{-1}$ und Addition geeigneter Vielfacher zu allen anderen Gleichungen beendet den zweiten Schritt. Das Verfahren ist solange zu wiederholen, wie in den noch nicht auf Normalform gebrachten Gleichungen Koeffizienten ungleich Null sind. Die rechten Seiten $d_1, \ldots, d_m$ stellen Linearkombination der $c_1, \ldots, c_m$ dar, sie werden automatisch mit berechnet und liefern die Aussage über die Lösbarkeit des Systems.

Für numerische Zwecke ist es nützlich, den absolut größten Koeffizienten a_{ik} durch Umnumerierung zu a_{11} zu machen (entsprechend in den weiteren Schritten). Das Gaußsche Verfahren ist numerisch brauchbar, aber natürlich nicht immer das beste Verfahren für Computer. Insbesondere die Berücksichtigung einer etwa vorhandenen speziellen Verteilung der Koeffizienten kann große Rechenersparnis bringen. Der Satz läßt eine Folgerung über die Menge der Lösungen des homogenen Systems zu:

6.5. Folgerung: Die Menge der Lösungen eines homogenen linearen Gleichungssystems ist ein Vektorraum (der Dimension $n - r$). Genau für $n = r$ ist nur die triviale Lösung vorhanden.

Beweis: Mit φ und $\tilde{\varphi}$ ist offenbar auch $a\varphi$, $a \in \mathbb{R}$, und $\varphi + \tilde{\varphi}$ eine Lösung des homogenen Systems. Die weiteren Rechenregeln des Vektorraumes gelten, da sie im $\mathbb{R}^n$ erfüllt sind. Aus dem Gaußschen Algorithmus liest man ab, daß $y_{r+1}, \ldots, y_n$ frei wählbar sind. Daher kann man aus den Lösungen

$$\varphi_{r+\nu} = (d_1 - b_{1(r+\nu)}, \ d_2 - b_{2(r+\nu)}, \ \ldots, \ d_r - b_{r(r+\nu)}, \ 0, \ldots, 0, 1, 0, \ldots, 0)$$

$(\nu = 1, \ldots, n - r)$, wobei die letzte 1 an $(r+\nu)$-ter Stelle steht, alle weiteren Lösungen durch Linearkombinationen gewinnen. Weniger Lösungen leisten dies offenbar nicht, so daß die $\varphi_{r+\nu}$ eine Basis bilden und man einen Vektorraum der Dimension $n - r$ hat (Definition 5.4 und Beispiel 5.8d).

6.6. Folgerung (*Alternativsatz*): Ein lineares System von n Gleichungen ist genau dann für jede rechte Seite eindeutig lösbar, wenn das homogene System nur die triviale Lösung hat.

Ähnlich Satz 6.2 ist dies ein typischer Satz für lineare Probleme, der auch in vielen anderen Fällen richtig ist. Seine Bedeutung für die Anwendungen liegt darin, daß dort im allgemeinen nur eindeutige Lösungen interessieren.

Beweis: Wenn das homogene System nur die triviale Lösung hat, muß nach der letzten Folgerung der Rang des Systems gleich n sein. Dann ist aber nach dem Gaußschen Algorithmus eine Lösung für jede rechte Seite ablesbar. Die Eindeutigkeit der Lösung ergibt sich aus Satz 6.2. Die Umkehrung ist offensichtlich, da die eindeutige Lösbarkeit für jede rechte Seite auch das homogene System erfaßt.

6.7. Beispiele:

a) Hier sollen die wichtigsten Schnittaufgaben zwischen Geraden und Ebenen behandelt werden:

Schnitt zweier Geraden: $\varkappa = \varkappa_1 + t_i \varLambda_i$, $i = 1, 2$, seien die beiden Geraden, zu suchen sind die t_1 und t_2, für die $\varkappa_1 + t_1 \varLambda_1 = \varkappa_2 + t_2 \varLambda_2$. Setzt man $\varLambda_i = (a_{1i}, a_{2i}, a_{3i}), \varkappa_i = (x_{1i}, x_{2i}, x_{3i})$, so hat man das System

$$a_{11}t_1 - a_{12}t_2 = x_{12} - x_{11}$$
$$a_{21}t_1 - a_{22}t_2 = x_{22} - x_{21}$$
$$a_{31}t_1 - a_{32}t_2 = x_{32} - x_{31}.$$

Der Rang dieses Systems ist höchstens 2, aber im Normalfall wird beim Gaußschen Algorithmus in der dritten Gleichung auf der rechten Seite eine von Null verschiedene Zahl stehen. Dann liegt kein Schnittpunkt vor, die Geraden heißen bei Rang 2 windschief, bei Rang 1 parallel. Im letzteren Fall unterscheiden sich nämlich $\varLambda_1$ und $\varLambda_2$ nur um einen Faktor, die Geraden haben gleiche Richtung. Liegen Schnittpunkte vor, so bei Rang 2 genau einer (die Geraden schneiden sich) und bei Rang 1 fallen die beiden Geraden zusammen.

Schnitt von Gerade und Ebene: $\varkappa = \varkappa_0 + t \varLambda$ sei die Gerade und $\varkappa \cdot \varTheta = p$ die Hessesche Normalform der Ebene. Es ist ein t mit

$$\varkappa_0 \cdot \varTheta + t \varLambda \cdot \varTheta = p$$

zu suchen. Für $\varLambda \cdot \varTheta \neq 0$ gibt es genau einen Schnittpunkt.

Für $\varLambda \cdot \varTheta = 0$ steht die Richtung der Geraden senkrecht auf der Normalen der Ebene, die Gerade ist parallel zur Ebene. Dann liegt entweder kein Schnittpunkt vor oder für $\varkappa_0 \cdot \varTheta = p$ liegt die ganze Gerade in der Ebene.

Wählt man auch für die Ebene die Parameterdarstellung, so bekommt man ein lineares Gleichungssystem von drei Gleichungen für drei Unbekannte. Dabei ergibt sich natürlich dasselbe.

Schnitt zweier Ebenen: $\varkappa \cdot \varTheta_i = p_i$, $i = 1,2$, seien die Hesseschen Normalformen. Dann liegen für die Schnittpunkte zwei lineare Gleichungen für die drei unbekannten Koordinaten von $\varkappa$ vor: $\varTheta_i = (a_{i1}, a_{i2}, a_{i3})$,

$$a_{11}x_1 + a_{12}x_2 + a_{13}x_3 = p_1$$

$$a_{21}x_1 + a_{22}x_2 + a_{23}x_3 = p_2.$$

Ist der Rang 2, so kann man nach Satz 6.4 eine Variable frei wählen und erhält eine Gerade als Schnitt, ihre Richtung ist $\mathcal{M}_1 \times \mathcal{M}_2$. Ist der Rang 1, so sind $\mathcal{M}_1$ und $\mathcal{M}_2$ kollinear, also die Ebenen parallel; entweder gibt es keinen Schnittpunkt oder die Ebenen fallen zusammen.

b) Es sei das Gleichungssystem

$$3x_2 + x_3 = 5$$

$$7x_1 + 5x_2 + 8x_3 = 4$$

$$5x_1 - 6x_2 - 2x_3 = 3$$

gegeben. Man eliminiere etwa die Unbekannte x_3 in der zweiten und dritten Gleichung:

$$x_3 + 3x_2 = 5$$

$$7x_1 - 19x_2 = -36$$

$$5x_1 = 13.$$

Jetzt vertausche man die letzten beiden Gleichungen, nach entsprechender Elimination von x_1 erhält man

$$x_3 + 3x_2 = 5$$

$$x_1 = \frac{13}{5}$$

$$-19x_2 = -\frac{271}{5}.$$

Schließlich ergibt sich die Lösung zu

$$x_3 = -\frac{338}{95}$$

$$x_1 = \frac{13}{5}$$

$$x_2 = \frac{271}{95}.$$

c) Gegeben sei das Gleichungssystem

$$3x_1 + 2x_2 - 5x_3 = 10$$

$$2x_1 - 3x_2 + 6x_3 = 8$$

$$-2x_1 + 16x_2 - 34x_3 = -12$$

Man eliminiere etwa zuerst x_2:

$$x_2 + \frac{3}{2}x_1 - \frac{5}{2}x_3 = 5$$

$$\frac{13}{2}x_1 - \frac{3}{2}x_3 = 23$$

$$-26x_1 + 6x_3 = -92.$$

Nun eliminiere man etwa x_3:

$$x_2 \quad - \frac{28}{3} x_1 = - \frac{100}{3}$$

$$x_3 \quad - \frac{13}{3} x_1 = - \frac{46}{3}$$

$$0 = 0.$$

Der Rang des Gleichungssystems ist 2, und x_1 bleibt frei wählbar. Jede andere Zahl auf der rechten Seite der letzten Gleichung würde Unlösbarkeit bedeuten. Geometrisch handelt es sich um drei Ebenen, die sich in einer Geraden schneiden.

Bevor im zweiten Teil dieses Paragraphen Matrizen behandelt werden, soll kurz auf die zu großer Bedeutung gelangten Systeme linearer Ungleichungen hingewiesen werden. Dieses Gebiet wird mit *linearer Programmierung* bezeichnet (gelegentlich wird auch die bessere Bezeichnung *lineare Optimierung* verwendet).
Es handelt sich dabei um folgendes: Neben einigen linearen Gleichungen sind eine Anzahl linearer Ungleichungen gegeben, nötigenfalls nach Multiplikation mit -1 können sie in der Form

$$a_{11} x_1 + \ldots + a_{1n} x_n = c_1$$

$$\vdots$$

$$a_{m1} x_1 + \ldots + a_{mn} x_n = c_m$$

$$a_{(m+1)1} x_1 + \ldots + a_{(m+1)n} x_n > c_{m+1} \qquad \text{(oder auch } \geqq\text{)}$$

$$\vdots$$

$$a_{p1} x_1 + \ldots + a_{pn} x_n > c_p$$

geschrieben werden. Zusätzlich soll ein linearer Ausdruck

$$\mathcal{L}(\wp) = a_1 x_1 + \ldots + a_n x_n$$

minimal gemacht werden.

Solche Fragen treten z. B. bei der Steuerung von Produktionsprogrammen u. ä. auf (daher die Bezeichnung Programmierung). Die Variablen können Mengen transportierter Waren von verschiedenen Lagerplätzen zu mehreren Verbrauchern sein, minimal sollen dann die Kosten oder die Transportzeit gemacht werden (Transportproblem). Ein anderes Beispiel wäre die Lenkung der Produktion und Verarbeitung in einer Ölgesellschaft, wobei der Einsatz der zur Verfügung stehenden Raffinerien, die Transportprobleme und die schnellstmögliche Bedienung der Verbraucher unter dem Ziel der Kostenminimierung zu einem ziemlich umfangreichen System von Bedingungen führen (ähnlich andere Produktionsprobleme). Als drittes Beispiel sei der Einsatz und die Mischung verschiedener Futterarten in der Landwirtschaft genannt, die eine möglichst vollkommene Ernährung der Tiere bei minimalen Kosten zum Ziel haben.
Hier sollen nicht die praktischen Lösungsverfahren dargestellt werden, jedoch kann mit den vorhandenen Mitteln eine geometrische Deutung gegeben werden: Die auf-

tretenden Gleichungen lassen sich natürlich nach dem Gaußschen Verfahren umformen und eine entsprechende Anzahl der Unbekannten kann aus den Problemen eliminiert werden. Daher ist es möglich, sich auf die Behandlung der Ungleichungen zu beschränken. Nach Beispiel .5.8e stellt jede dieser Ungleichungen einen Halbraum des $\mathbb{R}^n$ dar, der durch die der Gleichung entsprechende Ebene begrenzt wird. Die Lösungsmenge der Ungleichungen ist also der Schnitt mehrerer Halbräume, d. h. eine von endlich vielen Ebenenstücken begrenztes Polyeder (falls der Durchschnitt nicht leer ist, das Polyeder kann sowohl unendlich ausgedehnt sein oder zu einem Punkt oder Geradenstück entarten). Das Polyeder ist ein konvexer Körper: Eine Menge heißt *konvex*, wenn sie mit je zwei ihrer Punkte auch die Verbindungsstrecke enthält. Für jeden Halbraum ist diese Aussage klar und bei Durchschnittbildung bleibt sie erhalten (Aufgabe 6.2).

Nach demselben Beispiel 5.8e bedeutet die Minimierung eines linearen Ausdruckes $\mathcal{u} \cdot \mathcal{p}$, einen Punkt mit möglichst geringem Abstand von der Ebene $\mathcal{u} \cdot \mathcal{p} = 0$ zu suchen. Anschaulich verschiebe man diese Ebene parallel, bis sie das obige Polyeder berührt. Die Berührungspunkte sind die gesuchten Lösungen.

Der zweite Teil des Paragraphen gilt den Matrizen, die ein Hilfsmittel in vielen Bereichen der Mathematik und der Anwendungen sind. Insbesondere vereinfacht sich mit Matrizen die Schreibweise linearer Gleichungen.

Die Definition von Matrizen ist ähnlich der der Vektoren des $\mathbb{R}^n$, aber die Vielfalt von Matrizen ist größer als die der Vektoren.

6.8. Definition: Es sei $I = \{1, 2, \ldots, m\}$, $J = \{1, 2, \ldots, n\}$ und $I \times J$ das kartesische Produkt, also die Menge der Zahlenpaare (i, j) mit $i \in I$ und $j \in I$. Eine *(m, n)-Matrix* — oder einfach Matrix, wenn keine Verwechslungen zu befürchten sind — ist eine Abbildung

$$A : I \times J \to \mathbb{R}.$$

$\mathcal{M}_{m,n}$ sei die Menge der (m, n)-Matrizen. Ähnlich den Vektoren wird $A(i, j) = : a_{ij}$ geschrieben, die a_{ij} heißen *Elemente* der Matrix und legen diese fest. Schreibweise:

$$\begin{pmatrix} a_{11} a_{12} & \cdots & a_{1n} \\ a_{21} a_{22} & \cdots & a_{2n} \\ \vdots & & \\ a_{m1} a_{m2} & \cdots & a_{mn} \end{pmatrix} = (a_{ij})_{i \in J, \; j \in J} = (a_{ij})_{\substack{i=1, \ldots, m \\ j=1, \ldots, n}} = (a_{ij})$$

i heißt Zeilenindex, j Spaltenindex. Insbesondere bei der letzten Schreibweise ist darauf zu achten, welcher Index Zeilenindex bzw. Spaltenindex sein soll.

Jeder Vektor kann als $(n, 1)$-Matrix — dann heißt er *Spaltenvektor* — oder $(1, n)$-Matrix — dann heißt er *Zeilenvektor* — aufgefaßt werden.

Insbesondere kann man aus den Elementen einer Matrix (a_{ij}) Spalten-

vektoren $\begin{pmatrix} a_{1j} \\ \vdots \\ a_{mj} \end{pmatrix}$ und Zeilenvektoren $(a_{i1}, \ldots, a_{im})$ bilden.

In der folgenden Definition werden drei Verknüpfungen von und mit Matrizen erklärt, davon ist das Produkt die wichtigste. Das Produkt tritt z. B. bei der Hintereinanderausführung von zwei Koordinatendrehungen auf, die durch Matrizen A, B gegeben werden (Beispiel 5.10b).

6.9. Definition: a) Für zwei Matrizen $A, B \in \mathfrak{M}_{m,n}$ und $a \in \mathbb{R}$ sei

$$A + B = (c_{ij}) \text{ mit } c_{ij} = a_{ij} + b_{ij}$$

$$aA = (c_{ij}) \text{ mit } c_{ij} = aa_{ij},$$

beide Verknüpfungen führen offenbar wieder auf Elemente von $\mathfrak{M}_{m,n}$.

b) Für $A \in \mathfrak{M}_{m,n}$ und $B \in \mathfrak{M}_{n,p}$ sei

$$A \cdot B = (c_{ij}) \text{ mit } c_{ij} = \sum_{k=1}^{n} a_{ik} b_{kj},$$

es gilt $A \cdot B \in \mathfrak{M}_{m,p}$.

Entsprechend Satz 5.2 liefert Teil a) der Definition die Aussage, daß $\mathfrak{M}_{m,n}$ ein reeller Vektorraum ist. Beim Produkt ist zu beachten, daß die Spaltenzahl des ersten Faktors mit der Zeilenzahl des zweiten übereinstimmen muß. Die Elemente der Produktmatrix ergeben sich als Skalarprodukt des i-ten Zeilenvektors des ersten Faktors mit dem j-ten Spaltenvektor des zweiten. Für quadratische Matrizen ist das Produkt besonders interessant, für $A, B \in \mathfrak{M}_{n,n}$ ist auch $A \cdot B \in \mathfrak{M}_{n,n}$. $\mathfrak{M}_{n,n}$ ist also nicht nur ein Vektorraum, sondern auch ein Ring (die notwendigen Rechenregeln folgen im nächsten Satz).

6.10. Beispiele:
a) Ein lineares Gleichungssystem läßt sich kurz in der Form $A \cdot x = b$ schreiben, dabei ist $A \in \mathfrak{M}_{m,n}$, $x \in \mathbb{R}^n$, $b \in \mathbb{R}^m$.

b) $\begin{pmatrix} 6 & 2 & -1 \\ 3 & 5 & 2 \\ 1 & 2 & 0 \end{pmatrix} \cdot \begin{pmatrix} 7 & 2 \\ 1 & -5 \\ 3 & 0 \end{pmatrix} = \begin{pmatrix} 42 + 2 - 3 & 12 - 10 + 0 \\ 21 + 5 + 6 & 6 - 25 + 0 \\ 7 + 2 + 0 & 2 - 10 + 0 \end{pmatrix} = \begin{pmatrix} 41 & 2 \\ 32 & -19 \\ 9 & -8 \end{pmatrix}$

Das Produkt in umgekehrter Reihenfolge ist nicht erklärt!

c) $\begin{pmatrix} 2 & 5 \\ 3 & 1 \end{pmatrix} \cdot \begin{pmatrix} -2 & 4 \\ 1 & 3 \end{pmatrix} = \begin{pmatrix} -4 + 5 & 8 + 15 \\ -6 + 1 & 12 + 3 \end{pmatrix} = \begin{pmatrix} 1 & 23 \\ -5 & 15 \end{pmatrix}$

$\begin{pmatrix} -2 & 4 \\ 1 & 3 \end{pmatrix} \cdot \begin{pmatrix} 2 & 5 \\ 3 & 1 \end{pmatrix} = \begin{pmatrix} -4 + 12 & -10 + 4 \\ 2 + 9 & 5 + 3 \end{pmatrix} = \begin{pmatrix} 8 & -6 \\ 11 & 8 \end{pmatrix}$

Hier ist zu ersehen, daß das Produkt in $\mathfrak{M}_{n,n}$ nichtkommutativ ist.

d) $(a_1 a_2 \ldots a_n) \cdot \begin{pmatrix} b_1 \\ b_2 \\ \vdots \\ b_n \end{pmatrix} = (\sum_{i=1}^{n} a_i b_i).$

Identifiziert man wie bei den Vektoren des $\mathbb{R}^1$ die Elemente von $\mathfrak{M}_{1,1}$ mit den entsprechenden reellen Zahlen, so hat man das Skalarprodukt als Spezialfall des Matrizenproduktes. Allerdings muß der erste Faktor ein Zeilenvektor, der zweite ein Spaltenvektor sein. Wir wollen Vektoren üblicherweise als Spaltenvektoren auffassen und gehen, falls notwendig, zu Zeilenvektoren durch die nun zu definierende Operation der Transponierung über:

6.11. Definition: Zu $A = (a_{ij}) \in \mathfrak{M}_{m,n}$ heißt $A^T = (b_{ij}) \in \mathfrak{M}_{n,m}$ mit $b_{ij} = a_{ji}$ *transponierte Matrix*.

Speziell ist $(a_1 a_2 \ldots a_n)^T = \begin{pmatrix} a_1 \\ a_2 \\ \vdots \\ a_n \end{pmatrix}$, $\begin{pmatrix} b_1 \\ b_2 \\ \vdots \\ b_n \end{pmatrix}^T = (b_1 b_2 \ldots b_n).$

Das Skalarprodukt läßt sich also in der Form $\mathbf{u}^T \cdot \mathbf{v}$ als Matrizenprodukt auffassen.

e) $\begin{pmatrix} 2 & 1 \\ 3 & 5 \end{pmatrix}^T = \begin{pmatrix} 2 & 3 \\ 1 & 5 \end{pmatrix}$, $\begin{pmatrix} 6 & 2 & 3 \\ -5 & 0 & 7 \end{pmatrix}^T = \begin{pmatrix} 6 & -5 \\ 2 & 0 \\ 3 & 7 \end{pmatrix}$

Bevor die Rechenregeln für die Matrizen formuliert werden, sind noch spezielle Matrizen in $\mathfrak{M}_{n,n}$ zu erklären.

6.12. Definition: $E_n \in \mathfrak{M}_{n,n}$ mit $E_n = (\delta_{ij}) = \begin{pmatrix} 1 & & & 0 \\ & 1 & & \\ & & \ddots & \\ 0 & & & 1 \end{pmatrix}$

heißt *Einheitsmatrix*, falls keine Verwechslung zu befürchten ist, wird auch nur E geschrieben. Existiert zu einer Matrix $A \in \mathfrak{M}_{n,n}$ eine Matrix $B \in \mathfrak{M}_{n,n}$ mit $A \cdot B = B \cdot A = E$, so heißt B *inverse Matrix* von A, Schreibweise: A^{-1}, A heißt *regulär*, wenn A^{-1} existiert, sonst *singulär*.

6.13. Satz: a) Für alle $A \in \mathfrak{M}_{m,n}$, $B \in \mathfrak{M}_{n,p}$, $C \in \mathfrak{M}_{p,q}$ gilt

$(A \cdot B) \cdot C = A \cdot (B \cdot C)$ [Assoziativität]

b) Für alle $A, B \in \mathfrak{M}_{m,n}$, $C \in \mathfrak{M}_{n,p}$, $D \in \mathfrak{M}_{q,m}$ gilt

$(A+B) \cdot C = A \cdot C + B \cdot C$
$D \cdot (A+B) = D \cdot A + D \cdot B$ [Distributivität]

c) Für alle $A \in \mathfrak{M}_{n,n}$ gilt

$E \cdot A = A \cdot E = A.$

d) Für alle regulären $A, B \in \mathfrak{M}_{n,n}$ existieren reguläre Matrizen $X, Y \in \mathfrak{M}_{n,n}$ mit $A \cdot X = B$ und $Y \cdot A = B$.

e) $(A \cdot B)^T = B^T \cdot A^T$.

Nach a) und d) bilden die regulären Matrizen aus $\mathfrak{M}_{n,n}$ eine für $n > 1$ nichtkommutative Gruppe gegenüber dem Produkt mit E als Einselement. Damit gelten alle weiteren Gruppeneigenschaften, z. B. die Eindeutigkeit der inversen Matrix und $(A \cdot B)^{-1} = B^{-1} \cdot A^{-1}$.

Beweis: a) und b) folgen sofort aus den entsprechenden Regeln für relle Zahlen.

c) $\quad E \cdot A = (\sum_{k=1}^{n} \delta_{ik} a_{kj}) = (a_{ij}) = A$

$A \cdot E$ entsprechend.

d) Diese Aussage ist eigentlich gruppentheoretisch, da a) und c) zusammen mit der Existenz eines Inversen bereits eine Gruppe erklären. Als erstes ist zu zeigen, daß für reguläre A, B auch $A \cdot B$ regulär ist. Das wird mit der Angabe $(A \cdot B)^{-1} = B^{-1} \cdot A^{-1}$ erledigt.

Die Lösbarkeit der Gleichungen beruht auf der Existenz von A^{-1}:

$$A \cdot X = B \Rightarrow X = A^{-1} \cdot B$$
$$Y \cdot A = B \Rightarrow Y = B \cdot A^{-1}$$

e) $\quad (A \cdot B)^T = (\sum_{k=1}^{n} a_{ik} b_{kj})^T = (\sum_{k=1}^{n} a_{jk} b_{ki}) = (b_{ji}) \cdot (a_{ji}) = B^T \cdot A^T,$

stets ist i der Zeilenindex, j der Spaltenindex.

Man kann diese Betrachtungen mit den vorher behandelten linearen Gleichungssystemen verbinden und so ein Verfahren zur Berechnung der inversen Matrix erhalten. Diese ermöglicht die Angabe der Lösung eines Systems von n Gleichungen für n Unbekannte:

$$A \cdot \mathcal{x} = \mathcal{b} \Rightarrow \mathcal{x} = A^{-1} \cdot \mathcal{b}.$$

6.14. Hilfssatz: Die Maximalzahl linear unabhängiger Zeilenvektoren einer Matrix A heißt *Rang* der Matrix. Dieser stimmt mit dem Rang des A zugeordneten linearen Gleichungssystems $A \cdot \mathcal{x} = \mathcal{o}$ überein.

Beweis: Die beim Gaußschen Algorithmus vorgenommenen Operationen können als entsprechende Operationen mit den Zeilenvektoren der Matrix A gedeutet werden. Die Umnumerierungen entsprechen Vertauschungen von Zeilen oder Spalten von A, was die lineare Abhängigkeit von Zeilen nicht beeinflussen kann. Ebenso ist es mit der Multiplikation einer Zeile mit $c \neq 0$, da eine etwa bestehende lineare Abhängigkeit

$$\sum_{k=1}^{r+1} \alpha_k \mathcal{v}_{i_k} = \mathcal{o}$$

durch die Setzung $\alpha_k' := \frac{1}{c}\alpha_k$ nicht verändert wird. Ebenso ist es mit der Addition einer Zeile zu einer anderen. Ist r der Rang der Matrix und wird etwa die Zeile $\mathcal{w}_{i_0}$ zu $\mathcal{w}_{i_1}$ addiert, so werden lineare Abhängigkeiten, in denen $\mathcal{w}_{i_1}$ nicht vorkommt, nicht betroffen. Ist aber $\{\mathcal{w}_{i_1}, \ldots, \mathcal{w}_{i_t}\}$ mit $t > r$ linear abhängig, so soll dies auch für $\{\mathcal{w}_{i_1} + \mathcal{w}_{i_0}, \mathcal{w}_{i_2}, \ldots, \mathcal{w}_{i_t}\}$ gezeigt werden. Damit kann sich der Rang nicht vergrößern, wegen der Umkehrbarkeit der Operation kann er sich auch nicht verkleinern. Sind nun bereits $\{\mathcal{w}_{i_2}, \ldots, \mathcal{w}_{i_t}\}$ linear abhängig, so gilt

$$\sum_{j=2}^{t} \alpha_j \mathcal{w}_{i_j} = \varnothing$$

mit nicht lauter verschwindenden α_j; dazu kann man $0 \cdot (\mathcal{w}_{i_1} + \mathcal{w}_{i_0})$ addieren, um die gewünschte lineare Abhängigkeit zu sehen. Sind $\{\mathcal{w}_{i_2}, \ldots, \mathcal{w}_{i_t}\}$ linear unabhängig, so gilt wegen $t > r$ gerade t=r+1, und es müssen Gleichungen

$$\mathcal{w}_{i_1} = \sum_{j=2}^{t} \beta_j \mathcal{w}_{i_j}, \qquad\qquad \mathcal{w}_{i_0} = \sum_{j=2}^{t} \gamma_j \mathcal{w}_{i_j}$$

gelten, da $\{\mathcal{w}_{i_1}, \mathcal{w}_{i_2}, \ldots, \mathcal{w}_{i_t}\}$ und $\{\mathcal{w}_{i_0}, \mathcal{w}_{i_2}, \ldots, \mathcal{w}_{i_t}\}$ linear abhängig sind. Addition der beiden letzten Gleichungen liefert schließlich die lineare Abhängigkeit von $\{\mathcal{w}_{i_1} + \mathcal{w}_{i_0}, \mathcal{w}_{i_2}, \ldots, \mathcal{w}_{i_t}\}$.

Damit ändert das Gaußsche Verfahren den Rang einer Matrix nicht, es bringt sie auf die Form

$$\begin{pmatrix} 1 \ldots 0 & b_{1(r+1)} \cdots b_{1n} \\ \vdots \ddots \vdots & \vdots \\ 0 \quad 1 & b_{r(r+1)} \cdots b_{rn} \\ 0 \ldots 0 & \ldots 0 \\ \vdots & \vdots \\ 0 \ldots & 0 \end{pmatrix}$$

Der Rang dieser Matrix ist aber r, denn die ersten r Zeilen sind linear unabhängig, da eine Gleichung

$$\sum_{i=1}^{r} \alpha_i \mathcal{w}_i = (\alpha_1, \alpha_2, \ldots, \alpha_r, \ldots) = \varnothing$$

$\alpha_1 = \alpha_2 = \ldots = \alpha_r = 0$ zur Folge hat. r war der Rang des Gleichungssystems, also ist er gleich dem Matrizenrang.

Man kann sich überlegen, daß die Maximalzahl linear unabhängiger Spalten gleich dem Rang der Matrix ist, was nicht bewiesen werden soll, mit A ist somit auch A^T regulär.

6.15. Satz: Eine Matrix aus $\mathfrak{M}_{n,n}$ ist genau dann regulär, wenn ihr Rang n ist. Das Gaußsche Verfahren 6.4 liefert die inverse Matrix, wenn man mit einer allgemeinen rechten Seite $\begin{pmatrix} c_1 \\ \vdots \\ c_n \end{pmatrix}$ rechnet.

Beweis: Nach der Folgerung 6.5 und dem Hilfssatz besitzt eine quadratische Matrix genau dann den Rang n, wenn das lineare Gleichungssystem $A \cdot \varkappa = \varkappa$ für jede rechte Seite eindeutig lösbar ist.

Existiert A^{-1}, so ist $A \cdot \varkappa = \varkappa$ äquivalent zu $\varkappa = A^{-1} \cdot \varkappa$, das lineare Gleichungssystem ist also für jede rechte Seite eindeutig lösbar und A muß den Rang n haben.

Hat umgekehrt A den Rang n, so ist $A \cdot \varkappa = \varkappa$ eindeutig lösbar und das Gaußsche Verfahren liefert die Lösung in der Form $\varkappa = B \cdot \varkappa$, wobei B von $\varkappa$ unabhängig ist. Daraus folgt $\varkappa = A \cdot \varkappa = (A \cdot B) \cdot \varkappa$ für alle $\varkappa$ und durch die Wahl $\varkappa = (\delta_{ik})_{i=1, \ldots, n}$ sieht man sofort $A \cdot B = E$. Wegen $\varkappa = B \cdot \varkappa = (B \cdot A) \cdot \varkappa$ folgt entsprechend $B \cdot A = E$, also ist A regulär.

6.16. Beispiel:
Es sei
$$A = \begin{pmatrix} 0 & 3 & 1 \\ 7 & 5 & 8 \\ 5 & -6 & -2 \end{pmatrix}$$

die Koeffizientenmatrix des Gleichungssystems in Beispiel 6.7b.

Wiederholung des dortigen Verfahrens liefert:

$$3x_2 + x_3 = c_1$$
$$7x_1 + 5x_2 + 8x_3 = c_2$$
$$5x_1 - 6x_2 - 2x_3 = c_3$$

$$x_3 + 3x_2 = c_1$$
$$7x_1 - 19x_2 = -8c_1 + c_2$$
$$5x_1 = 2c_1 + c_3$$

$$x_3 + 3x_2 = c_1$$
$$x_1 = \tfrac{2}{5}c_1 + \tfrac{1}{5}c_3$$
$$-19x_2 = -\tfrac{54}{5}c_1 + c_2 - \tfrac{7}{5}c_3$$

und schließlich
$$x_1 = \tfrac{2}{5}c_1 + \tfrac{1}{5}c_3$$
$$x_2 = \tfrac{54}{95}c_1 - \tfrac{1}{19}c_2 + \tfrac{7}{95}c_3$$
$$x_3 = -\tfrac{67}{95}c_1 + \tfrac{3}{19}c_2 - \tfrac{21}{95}c_3.$$

Daher ist

$$A^{-1} = \begin{pmatrix} \frac{2}{5} & 0 & \frac{1}{5} \\[2mm] \frac{54}{95} & -\frac{1}{19} & \frac{7}{95} \\[2mm] -\frac{67}{95} & \frac{3}{19} & -\frac{21}{95} \end{pmatrix}$$

Zum Schluß soll noch kurz auf Determinanten eingegangen werden. Dieser Begriff ordnet jeder quadratischen Matrix eine reelle Zahl zu; ist diese von Null verschieden, so ist die Matrix regulär. Da der praktische Nutzen insbesondere bei zwei- und dreireihigen Matrizen gegeben ist, sollen nur diese Fälle behandelt werden.

Zwei lineare Gleichungen mit zwei Unbekannten

$$a_{11}x_1 + a_{12}x_2 = c_1$$
$$a_{21}x_1 + a_{22}x_2 = c_2$$

kann man lösen, indem man x_2 bzw. x_1 eliminiert:

$$(a_{11}a_{22} - a_{12}a_{21})\,x_1 = c_1 a_{22} - c_2 a_{12}$$
$$(a_{11}a_{22} - a_{12}a_{21})\,x_2 = c_2 a_{11} - c_1 a_{21}.$$

Für $a_{11}a_{22} - a_{12}a_{21} \neq 0$ ist offenbar für beliebige c_1, c_2 die Lösung eindeutig bestimmt, d. h. dieser Ausdruck hat etwas mit der Regularität der Koeffizientenmatrix zu tun.

6.17. Definition: a) Für eine zweireihige quadratische Matrix A heißt

$$a_{11}a_{22} - a_{12}a_{21} = : \det A = : \begin{vmatrix} a_{11} & a_{12} \\ a_{21} & a_{22} \end{vmatrix}$$

Determinante von A.

b) Entsprechend sei für eine dreireihige quadratische Matrix A

$$a_{11}a_{22}a_{33} - a_{11}a_{23}a_{32} + a_{12}a_{23}a_{31} - a_{12}a_{21}a_{33} + a_{13}a_{21}a_{32} -$$

$$a_{13}a_{22}a_{31} = : \det A = : \begin{vmatrix} a_{11} & a_{12} & a_{13} \\ a_{21} & a_{22} & a_{23} \\ a_{31} & a_{32} & a_{33} \end{vmatrix}$$

die Determinante von A.

Bei der zweireihigen Determinante werden die Elemente der Hauptdiagonale von links oben nach rechts unten miteinander multipliziert und davon wird das Produkt der Elemente der anderen Diagonale abgezogen. Für die dreireihige Determinate gibt es verschiedene Merkregeln. Hier soll eine angeführt werden, die gleichzeitig ein Berechnungsverfahren für höherreihige Determinanten enthält.

6.18. Satz (*Entwicklungssatz für Determinanten*): a) Streicht man aus der Matrix A die i-te Zeile und die j-te Spalte und ist A' die Restmatrix, so heißt

$A_{ij} = (-1)^{i+j} \det A'$ *Adjunkte* von a_{ij} (oder algebraisches Komplement). Es gilt

$$\sum_{j=1}^{3} a_{ij}A_{kj} = \delta_{ik} \det A, \qquad \sum_{j=1}^{3} a_{ji}A_{jk} = \delta_{ik} \det A.$$

b) $A^{-1} = (\widetilde{a}_{ij})$ mit $\widetilde{a}_{ij} = A_{ji}/\det A$.

Für i=k spricht man im ersten Fall von der Entwicklung der Determinante nach der i-ten Zeile, im zweiten Fall nach der i-ten Spalte.

Nimmt man dagegen die Adjunkten einer „falschen" Zeile bzw. Spalte, so liefert die Summe Null. Dieser Satz ist auch für Determinanten höherer Zeilenzahl richtig und kann sukzessiv zur Definition für vierreihige, fünfreihige Determinanten usw. benutzt werden.

Für zweireihige Determinanten steht nur die Definition da, für dreireihige hat man beispielsweise die Formel:

$$\begin{vmatrix} a_{11} & a_{12} & a_{13} \\ a_{21} & a_{22} & a_{23} \\ a_{31} & a_{32} & a_{33} \end{vmatrix} = a_{11} \begin{vmatrix} a_{22} & a_{23} \\ a_{32} & a_{33} \end{vmatrix} - a_{12} \begin{vmatrix} a_{21} & a_{23} \\ a_{31} & a_{33} \end{vmatrix} + a_{13} \begin{vmatrix} a_{21} & a_{22} \\ a_{31} & a_{32} \end{vmatrix}$$

(Entwicklung nach der ersten Zeile) und

$$\begin{vmatrix} a_{11} & a_{12} & a_{13} \\ a_{21} & a_{22} & a_{23} \\ a_{31} & a_{32} & a_{33} \end{vmatrix} = a_{13} \begin{vmatrix} a_{21} & a_{22} \\ a_{31} & a_{32} \end{vmatrix} - a_{23} \begin{vmatrix} a_{11} & a_{12} \\ a_{31} & a_{32} \end{vmatrix} + a_{33} \begin{vmatrix} a_{11} & a_{12} \\ a_{21} & a_{22} \end{vmatrix}$$

(Entwicklung nach der letzten Spalte).

Der Beweis kann durch einfaches Nachrechnen oder durch Betrachtungen an den Permutationen der vorkommenden Indizes erbracht werden, beides soll hier aber unterbleiben. b) ist direkte Folge von a).

Die oben errechnete Lösung des linearen Gleichungssystems für zwei Unbekannte schreibt sich mit Hilfe von Determinanten in der Form

$$x_1 = \frac{\begin{vmatrix} c_1 & a_{12} \\ c_2 & a_{22} \end{vmatrix}}{\begin{vmatrix} a_{11} & a_{12} \\ a_{21} & a_{22} \end{vmatrix}} \qquad x_2 = \frac{\begin{vmatrix} a_{11} & c_1 \\ a_{21} & c_2 \end{vmatrix}}{\begin{vmatrix} a_{11} & a_{12} \\ a_{21} & a_{22} \end{vmatrix}}$$

Ähnliches rechnet man auch für drei Unbekannte nach, es gilt:

6.19. Satz (*Cramersche Regel*): a) Die Lösung eines linearen Gleichungssystems $A \cdot x = r$ läßt sich für $\det A \neq 0$ in der Form

$$x_i = \frac{\det A_i}{\det A}, \quad i = 1, \ldots, n,$$

schreiben, wobei A_i aus A dadurch hervorgeht, daß man die i-te Spalte durch r ersetzt.

b) Eine quadratische Matrix A ist genau dann regulär, wenn $\det A \neq 0$.

Beweis: a) Für $n = 2$ ist diese Lösung oben angegeben worden, für $n = 3$ läßt sie sich leicht nachrechnen. Für größere n muß der Beweis offen bleiben.

b) Nach dem Entwicklungssatz ändert sich der Wert einer Determinante nicht, wenn man Vielfache einer Zeile zu einer anderen addiert, denn bei Entwicklung nach letzterer kommt nur der Summand Null hinzu. Bei Multiplikation einer Zeile mit einem Faktor nimmt die Determinante ebenfalls den Faktor auf. Wendet man das Gaußsche Verfahren auf A an, so multipliziert sich also det A höchstens mit einem nicht verschwindenden Faktor. A ist genau dann regulär, wenn man es durch das Gaußsche Verfahren in E überführen kann. Wegen $\det E = 1$ ist A genau dann regulär, wenn $\det A \neq 0$.

Schließlich seien noch Rechenregeln für Determinanten angeführt, der Beweis für a) und b) ist eine Folge des Satzes 6.18 , für c) ist der Aufwand größer, daher soll der Beweis nicht durchgeführt werden.

6.20. Hilfssatz: a) Geht $A' \in \mathfrak{M}_{n,n}$ aus $A \in \mathfrak{M}_{n,n}$ dadurch hervor, daß man die Elemente einer Spalte oder Zeile von A mit λ multipliziert, so gilt

$\det A' = \lambda \det A$.

b) $A, A', A'' \in \mathfrak{M}_{n,n}$ mögen bis auf eine Zeile (oder Spalte) übereinstimmen, also $a'_{ij} = a_{ij} = a''_{ij}$ für $i \neq i_o$, ferner sei $a_{i_o j} = a'_{i_o j} + a''_{i_o j}$. Dann gilt

$\det A = \det A' + \det A''$.

c) Für $A, B \in \mathfrak{M}_{n,n}$ ist

$\det A \cdot B = (\det A)(\det B)$.

6.21. Beispiel:

a) $\begin{vmatrix} 1 & 2 \\ 3 & 4 \end{vmatrix} = 4 - 6 = -2, \quad \begin{vmatrix} 5 & 7 \\ -8 & 2 \end{vmatrix} = 10 + 56 = 66$

b) $\begin{vmatrix} 1 & 2 & 3 \\ 4 & 5 & 6 \\ 7 & 8 & 9 \end{vmatrix} = \begin{vmatrix} 5 & 6 \\ 8 & 9 \end{vmatrix} - 2 \begin{vmatrix} 4 & 6 \\ 7 & 9 \end{vmatrix} + 3 \begin{vmatrix} 4 & 5 \\ 7 & 8 \end{vmatrix} = 0$

c) Das Vektorprodukt zweier Vektoren $\boldsymbol{a} = (a_1, a_2, a_3)$ und
$\boldsymbol{b} = (b_1, b_2, b_3)$ kann formal als Determinante geschrieben werden:

$$\boldsymbol{a} \times \boldsymbol{b} = \boldsymbol{a}_1 (a_2 b_3 - a_3 b_2) + \boldsymbol{a}_2 (a_3 b_1 - a_1 b_3) + \boldsymbol{a}_3 (a_1 b_2 - a_2 b_1)$$

$$= \begin{vmatrix} \boldsymbol{a}_1 & \boldsymbol{a}_2 & \boldsymbol{a}_3 \\ a_1 & a_2 & a_3 \\ b_1 & b_2 & b_3 \end{vmatrix} .$$

Daraus und aus dem Entwicklungssatz kann man für das Spatprodukt

$$\boldsymbol{a} \cdot (\boldsymbol{b} \times \boldsymbol{c}) = \begin{vmatrix} a_1 & a_2 & a_3 \\ b_1 & b_2 & b_3 \\ c_1 & c_2 & c_3 \end{vmatrix}$$

ablesen.

Aufgaben zu Kap. 6

1. Gegeben sind die drei Vektoren $\boldsymbol{a} = (2, 0, 4)$, $\boldsymbol{b} = (3, 1, 1)$ und
$\boldsymbol{c} = (0, 2, 3)$. Man stelle den Vektor $\boldsymbol{\vartheta} = (1, -1, 38)$ als Linearkombination
von $\boldsymbol{a}$, $\boldsymbol{b}$ und $\boldsymbol{c}$ dar.

2. Man zeige, daß der Durchschnitt zweier konvexer Mengen wieder konvex ist.

3. Man diskutiere die Menge der Schnittpunkte dreier Ebenen
$\boldsymbol{x} \cdot \boldsymbol{n}_i = p_i, i = 1, 2, 3$. Man untersuche, ob zu den möglichen Rängen des
Gleichungssystems Lösbarkeit oder Unlösbarkeit vorliegen kann und gebe
jeweils eine entsprechende geometrische Konstellation an.

4. Man löse das lineare Gleichungssystem

$$3x_1 - 4x_2 + 2x_3 - 2x_4 = 0$$
$$6x_1 + 2x_2 - 3x_3 + 3x_4 = 2$$
$$-3x_1 - 6x_2 + 5x_3 - 3x_4 = 6$$
$$3x_1 - 5x_2 + 2x_3 + 4x_4 = 3 .$$

5. Man berechne die Matrizenprodukte $A \cdot B$ und $B \cdot A$ für

$$A = \begin{pmatrix} 1 & 2 & 3 \\ 3 & 2 & 1 \\ 1 & 2 & 3 \end{pmatrix} , \qquad B = \begin{pmatrix} 2 & 3 & 1 \\ 1 & 3 & 2 \\ 3 & 1 & 2 \end{pmatrix}$$

und für A, B, $A \cdot B$ und $B \cdot A$ die Determinanten.

6. Man berechne, falls möglich, die Matrizenprodukte $A \cdot B$ und $B \cdot A$ für

$$A = \begin{pmatrix} 3 & 4 & 1 \\ 2 & -1 & 5 \\ 3 & 1 & -2 \end{pmatrix}, \qquad B = \begin{pmatrix} 2 & -1 \\ 3 & -2 \\ 4 & 1 \end{pmatrix}.$$

7. Es sei A eine quadratische Matrix mit $\det (A - \lambda E) \neq 0$ für ein reelles λ, ferner sei $B = (A + \lambda E) \cdot (A - \lambda E)^{-1}$.

    Man beweise $B = (A - \lambda E)^{-1} \cdot (A + \lambda E)$.

8. Man bestimme den Rang der Matrizen

$$A = \begin{pmatrix} 3 & 2 & 4 \\ 6 & 4 & 8 \\ -2 & 3 & 1 \end{pmatrix} \qquad B = \begin{pmatrix} 2 & 1 & 3 \\ 4 & 2 & 2 \end{pmatrix}.$$

7. Folgen und Reihen

Mit diesem Paragraphen beginnt die eingehendere Behandlung der Analysis. In diesem Teilgebiet der Mathematik befaßt man sich mit der Theorie der Grenzprozesse im weitesten Sinn, der Rest dieses Bandes ist insbesondere der Differential- und Integralrechnung gewidmet. Unter einem Grenzprozeß hat man im allgemeinen die Approximation eines komplizierten und/oder unbekannten Objektes durch einfachere Objekte, die leichter zugänglich sind, zu verstehen. Dabei kann die Approximation auf vielfältige Art und Weise geschehen, der Aspekt der Approximation durch Folgen soll in den nachstehenden Beispielen motiviert werden.

7.1. Beispiele:

a) Berechnung des Dezimalbruches von $\sqrt{2}$. Diese kann etwa so erfolgen, daß man der Reihe nach Dezimalstellen durch $1^2 < 2 < 2^2$; $1,4^2 < 2 < 1,5^2$; $1,41^2 < 2 < 1,42^2 \ldots$ bestimmt. Von den Zahlen $1; 1, 4; 1, 41; \ldots$ nehmen wir als selbstverständlich an, daß jede „näher" an $\sqrt{2}$ liegt als die vorhergehenden und daß wir auf diese Weise der reellen Zahl $\sqrt{2}$ „beliebig nahe" kommen können. Dabei ist einmal zu präzisieren, was „nahe" heißt, zum anderen ist in „beliebig nahe" enthalten, daß man den Prozeß der Bestimmung des Dezimalbruches von $\sqrt{2}$ „immer weiter fortsetzen" kann. Dies charakterisiert gerade die Approximation der „schwierigen irrationalen" Zahl $\sqrt{2}$ durch „einfache rationale" Zahlen in einem Grenzprozeß: Man muß den Prozeß beliebig fortsetzen können und dabei dem untersuchten Objekt beliebig nahe kommen können.

b) Berechnung von π. Wir versuchen den Flächeninhalt eines Kreises vom Radius 1 durch je ein einbeschriebenes 3-Eck, 6-Eck, 12-Eck, ... anzunähern; der Flächeninhalt des Kreises wird mit π bezeichnet (Abb. 7.1).

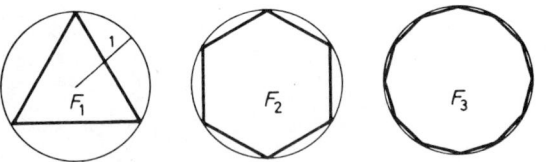

Abb. 7.1

Die Flächeninhalte $F_1, F_2, F_3, \ldots$ scheinen dem Flächeninhalt des Kreises beliebig nahe zu kommen, der Prozeß kann unbeschränkt fortgesetzt werden.

c) Wachstums- und Zerfallprozesse. Zur Zeit $t = 0$ seien in einer Bakterienkultur N Bakterien vorhanden, wie viele gibt es zur Zeit $t = 1$? Ähnliche Fragen treten etwa bei radioaktivem Zerfall auf. Die Beschreibung der Vermehrung der Bakterien kann durch das folgende mathematische Modell erfolgen: Man teile das Zeitintervall [0, 1] in n gleiche Teile der Länge $\frac{1}{n}$ und nehme an, daß sich am Ende jedes Teilintervalles $\frac{1}{n}$ der vorhandenen Bakterien teilen. Es ist klar, daß dabei mehrere idealisierende Annahmen gemacht worden sind.

Nach dem ersten Teilintervall erhält man $N(1 + \frac{1}{n})$ Bakterien, nach dem zweiten $N(1 + \frac{1}{n})^2$, ..., schließlich zur Zeit $t = 1$ gerade $N(1 + \frac{1}{n})^n$ Bakterien. Der Vergleich mit dem Experiment zeigt, daß dieser Wert um so besser die Tatsachen beschreibt, je größer n ist. Es ist die Frage, ob die Zahlen $(1 + \frac{1}{n})^n$ mit fortschreitendem n eine reelle Zahl approximieren, die den Vermehrungsfaktor am N darstellen würde. Eine solche Zahl existiert, sie heißt e.

d) Iterationsverfahren zur Lösung linearer Gleichungssysteme. Durch Addition von $\wp$ zu beiden Seiten des linearen Gleichungssystems $A \cdot \wp = \ell r$ erhält man das äquivalente Problem $\wp = (A+E) \cdot \wp - \ell r$. Zur Approximation der Lösung geht man von einem Nährungsvektor $\wp_0$ (notfalls einfach $\wp_0 = \mathcal{O}$) aus und setzt $\wp_1 = (A+E) \cdot \wp_0 - \ell r$; $\wp_2 = (A+E) \cdot \wp_1 - \ell r$; ... Auch dieser Prozeß ist beliebig fortsetzbar, ob man dabei der Lösung beliebig nahe kommt, ist zu untersuchen (und hängt von A ab). Dabei ist „nahe" durch den Abstand zweier Vektoren gemäß Kap. 5 zu definieren.

e) Aus der Schule ist bekannt, daß man die Funktion sin x durch Polynome annähern kann (Abb. 7.2):

$$P_1(x) = x; P_2(x) = x - \frac{x^3}{6}; P_3(x) = x - \frac{x^3}{6} + \frac{x^5}{120}; \ldots$$

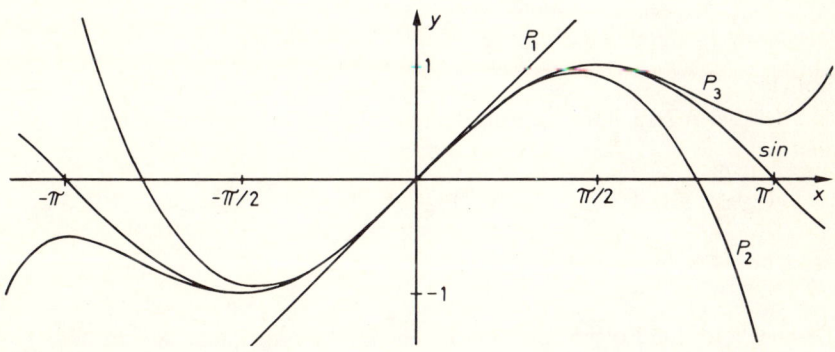

Abb. 7.2

Das Verfahren ist unbeschränkt fortsetzbar, für die „beliebige Annäherung" muß allerdings ein Abstand zwischen Funktionen definiert werden.

f) Zerlegung eines Schwingungsvorganges in Grund- und Oberschwingungen. Bei der Beschreibung von Schwingungsvorgängen verwendet man periodische Funktionen $f : \mathbb{R} \to \mathbb{R}$ mit $f(x+p) = f(x)$ für alle $x \in \mathbb{R}$, p heißt Periode. Man kann sich bei der Betrachtung von f auf das Intervall $[0,p]$ beschränken und zeigen, daß man f durch trigonometrische Polynome

$$T_n(x) = a_0 + a_1 \cos \frac{p}{2\pi} x + b_1 \sin \frac{p}{2\pi} x + a_2 \cos \frac{2p}{2\pi} x +$$

$$b_2 \sin \frac{2p}{2\pi} x + \ldots + a_n \cos \frac{np}{2\pi} x + b_n \sin \frac{np}{2\pi} x$$

approximieren kann. T_1 beschreibt die Grundschwingung, die weiteren Summanden die Oberschwingungen. Wie im vorigen Beispiel ist das Verfahren beliebig fortsetzbar, man muß aber definieren, wann eine Funktion nahe an einer anderen ist.

Das Phänomen des schrittweise beliebig oft fortsetzbaren Prozesses fassen wir in dem Begriff der Folge:

7.2. Definition: a) Eine *Folge* aus einer Menge M ist eine Abbildung der natürlichen Zahlen $\mathbb{N}$ in M,

$$a : \mathbb{N} \to M.$$

Der jedem $n \in \mathbb{N}$ zugeordnete Funktionswert $a(n) \in M$ wird üblicherweise durch a_n bezeichnet und heißt *Glied* der Folge. Die Folge wird im allgemeinen durch ihre Glieder beschrieben:

$$(a_1, a_2, a_3, \ldots), \quad (a_n)_{n \in \mathbb{N}} \quad \text{oder } (a_n).$$

Bei Bedarf betrachtet man auch Abbildungen von $\mathbb{N} \cup \{0\}$ in M, diese Folgen beginnen mit dem Glied a_0.

b) Ist $n : \mathbb{N} \to \mathbb{N}$ eine streng monotone Funktion, d. h. $n(k) < n(k')$ für $k < k'$, so heißt

$a \circ n : \mathbb{N} \to M$ *Teilfolge* von $a : \mathbb{N} \to M$, geschrieben

$$(a_{n_1}, a_{n_2}, a_{n_3}, \ldots) \quad \text{oder } (a_{n_k})_{k \in \mathbb{N}}.$$

7.3. Beispiele:
a) In den Beispielen 7.1a, b, c sind Folgen reeller Zahlen angegeben. Weitere Beispiele sind:

$$\left(\tfrac{1}{n}\right)_{n \in \mathbb{N}}, \quad \left(\tfrac{1}{n!}\right)_{n \in \mathbb{N}}, \quad (a^n)_{n \in \mathbb{N}}, \quad (1+2+\ldots+n)_{n \in \mathbb{N}}, \quad (n)_{n \in \mathbb{N}},$$

$$\left(1 + \tfrac{1}{2} + \tfrac{1}{3} + \ldots + \tfrac{1}{n}\right)_{n \in \mathbb{N}}.$$

b) In Beispiel 7.1d sind Folgen von Vektoren benutzt worden, man spricht dort auch von rekursiver Definition. Offenbar bestimmt jede Folge $(\wp_n)$ im $\mathbb{R}^m$ durch die Koordinaten m Folgen $(x_{ni})_{n \in \mathbb{N}}$, $i = 1, \ldots, m$ und umgekehrt. Ähnlich ist es mit den Folgen komplexer Zahlen $(z_n)_{n \in \mathbb{N}}$, die zwei Folgen reeller Zahlen entsprechen.

c) Die Beispiele 7.1e,f enthalten Beispiele von Funktionenfolgen, das erste in der Menge der Polynome, das zweite in der Menge der trigonometrischen Polynome. Daneben sind Folgen von Polygonzügen interessant für die Approximation komplizierterer Funktionen.

Nach der Definition von Folgen ist noch die zweite Komponente des Grenzprozesses zu präzisieren, nämlich die „beliebig gute" Approximation eines Objektes. Dazu wird so etwas wie ein Abstand vorhanden sein müssen, dieser steht uns bisher nur in $\mathbb{R}$, $\mathbb{C}$ und im $\mathbb{R}^n$ zur Verfügung. Der Abstand ist eine reelle, nichtnegative Zahl, und daher kann man sagen, daß die Folgenglieder der zu approximierenden Größe beliebig nahe kommen, wenn der Abstand der Folgenglieder zur approximierten Größe unter jede beliebige, positive Zahl sinkt, wenn man in der Folge nur genügend weit fortschreitet. Dabei sollen auch spätere Folgenglieder genauso nahe an der approximierten Größe liegen. Dies führt zu der folgenden üblichen Definition:

7.4. Definition: Eine Folge $(a_n)_{n \in \mathbb{N}}$ in $\mathbb{R}$ *konvergiert* gegen eine reelle Zahl a, wenn man für jedes reelle $\epsilon > 0$ eine reelle Zahl N angeben kann, so daß $|a_n - a| < \epsilon$ für alle $n > N$.

Schreibweise: $a_n \to a$ für $n \to \infty$; $a_n \to a$.

Sprechweise: (a_n) konvergiert gegen a oder besitzt den Grenzwert a oder ist konvergent mit dem Grenzwert a. Eine nicht konvergente Folge heißt divergent.

Die Definition gilt auch, wenn die Folgen und der Grenzwert aus $\mathbb{C}$ oder $\mathbb{R}^n$ sind.

Diese Definition entspricht den vorher entwickelten ungefähren Vorstellungen. Bevor Beispiele betrachtet werden, soll noch eine weitere Sprechweise definiert werden, die manche Formulierung erleichtern wird. Es sei ausdrücklich darauf hingewiesen, daß N nicht eindeutig durch ϵ bestimmt ist, N ist also keine Funktion von ϵ.

7.5. Definition: Die Folge reeller Zahlen $(a_n)_{n \in \mathbb{N}}$ *konvergiert uneigentlich* gegen $\infty \, (-\infty)$, falls zu jeder reellen Zahl $\epsilon > 0$ ein N existiert, so daß

$$a_n > \frac{1}{\epsilon} \quad (a_n < -\frac{1}{\epsilon}) \quad \text{für alle } n > N.$$

Schreibweise: $a_n \to +\infty$ für $n \to \infty$, $a_n \to +\infty$.
$\qquad\qquad\qquad (-) \qquad\qquad\qquad\qquad\quad (-)$

Durch Übergang zu $\frac{1}{a_n}$ sieht man, daß $a_n \to \infty$ gleichwertig ist mit $a_n \to 0$, $a_n > 0$ für $n > n_0$ (entsprechend für $a_n \to -\infty$). Diese Definition erfaßt das „über alle Grenzen Wachsen" der Folgenglieder. Den Symbolen $\pm \infty$ legen wir keine weitere Bedeutung bei, insbesondere erklären wir keine Verknüpfungen mit reellen Zahlen (die mit der obigen Definition und späteren Rechenregeln für Folgen verträglich sein müßten).

7.6. Beispiele:

a) $(\frac{1}{n})$, zu vermuten ist, daß der Grenzwert 0 ist.

$$|a_n - 0| = \frac{1}{n} < \epsilon \quad \text{für } n > \frac{1}{\epsilon} = N$$

nach den Regeln von Kap. 2. Die Existenz solcher n sichert das Archimedische Axiom 1.9, das auch weiter in den Beweisen (häufig stillschweigend) verwendet werden muß. Eine Folge, die gegen Null konvergiert, wird Nullfolge genannt.

b) $(\frac{1}{n^\alpha})$, $\alpha \in \mathbb{R}$, $\alpha > 0$, wieder ist 0 als Grenzwert zu vermuten:

$$|a_n - 0| = \frac{1}{n^\alpha} < \epsilon \text{ für } n > \epsilon^{-1/\alpha} = N.$$

Reelle Exponenten verwenden wir unter Verweis auf die spätere genaue Definition.

c) (a^n), $a \in \mathbb{R}$. Hier empfiehlt sich eine Fallunterscheidung:

1. Fall: $a = 0, 1$.

Es handelt sich um Folgen, deren Glieder alle gleich sind; man spricht von konstanten Folgen. Offensichtlich ist dieser gemeinsame Wert aller Folgenglieder auch Grenzwert: $a^n \to 0$ bzw. 1.

2. Fall: $|a| < 1$. Es ist Null als Grenzwert zu vermuten, da bei Übergang zu größeren n Zahlen mit immer kleinerem absoluten Betrag entstehen. Die Voraussetzung $|a| < 1$ läßt sich für $a \neq 0$ durch

$$\left|\frac{1}{a}\right| = 1 + b > 1, \ b > 0,$$

ausnutzen. Man erhält mit Hilfe der Bernoullischen Ungleichung 2.2

$$|a_n - 0| = |a|^n = \frac{1}{(1+b)^n} <$$

$$< \frac{1}{1+bn} < \frac{1}{bn},$$

also $\qquad |a_n - 0| < \epsilon \text{ für } n > \frac{1}{b\epsilon} = N:$

$$a^n \to 0 \text{ für } |a| < 1.$$

Dieser Fall trifft auch für komplexe a zu.

3. Fall: $1 < a$. Dann ist $a = 1 + b > 0$ und die Bernoullische Ungleichung liefert

$$a^n = (1+b)^n > 1 + bn > bn,$$

also

$$a^n > \frac{1}{\epsilon} \text{ für } n > \frac{1}{b\epsilon} = N:$$

$$a^n \to \infty \text{ für } 1 < a.$$

4. Fall: $a \leq -1$. Hier ist $a^n = (-1)^n |a|^n$, die Folgenglieder springen auf der Zahlengeraden zwischen positiven und negativen Werten. Der Abstand zweier aufeinanderfolgender Folgenglieder ist mindestens 2, denn

$$|a^n - a^{n+1}| = |a|^n (1 + |a|) \geq 1 + |a| \geq 2.$$

Damit können die a^n aber keiner reellen Zahl beliebig nahe kommen: (a^n) ist für $a \leq -1$ divergent.

d) Berechnung der Wurzel aus einer reellen Zahl $a > 1$ nach dem Heronverfahren.
Man setze $a_1 = a$, $a_2 = \frac{1}{2}(a_1 + \frac{a}{a_1})$, $\dots$, $a_{n+1} = \frac{1}{2}(a_n + \frac{a}{a_n})$, $\dots$; offenbar ist
$\sqrt{a}$ das geometrische Mittel aus a_n und $\frac{a}{a_n}$, dieses wird näherungsweise durch das
arithmetische Mittel ersetzt.

Wir beweisen zuerst, daß $a_{n+1} \leqq a_n$ für alle n. Eine Folge mit dieser Eigenschaft
heißt *monoton fallende (abnehmende) Folge*, für $a_{n+1} \geqq a_n$ für alle n spricht man
von einer *monoton wachsenden (steigenden) Folge*. Gelten stets die strengen Ungleichungen $a_{n+1} < a_n$ bzw. $a_{n+1} > a_n$, so spricht man auch von *streng monoto-
nen Folgen*.

Nach der Ungleichung zwischen geometrischem und arithmetischem Mittel 2.3 ist

$$a_{n+1} = \frac{1}{2}(a_n + \frac{a}{a_n}) \geqq \sqrt{a_n \frac{a}{a_n}} = \sqrt{a}$$

und damit
$$a_{n+1} \leqq \frac{1}{2}(a_n + \sqrt{a}) \leqq a_n.$$

Die Konvergenz gegen $\sqrt{a}$ ergibt sich so:

$$|a_n - \sqrt{a}| = a_n - \sqrt{a} = \frac{1}{2}(a_{n-1} + \frac{a}{a_{n-1}} - 2\sqrt{a}) =$$

$$= \frac{1}{2}(\sqrt{a_{n-1}} - \sqrt{\frac{a}{a_{n+1}}})^2 = \frac{(a_{n-1} - \sqrt{a})^2}{2a_{n-1}}.$$

Wegen $a_{n-1} - \sqrt{a} \leqq a_{n-1}$ folgt weiter

$$|a_n - \sqrt{a}| \leqq \frac{1}{2}(a_{n-1} - \sqrt{a}) \leqq \frac{1}{4}(a_{n-2} - \sqrt{a}) \leqq \dots \leqq \frac{a - \sqrt{a}}{2^{n-1}}.$$

Aus Beispiel 2.5a erhält man schließlich für $n \geqq 5$

$$|a_n - \sqrt{a}| < \frac{a - \sqrt{a}}{2n} < \epsilon \text{ für } n > \frac{a - \sqrt{a}}{2\epsilon} = N.$$

Damit gilt $a_n \to \sqrt{a}$. Die Konvergenz ist sehr schnell, das Verfahren daher gut für
numerische Zwecke geeignet.

e) $(\frac{a^n}{n!})$ für $a \in \mathbb{R}$. Wir wollen zeigen, daß der Grenzwert Null ist. Nach dem
Archimedischen Axiom 1.9a gibt es ein $n_o > |a|$. Dann ist für $n > n_o$

$$|a_n - 0| = \frac{|a|^n}{n!} \leqq \frac{|a|^{n_o}}{n_o!} \cdot \frac{|a|}{n} < \epsilon \text{ für } n > \frac{|a|^{n_o}}{n_o!} \frac{|a|}{\epsilon} = N.$$

Also gilt $\frac{a^n}{n!} \to 0$ für jedes a : n! wächst stärker als jede Potenz.

f) In den Beispielen 7.1b,c sind Folgen angegeben worden, deren Glieder wir zwar
berechnen können, im zweiten Fall ist $a_n = (1 + \frac{1}{n})^n$, Konvergenz ist aber nicht

ohne weiteres beweisbar, da der Grenzwert nicht bekannt ist. Es müssen also Methoden entwickelt werden, um die Existenz eines Grenzwertes nachzuweisen, ohne ihn zu kennen. Das Hilfsmittel dazu ist das Vollständigkeitsaxiom 1.9 b in $\mathbb{R}$.

7.7. Definition: a) Es sei M eine Menge reeller Zahlen. Existiert eine reelle Zahl K, so daß $x \leq K$ für alle $x \in M$, so heißt M *nach oben beschränkt* und K *obere Schranke* von M (entsprechend *nach unten beschränkt*).

b) Ist M nach oben und unten beschränkt, so heißt M *beschränkt*. Dann existiert also eine Zahl K, so daß $|x| \leq K$ für alle $x \in M$. In dieser Fassung gilt die Definition einer beschränkten Menge auch für Mengen aus $\mathbb{C}$ und $\mathbb{R}^n$.

c) Ist S obere Schranke von M, aber jede reelle Zahl $r < S$ keine obere Schranke von M, so heißt S *obere Grenze* oder *Supremum* von M (entsprechend *untere Grenze* oder *Infimum*).

d) Eine Folge in $\mathbb{R}$, $\mathbb{C}$ oder $\mathbb{R}^n$ heißt beschränkt, wenn die Menge der Folgenglieder beschränkt ist.

Bevor Beispiele betrachtet werden, sollen erst wichtige Folgerungen aus dem Vollständigkeitsaxiom 1.9b gezogen werden mit anschließender Anwendung auf die Konvergenz von Folgen.

7.8. Satz: Jede Menge reeller Zahlen besitzt ein Supremum und ein Infimum. Supremum und Infimum sind eindeutig; daher verwendet man die Bezeichnungen $S = \sup M = \sup_M x$ für das Supremum und $s = \inf M = \inf_M x$ für das Infimum. Ist M nicht nach oben (unten) beschränkt, so setzt man zur Abkürzung $\sup M = \infty$ ($\inf M = -\infty$); für die leere Menge ist $\sup \phi = -\infty$, $\inf \phi = \infty$.

Beweis: Der Beweis braucht nur für das Supremum geführt zu werden, da er für das Infimum völlig analog verläuft.

Ist M nicht nach oben beschränkt, so ist $\sup M = \infty$. Ist $M \neq \phi$ nach oben beschränkt, so sei B die Menge der oberen Schranken, $B \neq \phi$. Ferner sei $A = \mathbb{R} - B$, damit ist auch $A \neq \phi$, da wegen $M \neq \phi$ ein $x \in M$ existiert, $x - 1$ ist sicher keine obere Schranke von M, also $(x-1) \in A$. Sind nun $x \in A$, $y \in B$, so soll $x < y$ gezeigt werden: Da x keine obere Schranke von M ist, existiert ein $m \in M$ mit $x < m$, aber $m \leq y$, da y obere Schranke, also $x < y$.

Nach dem Vollständigkeitsaxiom existiert dann ein c mit $x \leq c \leq y$ für alle $x \in A$, $y \in B$. Es ist $c = \sup M$, denn einmal ist c nicht größer als alle oberen Schranken, zum anderen ist c selbst obere Schranke. Wäre nämlich c keine obere Schranke, so gäbe es ein $m \in M$ mit $c < m$, dann wären alle x mit $c < x < m$ in A im Widerspruch zur Definition von c. Als kleinste obere Schranke ist c auch eindeutig, denn von zwei kleinsten oberen Schranken müßte eine die kleinere sein, womit die andere nicht die gewünschte Eigenschaft hätte.

7.9. Folgerung: Eine monotone und beschränkte Folge ist konvergent.

Beweis: Sei die Folge (a_n) etwa monoton wachsend, dann sei $a = \sup M$, wenn M die Menge der Folgenglieder ist (die eventuell nur ein Element zu enthalten braucht). Dann ist zu jedem $\epsilon > 0$ die Zahl $a - \epsilon$ keine obere Schranke von M, d. h. es gibt eine natürliche Zahl N mit $a_N > a - \epsilon$. Wegen der Monotonie folgt

$$a - \epsilon < a_n \leq a \quad \text{für} \quad n > N, \quad \text{also} \quad a_n \to a.$$

7.10. Beispiele:

a) Das in Beispiel 7.6d untersuchte Heronverfahren führte auf eine monoton fallende und beschränkte Folge (alle Glieder waren positiv). Die Existenz des Grenzwertes ergibt sich also auch aus der Folgerung 7.9 , womit gleichzeitig ein Existenzbeweis für $\sqrt{a}$ gegeben ist.

Ebenso ist die in Beispiel 7.1a bestimmte Näherungsfolge nach Konstruktion monoton wachsend und etwa durch 2 beschränkt, also ist sie konvergent.

b) In Beispiel 7.1b wurde der Flächeninhalt des Kreises vom Radius 1 durch eine monoton wachsende Folge von Flächeninhalten von Vielecken angenähert. Diese Folge ist durch den Flächeninhalt des Kreises beschränkt, besitzt also einen Grenzwert, der π heißt. Die genaue Berechnung der Folgenglieder soll aber unterbleiben. Wichtiger ist

c) die in Beispiel 7.1c bestimmte Folge (a_n) mit

$$a_n = (1 + \tfrac{1}{n})^n.$$

Hilfsweise betrachten wir gleichzeitig die Folge (b_n) mit

$$b_n = (1 + \tfrac{1}{n})^{n+1}.$$

Offenbar gilt $a_n < b_n$, ferner ist $a_{n-1} < a_n$, denn dies ist jeweils gleichbedeutend mit

$$(1 + \tfrac{1}{n-1})^{n-1} \quad < \quad (1 + \tfrac{1}{n})^n$$

$$\frac{n^{2n}}{(n-1)^n(n+1)^n} \quad < \quad \frac{n}{n-1}$$

$$(1 - \tfrac{1}{n^2})^n \quad < \quad 1 - \tfrac{1}{n}.$$

Die letzte Ungleichung folgt aber aus der Bernoullischen (Satz 2.2), somit ist $a_n < a_{n+1}$ bewiesen. Analog folgt $b_{n+1} < b_n$. Damit sind beide Folgen monoton und beschränkt $\big((a_n)$ durch b_1 und (b_n) durch $a_1\big)$, so daß sie einen Grenzwert besitzen. Wegen

$$0 < b_n - a_n = \frac{a_n}{n} < \frac{b_1}{n} < \epsilon \quad \text{für} \quad n > \frac{b_1}{\epsilon} = N$$

gilt $b_n - a_n \to 0$, so daß beide Folgen denselben Grenzwert haben, er wird e genannt:

$$(1 + \tfrac{1}{n})^n \to \; : e.$$

Diese Zahl ist für das Folgende sehr wichtig, ihre Existenz kann nur durch die Vollständigkeit von $\mathbb{R}$ gesichert werden.

Als nächstes sei ein Konvergenzkriterium angeführt, das gleichfalls nicht die Kenntnis des Grenzwertes voraussetzt und von großer Wichtigkeit ist.

7.11.Satz (*Konvergenzkriterium von Cauchy*): Eine Folge (a_n) ist genau dann konvergent, wenn zu jedem $\epsilon > 0$ ein N existiert, so daß

$$|a_n - a_m| < \epsilon \text{ für n, m} > \text{N.}$$

Beweis: Ist (a_n) konvergent, so folgt das Kriterium gemäß Aufgabe 7.4. Ist das Kriterium gegeben, so ist die Folge beschränkt, denn
$$K = \max \{|a_1|, \ldots, |a_m|, |a_m| + 1\}$$
für ein geeignetes m ist eine Schranke. Daher existieren reelle Zahlen
$b_n = \inf \{a_k | k \geqq n\}$. Bei Übergang von n zu n + 1 werden weniger a_k zur Bildung des Infimums herangezogen, also sind die b_n monoton wachsend und nach Folgerung 7.9 existiert ein Grenzwert a. Zu $\epsilon > 0$ suche man dann ein $n_0 > N$, so daß
$$a \geqq b_{n_0} > a - \frac{\epsilon}{2} \text{ und ein } n_1 \geqq n_0, \text{ so daß } |b_{n_0} - a_{n_1}| < \frac{\epsilon}{2} \text{ Dann gilt für}$$
$$n > N \qquad |a - a_n| \leqq |a - b_{n_0}| + |a_{n_1} - b_{n_0}| + |a_{n_1} - a_n| < 2\epsilon.$$
Das ist die gewünschte Konvergenz. Der Beweis gibt keine Möglichkeit zur Berechnung von a.

Nun folgen einige einfache Eigenschaften konvergenter Folgen und Rechenregeln für solche Folgen.

7.12.Hilfssatz: a) Eine Folge kann höchstens einen Grenzwert besitzen, daher ist
für $a_n \to a$ die Schreibweise $\lim_{n \to \infty} a_n = a$ zulässig.
b) Eine konvergente Folge ist beschränkt.
c) Eine Teilfolge einer konvergenten Folge konvergiert gegen denselben Grenzwert.
Der Hilfssatz gilt auch für Folgen in $\mathbb{C}$ und $\mathbb{R}^n$.

Beweis: a) Annahme: $a_n \to a$ und $a_n \to b$ mit $a \neq b$.
Dann gilt also

$$|a_n - a| < \epsilon \text{ für } n > N_1, \ |a_n - b| < \epsilon \text{ für } n > N_2.$$
Es folgt

$$|a - b| \leqq |a_n - a| + |a_n - b| < 2\epsilon \text{ für } n > \max \{N_1, N_2\}. \text{ Wählt man}$$
$\epsilon = \frac{1}{2}|a - b|$, so erhält man in $|a - b| < |a - b|$ einen Widerspruch, die Annahme muß falsch sein, es kann höchstens ein Grenzwert existieren.

b) Aus $a_n \to a$ folgt $|a_n - a| < 1$ für $n \geq n_o$. Also ist für

$n \geq n_o$ $|a_n| \leq |a_n - a| + |a| < 1 + |a|$ und

$$K = \max\{|a_1|, |a_2|, \ldots, |a_{n_o - 1}|, 1 + |a|\}$$

ist eine Schranke für die Folgenglieder.

c) Es gilt $|a_n - a| < \epsilon$ für $n > N$ und es sei $(a_{n_k})_{k \in \mathbb{N}}$ die Teilfolge. Da $n_k \geq n_{k-1} + 1$, muß $n_k \geq k$ gelten. Dann aber hat man $|a_{n_k} - a| < \epsilon$ für $k > N$, also $a_{n_k} \to a$ für $k \to \infty$.

7.13. Satz (*Rechenregeln für konvergente Folgen*): Es sei stets $a_n \to a$ und $b_n \to b$ gegeben, dann gilt

    a) $a_n \pm b_n \to a \pm b$,

    b) $ca_n \to ca$ für $c \in \mathbb{R}$,

    c) $\frac{a_n}{b_n} \to \frac{a}{b}$ falls $b_n \neq 0$ für alle n und $b \neq 0$,

    d) $a \leq b$, falls $a_n \leq b_n$ für alle n.

Ein Teil der Aussagen gilt auch für unendliche Grenzwerte. Die Aussage d) kann nicht zu $a < b$ für $a_n < b_n$ verschärft werden (Gegenbeispiel?). Bis auf Teil d) gilt der Satz auch für Folgen in $\mathbb{C}$ und $\mathbb{R}^n$.

Beweis: Es sei stets

$|a_n - a| < \epsilon$ für $n > N_1$, $|b_n - b| < \epsilon$ für $n > N_2$.

a) $|a_n + b_n - (a+b)| \leq |a_n - a| + |b_n - b| < 2\epsilon = \epsilon_1$ für

$n > \max\{N_1, N_2\} = N$, also $a_n + b_n \to a + b$.

Es sei K eine gemeinsame Schranke für beide Folgen, dann ist

$$|a_n b_n - ab| = |a_n(b_n - b) + (a_n - a)b| \leq$$

$$\leq K|b_n - b| + |b||a_n - a| < 2K\epsilon = \epsilon_1$$

für $n > \max\{N_1, N_2\} = N$, also $a_n b_n \to ab$.

b) Ergibt sich aus a) durch die Wahl $b_n = c$ für alle n.

c) Es sei K eine gemeinsame Schranke für $|a|$ und $|b|$ sowie L eine positive untere Schranke für alle $|b_n|$ und $|b|$. Die Existenz von L ergibt sich so:

$|b_n| \geqq |b| - |b_n - b| > \frac{|b|}{2}$ für $n \geqq n_o$, also ist

$L = \min \{\frac{|b|}{2}, |b_1|, |b_2|, \ldots, |b_{n_o - 1}|\}$ die gewünschte untere Schranke.

Dann ist $\quad |\frac{a_n}{b_n} - \frac{a}{b}| = \frac{|a_n b - a b_n|}{|b \, b_n|} = \frac{|a_n - a|}{|b_n|} + |\frac{a}{b \, b_n}| \, |b - b_n|$

$$\leqq \frac{1}{L} |a_n - a| + \frac{K}{L^2} |b - b_n| < (\frac{1}{L} + \frac{K}{L^2}) \, \epsilon = \epsilon_1$$

für $n > \max \{N_1, N_2\} = N$, also $\frac{a_n}{b_n} \to \frac{a}{b}$.

d) Nach a) und b) gilt $b_n - a_n \to b - a$. Da $b_n - a_n \geqq 0$, können diese Zahlen keiner negativen Zahl beliebig nahe kommen, so daß $b - a \geqq 0$ sein muß.

7.14. Beispiel:

a) Ist $P(x) = a_k x^k + \ldots + a_1 x + a_o$ ein Polynom, so gilt für $a_k, b_m \neq 0$

$$\lim_{n \to \infty} P(\tfrac{1}{n}) = a_o.$$

Nach Beispiel 7.6a gilt $\frac{1}{n} \to 0$, also auch $n^{-r} \to 0$ für jede Potenz $r > 0$ nach Teil a) des letzten Satzes, die Teile a) und b) dieses Satzes liefern das Ergebnis.

b) Ist $R = \frac{P_k}{Q_m}$ eine rationale Funktion mit Polynomen

$P_k(x) = a_k x^k + \ldots + a_o$ und $Q_m(x) = b_m x^m + \ldots + b_o$, so gilt für $a_k, b_m \neq 0$

$$\lim_{n \to \infty} R(n) = \begin{cases} 0 & \text{für } k < m \\ \dfrac{a_k}{b_m} & \text{für } k = m \\ \pm \infty & \text{für } k > m, \end{cases}$$

wobei das Vorzeichen von ∞ gleich dem von $\frac{a_k}{b_m}$ ist. Man klammere nämlich die höchsten Potenzen von n in Zähler und Nenner aus:

$$R(n) = n^{k-m} \, \frac{a_k + a_{k-1} n^{-1} + \ldots + a_o n^{-k}}{b_m + b_{m-1} n^{-1} + \ldots + b_o n^{-m}}$$

Zusammen mit dem vorangehenden Beispiel ist das Ergebnis ablesbar.

Sehr wichtige Beispiele für Folgen sind die Reihen, für die spezielle Begriffe und Sätze lohnenswert sind.

7.15. Definition: Bildet man aus einer Folge $(c_n)_{n \in \mathbb{N}}$ eine Folge $(s_n)_{n \in \mathbb{N}}$ mit

$s_n = c_1 + c_2 + \ldots + c_n,$

so spricht man von einer *unendlichen Reihe* $\Sigma\, c_n$, die s_n heißen *Partialsummen*, die c_n *Glieder* der Reihe. Die Reihe heißt *konvergent* (*divergent*), wenn die Folge der Partialsummen konvergiert (divergiert); gegebenenfalls heißt der Grenzwert dieser Folge Summe der Reihe, Bezeichnung:

$$\lim_{n \to \infty} s_n = : \sum_{n=1}^{\infty} c_n.$$

Die Glieder können natürlich mit einem anderen Index als 1 beginnen, häufig beginnt man mit dem Index 0. Die Definition gilt auch in $\mathbb{C}$ und $\mathbb{R}^n$.

7.16. Beispiele:

a) $c_n = \frac{1}{n}$, $s_n = 1 + \frac{1}{2} + \ldots + \frac{1}{n}$ für $n \in \mathbb{N}$.

$\Sigma\, \frac{1}{n}$ heißt *harmonische Reihe*. Die Folge der Partialsummen ist monoton wachsend, wir zeigen jetzt, daß sie nicht beschränkt ist, so daß die harmonische Reihe divergiert. Dazu werden die Partialsummen wie folgt zusammengefaßt:

$s_1 = 1,\ s_2 - s_1 = \frac{1}{2},\ s_4 - s_2 = \frac{1}{3} + \frac{1}{4} > \frac{1}{2},\ \ldots$

$s_{2n} - s_n = \frac{1}{n+1} + \ldots + \frac{1}{n+n} > \frac{1}{2n}\, n = \frac{1}{2}.$

Also ist

$s_{2n} = s_1 + (s_2 - s_1) + (s_4 - s_2) + \ldots + (s_{2n} - s_{2n-1}) >$

$> 1 + \frac{n}{2}.$

Dies aber ist wegen des Archimedischen Axioms nicht beschränkt.

b) $c_n = \frac{1}{n^2}$, $s_n = 1 + \frac{1}{4} + \frac{1}{9} + \ldots + \frac{1}{n^2}$ für $n \in \mathbb{N}$.

Die Folge der Partialsummen ist monoton wachsend, wir zeigen die Beschränktheit dieser Folge, so daß $\Sigma\, \frac{1}{n^2}$ konvergiert. Den Grenzwert können wir hier nicht bestimmen. Es ist für $k > 1$

$$\frac{1}{k^2} < \frac{1}{k(k-1)} = \frac{1}{k-1} - \frac{1}{k},$$

also

$$s_n = \sum_{k=1}^{n} \frac{1}{k^2} < 1 + \sum_{k=2}^{n} \left(\frac{1}{k-1} - \frac{1}{k} \right) = 1 + \sum_{k=2}^{n} \frac{1}{k-1} - \sum_{k=2}^{n} \frac{1}{k}.$$

Setzen wir in der vorletzten der Summen $k - 1 = m$, so erhalten wir

$$s_n < 1 + \sum_{m=1}^{n-1} \frac{1}{m} - \sum_{k=2}^{n} \frac{1}{k} = 1 + 1 - \frac{1}{n} < 2.$$

Zusammen mit der harmonischen Reihe zeigt dieses Beispiel recht gut die Grenzen zwischen Konvergenz und Divergenz einer Reihe.

c) $c_n = q^n$, $s_n = 1 + q + q^2 + \ldots + q^n$ für $n = 0, 1, 2, \ldots$

$\Sigma\, q^n$ heißt *geometrische Reihe*. Für $q \neq 1$ ist

$$s_n (1-q) = (1+q+ \ldots +q^n) - (q+q^2+ \ldots +q^{n+1})$$

$$= 1 - q^{n+1},$$

also
$$s_n = \frac{1 - q^{n+1}}{1 - q}.$$

Die Rechenregeln für konvergente Folgen zeigen, daß wir nur den Grenzwert von q^{n+1} zu untersuchen brauchen, das ist in Beispiel 7.6c geschehen: Genau für $|q| < 1$ ist Konvergenz gegeben,

$$\sum_{n=0}^{\infty} q^n = \frac{1}{1-q} \text{ für } |q| < 1.$$

Für $q = 1$ ist $s_n = n + 1$, also liegt keine Konvergenz vor. Diese Reihe konvergiert ebenfalls für komplexe q mit $|q| < 1$.

d) $c_n = \frac{1}{n!}$, $s_n = 1 + \frac{1}{1!} + \ldots + \frac{1}{n!}$ für $n = 0, 1, 2, \ldots$

$\Sigma\, \frac{1}{n!}$ heißt *e-Reihe* oder *Exponentialreihe*.

Im Beispiel 11.5g werden wir nämlich (erheblich kürzer als hier möglich) zeigen,

daß $\sum_{n=0}^{\infty} \frac{1}{n!} = e$. Die Konvergenz der Reihe gegen e ist wesentlich schneller als die

von $\left(1 + \frac{1}{n}\right)^n$, man sieht die Konvergenz sofort aus $0 \leq s_n < s_{n+1}$ für $n \geq 0$ und

$$s_n = \sum_{k=0}^{n} \frac{1}{k!} \leq 2 + \sum_{k=2}^{n} \frac{1}{k(k-1)} = 3 - \frac{1}{n} < 3$$

analog zu Beispiel b).

Es folgen einige Eigenschaften von konvergenten Reihen, von denen die erste gelegentlich einen einfachen Nachweis für die Divergenz einer Reihe gestattet.

7.17. Hilfssatz: a) Notwendig für die Konvergenz einer Reihe $\Sigma\, c_n$ ist $c_n \to 0$, diese Eigenschaft ist nicht hinreichend.

b) Sind $\Sigma\, c_n$ und $\Sigma\, d_n$ konvergent und $a \in \mathbb{R}$, so sind $\Sigma\, ac_n$ und

$\Sigma\,(c_n + d_n)$ konvergent mit

$$\sum_{n=1}^{\infty} ac_n = a \sum_{n=1}^{\infty} c_n, \quad \sum_{n=1}^{\infty}(c_n + d_n) = \sum_{n=1}^{\infty} c_n + \sum_{n=1}^{\infty} d_n.$$

Der Hilfssatz gilt auch in $\mathbb{C}$ und $\mathbb{R}^n$.

Beweis: a) Ist $\Sigma\,c_n$ konvergent, so konvergiert die Folge der Teilsummen $s_n : |s_n - s| < \epsilon$ für $n > N$. Also gilt $|c_n| = |s_n - s_{n-1}| \leqq |s_n - s| + |s_{n-1} - s| < < 2\,\epsilon = \epsilon_1$ für $n - 1 > N$, dies bedeutet gerade $c_n \to 0$.

Daß aus $c_n \to 0$ nicht immer die Konvergenz der Reihe $\Sigma\,c_n$ folgt, zeigt die harmonische Reihe (Beispiel 7.16a).

b) Bezeichnet man die Partialsummen von $\Sigma\,c_n$ mit s_n und von $\Sigma\,d_n$ mit t_n, so sind as_n bzw. $s_n + t_n$ die Partialsummen von $\Sigma\,ac_n$ und $\Sigma\,(c_n + d_n)$, da es sich bei diesen nur um endliche Summen handelt. Aus Satz 7.13a, b folgt sofort die Behauptung.

Den Abschluß dieses Paragraphen sollen einige Konvergenzkriterien bilden, die man speziell für Reihen über die Konvergenzkriterien für Folgen hinaus ableiten kann.

7.18. Satz (*Leibnizsches Konvergenzkriterium*): Eine Reihe $\Sigma\,c_n$ heißt *alternierend*, wenn die Glieder abwechselnd positiv und negativ sind. Eine solche ist konvergent, wenn $|c_n| \geqq |c_{n+1}|$ für alle n und $c_n \to 0$. Für die Summe s und die Partialsummen s_n gilt $|s - s_n| \leqq |c_{n+1}|$.

Beweis: Es sei etwa $c_1 > 0, c_2 < 0, \ldots$ Wegen $|c_n| \geqq |c_{n+1}|$ gilt sowohl $c_{2k-1} + c_{2k} \geqq 0$ als auch $c_{2k} + c_{2k+1} \leqq 0$ und daher $s_2 \leqq s_4 \leqq \ldots \leqq s_{2n} \leqq s_{2n+1} \leqq s_{2n-1} \leqq \ldots \leqq s_3 \leqq s_1$. Damit sind die Folgen (s_{2n}) und (s_{2n-1}) monoton und beschränkt, besitzen also Grenzwerte s' und s''. Wegen $s_{2n} = s_{2n-1} + c_{2n} \to s' + 0 = s''$ müssen beide Folgen denselben Grenzwert s besitzen. Nach Satz 7.13d muß s zwischen s_{2n} und s_{2n+1} liegen, so daß $|s - s_{2n-1}| \leqq |s_{2n} - s_{2n-1}| = |c_{2n}|$ und $|s - s_{2n}| \leqq |s_{2n} - s_{2n+1}| \leqq |c_{2n+1}|$, womit alles bewiesen ist.

7.19. Beispiel:

$$c_n = (-1)^{n+1}\,\frac{1}{n}, s_n = 1 - \frac{1}{2} + \frac{1}{3}\,\ldots + (-1)^{n+1}\,\frac{1}{n}.$$

Die Voraussetzungen des Kriteriums sind erfüllt, $\Sigma\,\dfrac{(-1)^{n+1}}{n}$ besitzt also eine Summe und es ist $|s_n - s| \leqq \frac{1}{n+1}$.

7.20. Satz (*Majorantenkriterium*): $\Sigma\,c_n$ und $\Sigma\,b_n$ seien gegeben, für alle n gelte $|c_n| \leqq b_n$ und es sei $\Sigma\,b_n$ konvergent. Dann konvergiert auch $\Sigma\,c_n$.

Der Satz gilt auch in $\mathbb{C}$ und $\mathbb{R}^n$. Ein wichtiger Spezialfall ist $b_n = |c_n|$, eine Reihe, für die $\Sigma |c_n|$ konvergiert, heißt *absolut konvergent*. Die Bedeutung des Kriteriums liegt sowohl in der Zurückführung auf bekannte Reihen als auch in der auf Reihen mit positiven Gliedern. Für letztere wächst die Folge der Partialsummen monoton, so daß für den Nachweis der Konvergenz nur die Beschränktheit der Partialsummen zu beweisen ist (Folgerung 7.9). Aus der Konvergenz einer Reihe folgt umgekehrt nicht immer die absolute Konvergenz, wie Beispiel 7.19 in Verbindung mit der harmonischen Reihe (Beispiel 7.16a) zeigt. Als Folgerungen aus dem Majorantenkriterium schließen sich zwei weitere Kriterien an.

Beweis: Es seien s_n bzw. t_n die Partialsummen von Σc_n bzw. Σb_n und es gelte $t_n \to t$, d. h. $|t_n - t| < \epsilon$ für $n > N$. Dann ist für $m > n$

$$|s_m - s_n| = |c_{n+1} + c_{n+2} + \ldots + c_m|$$

$$\leq |c_{n+1}| + |c_{n+2}| + \ldots + |c_m|$$

$$\leq t_m - t_n \leq |t_m - t| + |t_n - t| \leq 2\epsilon = \epsilon_1$$

für $m > n > N$. Anwendung des Cauchykriteriums 7.11 liefert die Konvergenz der s_n und damit die von Σa_n.

7.21. Folgerung (*Quotientenkriterium von D'Alembert*): Eine Reihe Σc_n mit $c_n \neq 0$ für alle n konvergiert absolut, wenn eine Zahl Θ mit $0 < \Theta < 1$ und ein $n_0 \in \mathbb{N}$ existieren, so daß

$$\left|\frac{c_{n+1}}{c_n}\right| \leq \Theta \quad \text{für } n \geq n_0.$$

Die Reihe divergiert, wenn

$$\left|\frac{c_{n+1}}{c_n}\right| \geq \frac{1}{\Theta} \quad \text{für } n \geq n_0.$$

Falls $\lim\limits_{n \to \infty} \left|\frac{c_{n+1}}{c_n}\right| = Q$ existiert, können die Bedingungen durch $Q < 1$ für Konvergenz und $Q > 1$ für Divergenz ersetzt werden. Das Kriterium gilt auch in $\mathbb{C}$.

Beweis: Die letzten Bedingungen für Q haben gerade die ersten zur Folge, so daß nur die ersten behandelt zu werden brauchen. Für $n > n_0$ erhält man aus

$$\left|\frac{c_n}{c_{n_0}}\right| = \left|\frac{c_n}{c_{n-1}} \frac{c_{n-1}}{c_{n-2}} \cdots \frac{c_{n_0+1}}{c_{n_0}}\right|$$

für $\left|\frac{c_{n+1}}{c_n}\right| \leq \Theta$

$$\left|\frac{c_n}{c_{n_0}}\right| \leq \Theta^{n-n_0}.$$

Mit der Konstanten $K = \max \{\,|c_{n_o}|\,\Theta^{-n_o}, |c_{n_o-1}|\,\Theta^{-n_o+1}, \ldots, |c_1|\,\Theta^{-1}\}$

gilt also $|c_n| \leqq K\Theta^n$ und das Majorantenkriterium liefert durch Vergleich mit der

Reihe $K \Sigma \Theta^n$ Konvergenz. Aus $\left|\frac{c_{n+1}}{c_n}\right| \geqq \frac{1}{\Theta} > 1$ folgt $|c_{n+1}| > |c_n|$, also kann

nicht $c_n \to 0$ gelten, aus Hilfssatz 7.17a folgt die Divergenz.

7.22. Folgerung (*Wurzelkriterium von Cauchy*): Eine Reihe Σc_n konvergiert absolut, wenn ein Θ mit $0 < \Theta < 1$ und ein $n_o \in \mathbb{N}$ existieren, so daß

$$\sqrt[n]{|c_n|} \leqq \Theta \quad \text{für} \quad n \geqq n_o.$$

Die Reihe divergiert, wenn

$$\sqrt[n]{|c_n|} \geqq \frac{1}{\Theta} \quad \text{für} \quad n \geqq n_o.$$

Existiert $\lim_{n \to \infty} \sqrt[n]{|c_n|} = Q$, so können die Bedingungen durch $Q < 1$

für Konvergenz und $Q > 1$ für Divergenz ersetzt werden. Das Kriterium gilt auch in $\mathbb{C}$ und $\mathbb{R}^n$.

Beweis: Die Bedingungen für den Grenzwert haben die anderen Bedingungen zur

Folge, aus $\sqrt[n]{|c_n|} \leqq \Theta$ folgt $|c_n| \leqq \Theta^n$ und man hat die geometrische Reihe als

konvergente Majorante. Aus $\sqrt[n]{|c_n|} \geqq 1/\Theta$ ergibt sich $|c_n| \geqq \Theta^{-n} > 1$, also Divergenz nach Hilfssatz 7.17a.

7.23. Beispiele:

a) Für die Exponentialreihe $\Sigma \frac{1}{n!}$ ist das Wurzelkriterium schlecht geeignet, das Quotientenkriterium dagegen sehr gut:

$$\frac{c_{n+1}}{c_n} = \frac{n!}{(n+1)!} = \frac{1}{n+1} \to 0.$$

Auch das Majorantenkriterium ist anwendbar, da

$\frac{1}{n!} \leqq \frac{1}{n(n-1)(n-2)} \leqq \frac{1}{n^2}$ für $n \geqq 4$ und die Konvergenz von $\Sigma \frac{1}{n^2}$ ist in Beispiel

7.16b gezeigt worden.

b) Für $\Sigma \frac{1}{n^2}$ sind Wurzel- und Quotientenkriterium nicht mit Erfolg anwendbar, da

$$\frac{c_{n+1}}{c_n} = \frac{n^2}{(n+1)^2} = \frac{1}{(1+\frac{1}{n})^2} \to 1,$$

ebenso gilt $\sqrt[n]{\frac{1}{n^2}} \to 1$, was hier nicht bewiesen werden soll. Das liegt daran, daß beim Quotienten- und Wurzelkriterium mit der geometrischen Reihe verglichen wird, und diese konvergiert schneller als $\Sigma\, n^{-2}$. Gerade darum ist die letzte Reihe aber eine besonders geeignete Majorante. So erhält man sofort: $\Sigma\, n^{-k}$ ist für alle natürlichen $k \geq 2$ konvergent.

c) Auf $\Sigma\, n2^{-n}$ wenden wir das Quotientenkriterium an:

$$\frac{c_{n+1}}{c_n} = \frac{n+1}{n}\,\frac{2^n}{2^{n+1}} = \frac{1}{2}\left(1 + \frac{1}{n}\right) \to \frac{1}{2},$$

also konvergiert die Reihe.

Aufgaben zu Kap. 7:

1. Man bestimme die Grenzwerte der Folgen (a_n):

   a) $\quad a_n = \sqrt{n+1} - \sqrt{n}, \quad$ b) $a_n = \left(1 - \frac{1}{n}\right)^n$, c) $a_n = (-1)^n\,\frac{b^n}{\sqrt{n}}\;$ für $b > 0$,

   d) $\quad a_n = \frac{n^3 + 3n^2 + 7n}{n^3 + 5}, \quad$ e) $a_n = \frac{1}{1\cdot 4} + \frac{1}{4\cdot 7} + \cdots + \frac{1}{(3n+1)\,(3n+4)}.$

2. Man beweise: a) $\sqrt[n]{n} \to 1, \qquad$ b) $\sqrt[n]{a} \to 1$ für $a > 0$.

   Anleitung: Für a) setze man $\sqrt[n]{n} = 1 + a_n$ und zeige, daß $a_n > 0$.

   Dann kann man a_n mit Hilfe des binomischen Lehrsatzes abschätzen.

3. Man beweise, daß $a_n b_n \to 0$, falls (a_n) eine Nullfolge und (b_n) eine beschränkte Folge ist.

4. Gilt $a_n \to a$, so beweise man, daß zu jedem $\epsilon > 0$ ein N existiert, so daß $|a_n - a_m| < \epsilon$ für alle $n, m > N$. (Das ist eine Richtung des Cauchyschen Konvergenzkriteriums.)

5. Gilt $a_n \to a$, so beweise man, daß auch $b_n \to a$ mit

   $$b_n = \frac{a_1 + a_2 + \cdots + a_n}{n}.$$

   Man zeige ferner, daß aus $b_n \to a$ nicht immer $a_n \to a$ folgt.

6. Die Reihe $\Sigma\, c_n$ mit $c_n > 0$ für alle n konvergiere. Man beweise die

   Konvergenz von $\Sigma\, \sqrt{c_n c_{n+1}}$.

7. Man untersuche die Konvergenz der beiden Reihen

   $$\Sigma\, \frac{1}{\sqrt{n}} \quad \text{und} \quad \Sigma\, \frac{(-1)^{n+1}}{\sqrt{n}}.$$

8. Man untersuche die Konvergenz der Reihen $\Sigma\, c_n$ mit

a) $c_n = \dfrac{1}{\sqrt{n^2+1}}$,

b) $c_n = \dfrac{1 + \sqrt{n}}{2^{n+1}}$,

c) $c_n = \dfrac{n^2}{n!}$,

d) $c_n = \dfrac{1}{n\sqrt{n}}$,

e) $c_n = \left(\sqrt[n]{n} - 1\right)^n$,

f) $c_n = \dfrac{n!}{n^n}$.

9. a) Man beweise den Cauchyschen Verdichtungssatz: Es sei $c_n > c_{n+1} > 0$ und $c_n \to 0$ für $n \to \infty$. Dann hat die Reihe $\Sigma\, c_n$ dasselbe Konvergenzverhalten wie die Reihe $\Sigma\, 2^n c_{2^n}$.

Anleitung: Man zeige $\dfrac{1}{2} \displaystyle\sum_{n=1}^{\infty} 2^n c_{2^n} \leq \sum_{n=1}^{\infty} c_n \leq \sum_{n=0}^{\infty} 2^n c_{2^n}$.

b) Man wende den Satz auf die Reihe $\Sigma\, c_n$ mit $c_n = n^{-\alpha}$, $\alpha > 0$, an.

8. Grenzwerte von Funktionen

Bei der Untersuchung reeller Funktionen (das sind solche, die eine Teilmenge von $\mathbb{R}$ in $\mathbb{R}$ abbilden) tritt ein Grenzwertbegriff auf, der sich von dem im vorangehenden Paragraphen behandelten dadurch unterscheidet, daß nicht eine Folge durchlaufen wird, um einen Grenzwert zu erreichen, sondern daß ein kontinuierlicher Vorgang betrachtet wird. So wird sich z. B. bei Annäherung der Zeit t an einen Zeitpunkt t_0 die Temperatur eines Raumpunktes zur Zeit t der zur Zeit t_0 nähern, ähnliches gilt für die Koordinaten eines sich bewegenden Massenpunktes oder für die Komponenten eines elektrischen Feldes in einem festen Punkt. Die Variable t durchläuft dabei alle Werte in der Nähe von t_0 und nicht nur eine Folge von Zeitpunkten. Die Annäherung des Funktionswertes zur Zeit t an den zur Zeit t_0 ist die übliche Vorstellung von einem Vorgang in der Natur. Ausnahmen treten z. B. bei dem „Sprung" der Stromstärke in einem elektrischen Leiter auf, wenn der Strom eingeschaltet wird.

Die Tatsache, daß sich die Funktionswerte $f(x)$ einer Funktion f dem Funktionswert $f(x_0)$ nähern, wenn sich x dem Wert x_0 nähert, kann auch so ausgedrückt werden: Bis auf einen nicht sehr großen Fehler kann die Funktion f in der Nähe von x_0 durch die konstante Funktion c ersetzt werden mit $c = f(x_0)$. Dies ist eine Vorstufe zu dem später für die Anwendungen besonders wichtigen Ersetzen einer Funktion durch eine sich „anschmiegende" Gerade oder affine Funktion, dem Differenzieren. Unter diesem Gesichtspunkt ist dieses Kapitel der Bereitstellung eines Kalküls gewidmet, der die Differentialrechnung in Kap. 10 erleichtern soll.

Die Wichtigkeit der in diesem Kapitel betrachteten stetigen Funktionen liegt mehr im innermathematischen Bereich, z. B. läßt sich für sie relativ leicht die Integralrechnung des Kap. 12 aufbauen.

Bevor die Definition des Grenzwertes bei Funktionen gegeben wird, sollen noch einige Beispiele erläutern, wie verschieden sich Funktionen verhalten können.

8.1. Beispiele:

a) $f : \mathbb{R} \to \mathbb{R}$ mit $f(x) = |x|$. Der Graph zeigt deutlich eine „Ecke" bei $x = 0$ (Abb. 8.1).

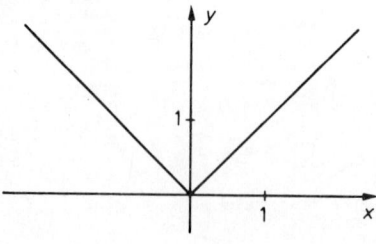

Abb. 8.1

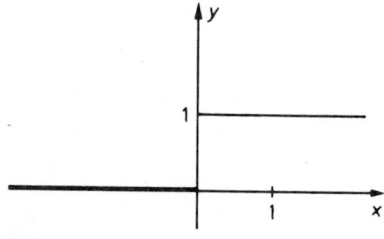

Abb. 8.2

b) $f : \mathbb{R} \to \mathbb{R}$ mit $f(x) = \begin{cases} 0 \text{ für } x \leqq 0 \\ 1 \text{ für } x > 0 \end{cases}$.

Der Graph veranschaulicht den „Sprung" bei $x = 0$ (Abb. 8.2).

c) $f : \mathbb{R} - \{0\} \to \mathbb{R}$ mit $f(x) = \frac{1}{x}$. Die Funktion ist für $x = 0$ nicht definiert und der Graph zeigt, daß $|f|$ beliebig große Werte in der Nähe von $x = 0$ annimmt. Man spricht von einer *Unendlichkeitsstelle*, z. B. tritt dies bei rationalen Funktionen an den Nullstellen des Nenners auf, die nicht auch Nullstellen des Zählers sind (Abb. 8.3).

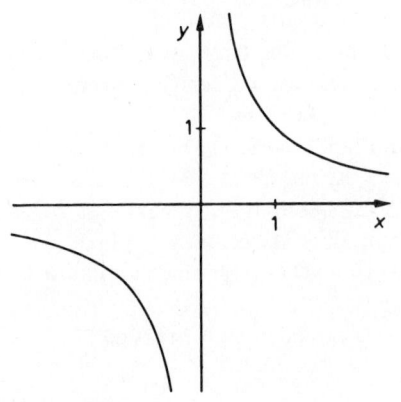 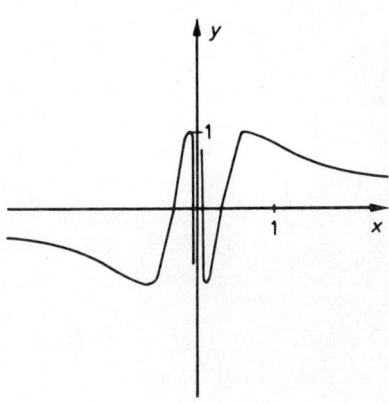

Abb. 8.3   Abb. 8.4

d) $f : \mathbb{R} - \{0\} \to \mathbb{R}$ mit $f(x) = \sin \frac{1}{x}$. Auch diese Funktion läßt sich bei $x = 0$ nicht definieren und der Graph zeigt „oszillierendes" Verhalten der Funktion in der Nähe von $x = 0$ (Abb. 8.4).

8.2. Definition: a) Sei I ein offenes Intervall und $x_0 \in I$. Die reelle Funktion f sei zumindest in $I - \{x_0\}$ definiert. f besitzt in x_0 einen Grenzwert a, wenn es zu jedem $\epsilon > 0$ ein $\delta > 0$ gibt, so daß

$|f(x) - a| < \epsilon$ für $0 < |x - x_0| < \delta$.

b) f besitzt in x_0 den uneigentlichen Grenzwert ∞ $(-\infty)$, wenn

$f(x) > \frac{1}{\epsilon}$ $(f(x) < -\frac{1}{\epsilon})$ für $0 < |x - x_0| < \delta$.

Schreibweise: $f \to a$ für $x \to x_0$; $\lim\limits_{x \to x_0} f(x) = a$.

c) f besitzt in ∞ $(-\infty)$ einen Grenzwert a, wenn f zumindest für $x > x_0$ $(x < x_0)$ definiert ist und $|f(x) - a| < \epsilon$ für $x > \frac{1}{\delta}$ $(x < -\frac{1}{\delta})$. entsprechend für $a = \pm \infty$. Dies ist ein Spezialfall der einseitigen Grenzwerte: Man läßt nur $x_0 < x < x_0 + \delta$ $(x_0 > x > x_0 - \delta)$ zu und spricht von einem rechtsseitigen (linksseitigen) Grenzwert. Dies wird durch die Schreibweise $x \to x_0 +$ $(x \to x_0 -)$ angedeutet.

d) Besitzt f in x_o den (rechtsseitigen, linksseitigen) Grenzwert $f(x_o)$, so heißt f (rechtsseitig, linksseitig) *stetig* in x_o. Ist f für alle $x_o \in I$ stetig, so heißt f stetig in I (bei abgeschlossenem Intervall muß f in den Randpunkten entsprechend einseitig stetig sein). f ist also stetig in x_o, wenn es zu jedem $\epsilon > 0$ ein $\delta > 0$ gibt, so daß

$|f(x) - f(x_o)| < \epsilon$ für $|x - x_o| < \delta$.

e) Zur Erleichterung des Kalküls wird noch die folgende Bezeichnungsweise eingeführt: Für $x_o \in I$ sei f eine zumindest in $I - \{x_o\}$ definierte Funktion. Dann heißt $f = o(1)$ für $x \to x_o$ (gesprochen: Klein–oh von Eins), daß f in x_o den Grenzwert 0 besitzt. Verschiedene Funktionen mit dieser Eigenschaft werden (im allgemeinen) durch Indizes unterschieden: $o_1(1)$, $o_2(1)$ usw.

f) Eine auf $M \subseteq \mathbb{R}$ erklärte Funktion f heißt *beschränkt*, wenn eine Konstante K existiert, so daß $|f(x)| \leq K$ für alle $x \in M$. Ist $x_o \in I$ und f zumindest in $I - \{x_o\}$ erklärt und beschränkt, so wird dies durch $f = O(1)$ für $x \to x_o$ ausgedrückt (gesprochen: Groß-oh von Eins).

g) Schließlich sei $o(g) := go(1)$, $O(g) := gO(1)$ für eine zumindest in $I - \{x_o\}$ erklärte Funktion g.

a), c), d), e) und f) gelten auch für komplexe oder vektorwertige Funktionen.

Wichtig sind Teil a) und der Begriff der Stetigkeit in d).
b) und c) haben nur den Charakter von Sonderfällen. Die Schreibweise mit den Landauschen Symbolen o(1) bzw. O(1) in c) und f) ermöglicht einen Kalkül und dient damit der Erleichterung in vielen Bereichen der Analysis, insbesondere der Differentialrechnung. o(1) steht für eine Funktion, die Restgliedcharakter hat, so gilt für eine in x_o stetige Funktion f $f = f(x_o) + o(1)$ für $x \to x_o$, da $f - f(x_o)$ in x_o den Grenzwert Null hat. Ist f in x_o nicht definiert, besitzt es dort aber einen Grenzwert a, so kann f durch $f(x_o) := a$ zu einer in x_o stetigen Funktion erweitert werden, f heißt *stetig ergänzbar* in x_o.

Vor den Rechenregeln sollen Beispiele betrachtet werden. Es handelt sich dabei um einfache Funktionen. Die notwendigen komplizierten Funktionen (die allerdings elementare Funktionen heißen) werden im nächsten Paragraphen behandelt.

8. 3. Beispiele:

a) $f = a$, die konstante Funktion ist offenbar für alle x_o stetig und es gilt auch $f \to a$ für $x \to \pm\infty$, da $|f(x) - a| = 0$ für alle x.

b) Die Identität $f : \mathbb{R} \to \mathbb{R}$ mit $f(x) = x$ ist für alle x_o stetig, da $|f(x) - f(x_o)| = |x - x_o| < \epsilon$ für $|x - x_o| < \epsilon = \delta$. Ebenso leicht überlegt man sich $f \to \infty$ für $x \to \infty$ und $f \to -\infty$ für $x \to -\infty$.

c) $f : \mathbb{R} \to \mathbb{R}$ mit $f(x) = |x|$ ist auch für alle x_0 stetig, für $x_0 = 0$ folgt das wie unter b) und für $x_0 \neq 0$ muß nur x auf derselben Seite von Null liegen wie x_0, um $|f(x) - f(x_0)| = |x - x_0|$ zu haben. Für $x \to \pm \infty$ gilt offenbar $f \to \infty$.

d) Die Funktion $f : \mathbb{R} \to \mathbb{R}$ mit $f(x) = \begin{cases} 0 & \text{für } x \leq 0 \\ 1 & \text{für } x > 0 \end{cases}$ des Beispiels 8.1b ist offenbar für $x_0 \neq 0$ stetig, ferner gilt $f \to 0$ für $x \to 0-$ und $f \to 1$ für $x \to 0+$. Da $f(0) = 0$, ist f in $x_0 = 0$ linksseitig stetig. Man sagt, f besitzt einen *Sprung* in x_0, wenn die rechts- und linksseitigen Grenzwerte in x_0 existieren und verschieden sind. Ferner ist $f \to 0$ für $x \to -\infty$ und $f \to 1$ für $x \to \infty$ leicht aus der Definition von f abzulesen.

e) Die Funktion f des Beispiels 8.1c mit $f(x) = \frac{1}{x}$ für $x \neq 0$ ist für $x_0 \neq 0$ stetig. Es gilt nämlich

$$|f(x) - f(x_0)| = |\frac{1}{x} - \frac{1}{x_0}| = |\frac{x_0 - x}{x_0 x}| \leq \frac{2}{x_0^2} |x - x_0| < \epsilon$$

für $|x - x_0| < \frac{\epsilon x_0^2}{2} = \delta$ und $x \geq \frac{1}{2} x_0$, falls $x_0 > 0$, bzw. $x \leq \frac{1}{2} x_0$, falls $x_0 < 0$.

Offenbar gilt $f \to \infty$ für $x \to 0+$ und $f \to -\infty$ für $x \to 0-$, ferner $f \to 0$ für $x \to \pm\infty$.

f) Im Beispiel 8.1d ist für $x_0 = 0$ weder ein Grenzwert noch sind einseitige Grenzwerte vorhanden.

g) $f : [0, \infty[\to \mathbb{R}$ mit $f(x) = \sqrt{x}$ besitzt im Nullpunkt den rechtsseitigen Grenzwert 0, ist dort also rechtsseitig stetig, denn
$|f(x) - f(0)| = \sqrt{x} < \epsilon$ für $|x - x_0| = |x| < \epsilon^2 = \delta$.

8.4. Satz (Rechenregeln für o (1)) : Alle Behauptungen beziehen sich auf $x \to x_0$ für ein festes x_0 und gelten ohne weiteres für einseitige Grenzwerte (auch für komplex- oder bis auf d) für vektorwertige Funktionen):

a) $o_1(1) + o_2(1) = o_3(1)$,

b) $o(1) + O_1(1) = O_2(1)$,
   speziell: $c + o(1) = O(1)$ für die konstante Funktion c,

c) $o_1(1) \cdot O(1) = o_2(1)$,
   speziell $c \cdot o_1(1) = o_2(1)$ für $c \in \mathbb{R}$,

d) $|g| \geq k > 0$ in einer Umgebung von $x_0 \Rightarrow \frac{o_1(1)}{g} = o_2(1)$,

   speziell für $g = b + o(1)$ mit $b \neq 0$ $\Rightarrow \frac{o_1(1)}{g} = o_2(1)$.

Beweis: a) $o_1(1) = f$, $o_2(1) = g \Rightarrow |f(x)| < \epsilon$ für $|x - x_0| < \delta_1$ und $|g(x)| < \epsilon$ für $|x - x_0| < \delta_2 \Rightarrow |f(x) + g(x)| < 2\epsilon = \epsilon_1$ für $|x - x_0| < \delta = \min \{\delta_1, \delta_2\}$, also $f + g = o_3(1)$ für $x \to x_0$.

b) $o(1) = f$, $O_1(1) = g \Rightarrow |f(x)| < \epsilon$ für $|x - x_0| < \delta$ und

$|g(x)| \leq K$ für $|x - x_0| < \delta_2 \Rightarrow |f(x) + g(x)| \leq K + \epsilon = K_1$ für

$|x - x_0| < \delta = \min\{\delta_1, \delta_2\}$, also $f + g = O_2(1)$ für $x \to x_0$.

c) $o_1(1) = f$, $O(1) = g \Rightarrow |f(x)| < \epsilon$ für $|x - x_0| < \delta_1$ und

$|g(x)| \leq K$ für $|x - x_0| < \delta_2 \Rightarrow |f(x)g(x)| < K\epsilon = \epsilon_1$ für

$|x - x_0| < \delta = \min\{\delta_1, \delta_2\}$, also $fg = o_2(1)$ für $x \to x_0$.

d) Da $\frac{1}{g} = O(1)$ für $x \to x_0$, kann c) angewendet werden.

Für $g = b + o(1)$ mit $b \neq 0$ folgt $|g(x) - b| < \frac{|b|}{2}$ für $|x - x_0| < \delta$, also dort $|g(x)| \geq \frac{1}{2}|b|$.

8.5. Satz (Rechenregeln für Grenzwerte): Für a) – d) sei stets
$$f = a + o_1(1), \quad g = b + o_2(1) \quad \text{für } x \to x_0.$$

a) $f \stackrel{+}{} g = a \stackrel{+}{} b + o(1)$, speziell für die konstante Funktion $g = c$.

b) $b \neq 0 \Rightarrow f/g = a/b + o(1)$.

c) $f(x) \leq g(x)$ für $0 < |x - x_0| < \delta \Rightarrow a \leq b$.

d) $|f| = |a| + o(1)$.

e) $f = a + o(1)$ für $x \to x_0$, $g = b + o_2(1)$ für $x \to a$, dann gilt für die zusammengesetzte Funktion $g \circ f = b + o(1)$ für $x \to x_0$.

Die Aussagen gelten, soweit sinnvoll, auch für Funktionen in $\mathbb{C}$ und $\mathbb{R}^n$.

Beweis: a) $f + g = a + b + o_1(1) + o_2(1) = a + b + o(1)$ nach Satz 8.4a.

$fg = ab + a\,o_2(1) + b\,o_1(1) + o_1(1)\,o_2(1) = ab + o(1)$ nach Satz 8.4a,c

b) $\dfrac{f}{g} = \dfrac{a}{b + o_2(1)} + \dfrac{o_1(1)}{b + o_2(1)} = \dfrac{a}{b + o_2(1)} + o_3(1) = \qquad$ nach Satz 8.4d,

$\qquad = \dfrac{a}{b} + \dfrac{ab - ab - a\,o_2(1)}{b\,(b + o_2(1))} + o_3(1) =$

$\qquad = \dfrac{a}{b} + o(1)$ nach Satz 8.4a,c,d.

c) Unter der Annahme $a > b$ kann man die Reste $o_i(1)$ kleiner als $\frac{a-b}{2}$ machen, also $a - \frac{a-b}{2} > b + \frac{a-b}{2}$, und das ist ein Widerspruch.

d) Aus $|f - a| < \epsilon$ für $|x - x_0| < \delta$ folgt nach der Dreiecksungleichung $\|f| - |a\| \leq |f - a| < \epsilon$ für $|x - x_0| < \delta$, also $|f| = |a| + o(1)$.

e) Es ist $|g(x) - b| < \epsilon$ für $|x - a| < \delta$ und $|f(x) - a| < \delta$ für $|x - x_0| < \delta_1$. Für $|x - x_0| < \delta_1$ ist also $g \circ f$ erklärt und man hat $|g(f(x)) - b| < \epsilon$ für $|f(x) - a| < \delta$, das ist erfüllt für $|x - x_0| < \delta_1$, also gilt $g \circ f = b + o(1)$ für $x \to x_0$.

8.6. Beispiele:

a) Polynome sind für jedes $x_o \in \mathbb{R}$ stetig (entsprechendes gilt für komplexe Polynome). In Beispiel 8.3b war $f(x) = x$ als stetig für alle x_o nachgewiesen worden, Satz 8.5a,b liefert die Stetigkeit der Polynome.

b) Nach Satz 8.5b sind dann auch rationale Funktionen für alle x_o stetig, die nicht Nullstellen des Nenners sind.

c) $$\frac{x^n - x_o^n}{x - x_o} = x^{n-1} + x^{n-2}x_o + \ldots + xx_o^{n-1} + x_o^{n-1} = nx_o^{n-1} + o(1)$$

für $x \to x_o$. Jeder Summand in der Mitte ist nach Satz 8.5a gleich $x_o^{n-1} + o(1)$ für $x \to x_o$, woraus ebenfalls mit 8.5a die Behauptung folgt. Die Funktion ist also in x_o stetig ergänzbar.

Weitere Beispiele finden sich im nächsten Kapitel. Es folgen nun „globale" Sätze über in einem abgeschlossenen Intervall stetige Funktionen, sie gelten nur für reelle Funktionen.

8.7. Satz: $f : [a, b] \to \mathbb{R}$ sei in $[a, b]$ stetig und es sei $f(a) f(b) < 0$.
Dann gibt es ein $\xi \in]a, b[$ mit $f(\xi) = 0$.

Beweis: Es sei etwa $f(a) < 0$, also $f(b) > 0$. Dann sei $M = \{x \mid x \in [a, b], f(x) < 0\}$.
Wegen $a \in M$ ist $M \neq \phi$, und da b obere Schranke von M ist, existiert
$\xi = \sup M \in [a, b]$.
Wäre nun $f(\xi) \neq 0$, so würde nach dem Beweis von Satz 8.4d folgen
$|f(x)| > 0$ für $|x - \xi| < \delta$. Das würde aber der Definition von ξ widersprechen, also muß $f(\xi) = 0$ sein.

8.8. Folgerung (*Zwischenwertsatz*): $f : [a, b] \to \mathbb{R}$ sei in $[a, b]$ stetig. Dann nimmt f jeden Wert zwischen $f(a)$ und $f(b)$ in $[a, b]$ mindestens einmal an.

Beweis: Für $f(a) = f(b)$ ist nichts zu beweisen. Für $f(a) \neq f(b)$ sei c eine Zahl zwischen $f(a)$ und $f(b)$. Dann gilt $(f(a) - c)(f(b) - c) < 0$ und die Anwendung des Satzes auf $f - c$ liefert ein $\xi \in]a, b[$ mit $f(\xi) - c = 0$.

Die Bedeutung des Zwischenwertsatzes liegt in der Anwendbarkeit auf die Existenz und Eigenschaften der Umkehrfunktion.

8.9. Satz (*Umkehrfunktion*): $f : [a, b] \to [f(a), f(b)]$ sei in $[a, b]$ stetig und streng monoton wachsend, d. h. für alle $x_1, x_2 \in [a, b]$ mit $x_1 < x_2$ gelte $f(x_1) < f(x_2)$. Dann ist f bijektiv und die Umkehrfunktion f^{-1} ist in $[f(a), f(b)]$ stetig und streng monoton wachsend. Eine analoge Aussage gilt für streng monoton fallende Funktionen.

Beweis: Es sei etwa f monoton steigend. Aus der strengen Monotonie folgt, daß f injektiv ist, denn für $x_1 \neq x_2$ muß $f(x_1) \neq f(x_2)$ sein. Der Zwischenwertsatz besagt, daß f alle Werte aus dem Intervall $[f(a), f(b)]$ annimmt, also ist
$f : [a, b] \rightarrow [f(a), f(b)]$ surjektiv und damit bijektiv. Die Umkehrfunktion
$f^{-1} : [f(a), f(b)] \rightarrow [a, b]$ erfüllt nach Definition 4.6e die Beziehungen $f^{-1}\big(f(x)\big) = x$, $f\big(f^{-1}(y)\big) = y$ für alle $x \in [a, b]$ und $y \in [f(a), f(b)]$. Da für $f(x_1) < f(x_2)$ auch $x_1 < x_2$ gelten muß, ist f^{-1} gleichfalls streng monoton wachsend (Abb. 8.5).

Zu zeigen bleibt die Stetigkeit von f^{-1}. Sei $y_0 \in]f(a), f(b)]$, wir zeigen die linksseitige Stetigkeit in y_0, entsprechend läßt sich die rechtsseitige in $[f(a), f(b)[$ zeigen, womit alles bewiesen ist.

Sei $f(x_0) = y_0$ und $\epsilon > 0$. Dann gibt es ein x_1 aus dem betrachteten Intervall mit $x_0 - \epsilon < x_1 < x_0$, es sei $f(x_1) = y_1$. Wegen der Monotonie hat man dann

$$x_0 - \epsilon < x_1 < f^{-1}(y) < x_0 \text{ für } y_1 < y < y_0,$$

das ist aber die linksseitige Stetigkeit von f^{-1} in y_0.

In Kap. 10 wird entsprechend von der Differenzierbarkeit von f auf die von f^{-1} geschlossen werden. Das nächste Kapitel wird wichtige Beispiele zu diesem Satz bringen ($e^x \Leftrightarrow \log x; \sin x \Leftrightarrow \arcsin x$). Zeichnerisch kann man die Umkehrfunktion durch Spiegelung des Graphen von f an der Winkelhalbierenden des ersten und vierten Quadraten eines cartesischen Koordinantensystems gewinnen (Abb. 8.5). Es müssen nämlich Argument und Funktionswert vertauscht werden, was diese Spiegelung gerade leistet.

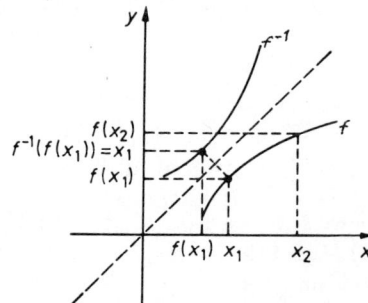

Abb. 8.5

Es folgen nun noch zwei Sätze; der Beweis des zweiten würde hier zuviel Raum beanspruchen.

8.10. Satz: $f : [a, b] \rightarrow \mathbb{R}$ sei stetig in $[a, b]$. Dann nimmt f Supremum und Infimum seiner Funktionswerte an, d. h. es existieren Zahlen $\xi_1, \xi_2 \in [a, b]$ mit

$$f(\xi_1) = \sup \{f(x) \mid x \in [a, b]\}, \quad f(\xi_2) = \inf \{f(x) \mid x \in [a, b]\}.$$

Man kann daher statt inf bzw. sup auch min bzw. max schreiben.

94

Beweis: Zuerst wird gezeigt, daß f in [a, b] beschränkt ist. Wegen der Stetigkeit von f ist klar, daß es zu jedem $x_0 \in [a, b]$ ein Intervall $[x_0 - \delta, x_0 + \delta] \cap [a, b]$ gibt, in dem f beschränkt ist. Da δ von x_0 abhängen kann, können wir diese Aussage nur wie folgt anwenden: Es sei $M = \{x \mid x \in [a, b], f$ in $[a, x]$ beschränkt$\}$, jedenfalls enthält wegen der obigen Feststellung M ein Intervall $[a, a + \delta_a]$. Sei $\xi = \sup M$, dann gibt es nach Definition des Supremums ein $\eta \in M$ mit $\xi - \delta_\xi < \eta \leq \xi$ und f ist in $[a, \xi + \delta_\xi] \cap [a, b]$ beschränkt, das läßt sich mit der Definition von ξ aber nur vereinbaren, wenn $\xi = b$. Also ist f in [a, b] beschränkt.

Sei nun $K = \sup \{f(x) \mid x \in [a, b]\} < \infty$, zu zeigen ist noch die Existenz eines ξ_1 mit $f(\xi_1) = K$. Wäre $f(x) < K$ für alle $x \in [a, b]$, so wäre nach Satz 8.5b

$g(x) = \frac{1}{K - f(x)}$ stetig und positiv in [a, b], also nach dem vorherigen $0 < g(x) < L$

für alle $x \in [a, b]$. Nach Definition der oberen Grenze gibt es aber Werte x, für die f (x) beliebig nahe an K liegt, so daß g (x) beliebig groß ist, das ist der gewünschte Widerspruch; f muß den Wert K wirklich annehmen.

Der Satz ist von großer theoretischer Bedeutung, liefert allerdings keine Möglichkeit zur Berechnung der Maxima und Minima. Dagegen gibt es Beweise des folgenden Satzes, die die approximierenden Polynome angeben:

8.11. Satz (*Weierstraßscher Approximationssatz*): Es sei $f : [a, b] \to \mathbb{R}$ stetig in [a, b]. Dann existiert zu jedem $\epsilon > 0$ ein reelles Polynom $P_{\epsilon, f}$, so daß $|f(x) - P_{\epsilon, f}(x)| < \epsilon$ für alle $x \in [a, b]$.

Dieser Satz könnte vermuten lassen, daß man sich insbesondere in den Anwendungen, wo sowieso jede Funktion nur mit gewisser Genauigkeit bestimmbar ist, mit der Untersuchung von Polynomen zufrieden geben könnte. Jedoch haben die meisten Differentialgleichungen, die in mathematischen Modellen natürlicher Vorgänge auftreten, keine Polynome als Lösungen. Bei der Untersuchung von Eigenschaften dieser Lösungen würde die Verwendung von Polynomen nur einen Umweg bedeuten. Die Betrachtungen werden meist erheblich einfacher, wenn man weitere Funktionenklassen heranzieht. Den wichtigsten dieser Funktionen ist das nächste Kapitel gewidmet.

Aufgaben zu Kap. 8:

1. Man skizziere die durch $f(x) = \frac{x+1}{x-1}$ bestimmte Funktion f und bestimme $\lim_{x \to \infty} f$. Wie groß muß x mindestens sein, damit sich f (x) vom Grenzwert für $x \to \infty$ um weniger als $\epsilon = 0{,}001$ unterscheidet?

2. [x] sei die größte ganze Zahl $\leq x$. Man skizziere die folgenden Funktionen f und untersuche die Stetigkeit:

   a) $f(x) = x - [x]$, b) $f(x) = \sqrt{x - [x]}$, c) $f(x) = [x] + \sqrt{x - [x]}$.

3. Für die nachstehenden Funktionen f untersuche man:

den maximalen Definitionsbereich; die Stetigkeit; die Grenzwerte an den Rändern des Definitionsbereichs (auch $\pm\,\infty$); die Möglichkeit, den Definitionsbereich durch Hinzunahme von Grenzwerten so zu erweitern, daß die Funktion dort stetig wird:

a) $f(x) = \dfrac{x^2 - 3x + 2}{x - 1}$, b) $f(x) = \dfrac{3}{2}\,\dfrac{|x^2 - 9|}{x - 3}$, c) $f(x) = \sqrt{x}$.

Man gebe eine Skizze des Graphen an.

4. Man untersuche die Existenz der Umkehrfunktion von f mit

a) $f(x) = x^4$, b) $f(x) = x^3$, c) $f(x) = |x|$,

insbesondere den Definitionsbereich der Umkehrfunktion.

5. Man zeige für $x \to x_o$ bei festem x_o

a) $O_1(1) + O_2(1) = O_3(1)$

b) $|g(x)| \geq k > 0$ in einer Umgebung von $x_o \Rightarrow \dfrac{O_1(1)}{g} = O_2(1)$

c) $f = o(1) \Rightarrow f = O(1)$.

9. Potenzreihen, elementare Funktionen

Bisher wurden als Funktionenklassen die Polynome, die rationalen Funktionen und die Treppenfunktionen betrachtet. Dies reicht für die Anwendungen nicht aus, daher sollen in diesem Paragraphen weitere Funktionen eingeführt werden. Das Hilfsmittel dazu sind die Potenzreihen, die man als direkte Verallgemeinerung der Polynome auffassen kann (unendliche statt endliche Summen über Vielfache von Potenzen von x). Damit kann dann die Exponentialfunktion definiert werden und mit deren Hilfe die Kreis- und Hyperbelfunktionen (sowie die Umkehrfunktionen). Diese Funktionen bezeichnet man als elementare Funktionen im Gegensatz zu komplizierteren, die man auch gelegentlich betrachten muß.

I. Potenzreihen

Bei Potenzreihen ist es nützlich, als Variable sogleich komplexe Werte z zuzulassen, zumal damit die Betrachtungen sogar klarer werden. Um nicht später einige Definitionen für andere Funktionenreihen wiederholen zu müssen, wird ein Teil der Definitionen allgemein gefaßt.

9.1. Definition: a) Es sei M eine Punktmenge aus $\mathbb{C}$ und $\mathcal{F} = \{u \mid u : M \to \mathbb{C}\}$ die Menge der auf M erklärten komplexwertigen Funktionen. Es sei $(u_n)_{n \in \mathbb{N} \cup \{0\}}$ eine Funktionenfolge aus $\mathcal{F}$ und $\Sigma\, u_n$ eine Funktionenreihe. K sei die Menge der Konvergenzpunkte von $\Sigma\, u_n$, d. h. die Menge der $z \in M$, für die $\Sigma\, u_n(z)$ konvergiert. Die Reihe heißt auf K *punktweise konvergent.*

b) Ist speziell $u_n(z) = a_n(z-z_o)^n$, $a_n \in \mathbb{C}$, so heißt $\Sigma\, a_n(z-z_o)^n$ *Potenzreihe* um den Punkt z_o. Bei reellen Potenzreihen $\Sigma\, a_n(x-x_o)^n$ wird $a_n \in \mathbb{R}$ vorausgesetzt.

Man untersucht mit einer Funktionenreihe gleichzeitig das Konvergenzverhalten der Folge der Partialsummen, so daß gewisse der nachstehenden Aussagen auch für Funktionenfolgen gültig sind. Da bei einer Potenzreihe der Punkt z_o im allgemeinen keine Rolle spielt und durch $z - z_o = z'$ leicht $z_o = 0$ erreicht werden kann, wird stets $z_o = 0$ angenommen.

9.2. Satz: a) Zu jeder Potenzreihe $\Sigma\, a_n z^n$ gibt es eine Zahl r mit $0 \leq r \leq \infty$, so daß die Reihe für $|z| < r$ absolut konvergiert und für $|z| > r$ divergiert. r heißt daher *Konvergenzradius*. Für $|z| = r$ ist keine allgemeine Aussage möglich.

$r = \infty$ bedeutet, daß die Reihe für alle $z \in \mathbb{C}$ konvergiert.

b) $\Sigma\, na_n z^n$ und $\Sigma\, \dfrac{a_n}{n+1}\, z^n$ haben denselben Konvergenzradius wie

$\Sigma\, a_n z^n$.

Der Teil b) ist Vorbereitung auf die spätere Differentiation und Integration von Potenzreihen. $\{\,|z| < r\,\}$ heißt Konvergenzkreis.

Beweis: a) Da in einer Potenzreihe für $z = 0$ nur das erste Glied von Null verschieden ist, ist 0 sicher Konvergenzpunkt. Daher existiert

$$r = \sup\{\,|\,z\,|\;|\;\Sigma\, a_n z^n \text{ konvergent}\},$$

und die Reihe divergiert für $|\,z\,| > r$ (falls $r \neq \infty$), für $r = 0$ gibt es nur den trivialen Konvergenzpunkt $z = 0$. Sei also $0 < r$, dann existiert nach Definition des Supremums zu jedem z mit $|\,z\,| < r$ ein Konvergenzpunkt ζ mit $|\,z\,| < |\,\zeta\,| \leq r$. Nach Hilfssatz 7.17a gilt dann $|\,a_n\, \zeta^n\,| \to 0$ und die Folge $(\,|\,a_n\,\zeta^n\,|\,)_{n\in\mathbb{N}}$ ist beschränkt, es sei C eine Schranke. Es folgt

$$|\,a_n z^n\,| = |\,a_n \zeta^n\,|\;|\tfrac{z}{\zeta}|^n \leq C\,|\tfrac{z}{\zeta}|^n$$

für alle n. Nach dem Majorantenkriterium 7.20 hat man absolute Konvergenz von $\Sigma\, a_n z^n$, da die geometrische Reihe (Beispiel 7.16c) mit $q = |\,\tfrac{z}{\zeta}\,| < 1$ konvergiert.

b) Es sei r der Konvergenzradius von $\Sigma\, a_n z^n$ und r' der von

$\Sigma\, na_n z^n$, r'' der von $\Sigma\, \dfrac{a_n}{n+1}\, z^n$.

Ist $|\,z\,| < r$, so hat man nach den obigen Überlegungen

$$|\,na_n z^n\,| \leq n\, C\, |\tfrac{z}{\zeta}|^n.$$

Die Majorante $\Sigma n\,|\tfrac{z}{\zeta}|^n$ konvergiert aber für $|\tfrac{z}{\zeta}| < 1$, wie man sich mit Hilfe des Quotientenkriteriums 7.21 leicht überlegt, also $r \leq r'$.

Ist $|\,z\,| < r'$, so ist $|a_n z^n| \leq |na_n z^n|$ für $n \geq 1$, also ist $\Sigma\, a_n z^n$ absolut konvergent und somit $r' \leq r$, woraus $r = r'$ folgt.

Entsprechend beweist man $r = r''$.

Bevor Beispiele betrachtet werden, sollen einige einfache Eigenschaften von Potenzreihen gezeigt werden, insbesondere auch die Stetigkeit im Innern des Konvergenzkreises.

9.3. Satz: Der Konvergenzradius von $\Sigma\, a_n z^n$ ist

$$\text{a)} \qquad r = \frac{1}{\lim\limits_{n\to\infty}\,^n\!\sqrt{|a_n|}} \qquad (\text{dabei } \tfrac{1}{0} = \infty \text{ und } \tfrac{1}{\infty} = 0)$$

b) $\quad r = \lim\limits_{n \to \infty} \left| \dfrac{a_n}{a_{n+1}} \right|,$

falls diese Grenzwerte existieren.

Beweis: a) ergibt sich durch Anwendung des Wurzelkriteriums 7.22.

Es ist $\sqrt[n]{|a_n z^n|} = |z| \sqrt[n]{|a_n|}$ und $\lim\limits_{n \to \infty} \sqrt[n]{|a_n z^n|} = |z| \lim\limits_{n \to \infty} \sqrt[n]{|a_n|}$.

Konvergenz liegt vor, wenn die rechte Seite < 1 ist, Divergenz für $r > 1$, also ist $r = 1/\lim\limits_{n \to \infty} \sqrt[n]{|a_n|}$, falls der Grenzwert $\neq 0, \infty$ ist. Ist er 0, so konvergiert die Reihe für alle z, also $r = \infty$. Ist der Grenzwert ∞, so konvergiert die Reihe nur für $z = 0$, also $r = 0$.

b) folgt durch entsprechende Anwendung des Quotientenkriteriums 7.21.

9.4. Hilfssatz (*Rechenregeln für Potenzreihen*): Sind

$$f(z) = \sum_{n=0}^{\infty} a_n z^n \quad \text{und} \quad g(z) = \sum_{n=0}^{\infty} b_n z^n$$

Potenzreihen mit den Konvergenzradien r_f bzw. r_g, so gilt:

a) Für $|z| < \min\{r_f, r_g\}$

$$f(z) + g(z) = \sum_{n=0}^{\infty} (a_n + b_n) z^n.$$

b) Für $|z| < r_f$ und $c \in \mathbb{C}$

$$cf(z) = \sum_{n=0}^{\infty} c a_n z^n$$

c) Für $|z| < \min\{r_f, r_g\}$

$$f(z) g(z) = \sum_{n=0}^{\infty} \left(\sum_{k=0}^{n} a_k b_{n-k} \right) z^n$$

Beweis: a) und b) ergeben sich sofort aus den entsprechenden Regeln für konvergente Reihen 7.17b.

c) Sind f_n bzw. g_n die Partialsummen der beiden Reihen, so kann man diese als Polynome in der gewünschten Form ausmultiplizieren:

$$f_n(z) g_n(z) = \sum_{j=0}^{n} \left(\sum_{k=0}^{j} a_{j-k} b_k \right) z^j + \sum_{j=n+1}^{2n} \left(\sum_{k=j-n}^{n} a_{j-k} b_k \right) z^j$$

Ist nun $|z| < |\zeta| < \text{Min}\{r_f, r_g\}$, so sei M eine obere Schranke für die Folgen $(|a_n \zeta^n|)$ und $(|b_n \zeta^n|)$. Für die zweite Summe rechts ergibt sich dann

$$|R_n| : = |\sum_{j=n+1}^{2n} (\sum_{k=j-n}^{n} a_{j-k} b_k) z^j|$$

$$\leq \sum_{j=n+1}^{2n} (\sum_{k=j-n}^{n} |a_{j-k} \zeta^{j-k}| \, |b_k \zeta^k|) |\frac{z}{\zeta}|^j$$

$$\leq M^2 \sum_{j=n+1}^{2n} j \, |\frac{z}{\zeta}|^j.$$

Die letzte Reihe ist aber für $|\frac{z}{\zeta}| < 1$ konvergent, also gilt $R_n \to 0$ für $n \to \infty$. Damit folgt wegen $f_n(z) g_n(z) \to f(z) g(z)$

$$f(z) g(z) = \sum_{j=0}^{\infty} (\sum_{k=0}^{j} a_{j-k} b_k) z^j$$

für alle z mit $|z| < \text{Min} \{r_f, r_g\}$. Der Konvergenzradius der Produktreihe kann also höchstens größer sein als das Minimum von r_f und r_g.

Schließlich soll noch die Stetigkeit untersucht werden, wozu etwas mehr über die Konvergenz bekannt sein muß.

9.5. Definition: K sei die Menge der Konvergenzpunkte von $u = \Sigma u_n$.
Die Reihe *konvergiert gleichmäßig* in K', K' $\subseteq$ K, falls

$$|u(z) - \sum_{j=0}^{n} u_j(z)| < \epsilon \text{ für } n > N$$

gleichzeitig für alle $z \in K'$.

Die Annäherung der Grenzfunktion soll also für alle $z \in K'$ gleichmäßig gut sein. Es gilt dann

9.6. Satz: Ist $u = \sum_{n=0}^{\infty} u_n$ in K' gleichmäßig konvergent, und sind die u_n in K' stetig, so ist u in K stetig.

Beweis: Es sei s_n die n-te Partialsumme. Dann gilt für $z, z_o \in K'$ und
$$|u(z) - s_n(z)| < \epsilon \text{ für } n > N:$$
$$|u(z) - u(z_o)| \leq |u(z) - s_n(z)| + |s_n(z) - s_n(z_o)| + |s_n(z_o) - u(z_o)| <$$
$$< 2\epsilon + |s_n(z) - s_n(z_o)|$$
für $n > N$. Die s_n sind als endliche Summe stetiger Funktionen stetig, also
$|s_n(z) - s_n(z_o)| < \epsilon$ für $|z - z_o| < \delta_n$.
Es folgt mit festem $n_o > N$
$$|u(z) - u(z_o)| < 3\epsilon$$
für $|z - z_o| < \delta_{n_o}$, somit ist u stetig in z_o.

Das Majorantenkriterium 7.20 bietet eine Möglichkeit, die gleichmäßige Konvergenz zu prüfen, dies wird dann sofort auf Potenzreihen angewandt:

9.7. Satz: Eine Reihe $\Sigma\, u_n$ konvergiert gleichmäßig auf einer Menge K, wenn es eine konvergente Reihe $\Sigma\, b_n$ mit konstanten Gliedern $b_n \geqq 0$ gibt, so daß

$$|\,u_n\,(z)\,| \leqq b_n \text{ für alle n und alle } z \in K.$$

Beweis: Es sei s_n die Partialsumme von $\Sigma\, u_n, t_n$ die von $\Sigma\, b_n$. Dann gilt für $m > n$

$$|\,s_m(z) - s_n(z)\,| = |\, \sum_{k=n+1}^{m} u_n(z)\,|$$

$$\leqq \sum_{k=n+1}^{m} b_n = t_m - t_n.$$

Der letzte Ausdruck wird natürlich unabhängig von z klein, so daß alles bewiesen ist.

9.8. Folgerung: $\Sigma\, a_n z^n$ besitze einen Konvergenzradius $r \neq 0$. Dann konvergiert die Reihe für jedes $\rho < r$ gleichmäßig in dem Kreis $\{|z| \leqq \rho\}$. Insbesondere ist also eine Potenzreihe im Innern des Konvergenzkreises stetig.

Beweis: Da die Reihe für $z = \rho$ absolut konvergiert, ist für $|z| \leqq \rho$ $\Sigma\, |a_n|\, \rho^n$ eine von z unabhängige, konvergente Majorante. Also ist die Reihe gleichmäßig konvergent und stetig für $|\,z\,| \leqq \rho$. Da ρ beliebig nahe an r gewählt werden kann, ist die Reihe für alle z mit $|\,z\,| < r$ stetig.

9.9. Beispiele:

a) Die geometrische Reihe $\Sigma\, z^n$ hat den Konvergenzradius 1, da alle $a_n = 1$ und daher $\sqrt[n]{|\,a_n\,|} \to 1$.

b) Für $\alpha \in \mathbb{R}$ hat die *binomische Reihe*

$$\Sigma\, \binom{\alpha}{n}\, z^n$$

den Konvergenzradius 1, falls nicht $\alpha \in \mathbb{N}$; im letzteren Fall handelt es sich um ein Polynom, da $\binom{\alpha}{n} = 0$ für $n > \alpha$. Sei $\alpha \notin \mathbb{N}$, dann ist

$$\frac{a_n}{a_{n+1}} = \frac{\binom{\alpha}{n}}{\binom{\alpha}{n+1}} = \frac{\alpha(\alpha-1)\ \ldots\ (\alpha-n+1)}{n!}\ \frac{(n+1)!}{\alpha(\alpha-1)\ \ldots\ (\alpha-n)} =$$

$$= \frac{n+1}{\alpha-n} \to -1$$

für $n \to \infty$, also ist $r = 1$.

c) $\Sigma\, \dfrac{z^n}{n}$ hat den Konvergenzradius 1, da $\dfrac{a_n}{a_{n+1}} = \dfrac{n+1}{n} \to 1$.

II. Exponentialfunktionen und Logarithmus

9.10. Definition:

$$\exp z := e^z := \sum_{n=0}^{\infty} \frac{z^n}{n!}$$

heißt Exponential- oder e-Funktion. Sie ist für alle $z \in \mathbb{C}$ erklärt und stetig, da der Konvergenzradius

$$r = \lim_{n \to \infty} \frac{(n+1)!}{n!} = \lim_{n \to \infty} (n+1) = \infty$$

ist.

Daß die sehr wichtige Exponentialfunktion gerade durch diese Reihe dargestellt wird, kann erst mit der Taylorreihe nach Definition 10.16 motiviert werden. Allerdings zeigt die nachstehend bewiesene Funktionalgleichung, daß e^z wirklich die üblichen Eigenschaften einer Potenz hat. Setzt man die Rechenregeln mit Potenzen und Wurzeln voraus — sie werden weiter unten bewiesen —, so legt die Funktionalgleichung $f(x+y) = f(x) f(y)$ für eine Funktion $f : \mathbb{R} \to \mathbb{R}$ und alle $x, y \in \mathbb{R}$ die Funktion f fest, wenn zusätzlich $f(0) = 1$, $f(1) = e$ und die Stetigkeit verlangt wird. $e^0 = 1$ liest man aus der Reihe ab, $e^1 = e$ wird in Beispiel 11.5g gezeigt und die Stetigkeit ist bei einer Potenzreihe gegeben. Die Eindeutigkeit von f zeigt man so:

Mit Induktion nach n folgt $f(n) = [f(1)]^n = e^n$ für $n \in \mathbb{N}$, aus $f(p) f(-p) = f(0) = 1$ ergibt sich $f(p) = e^p$ für $p \in \mathbb{Z}$.

Schließlich liefert $e^p = f(p) = f(\frac{p}{q} q) = [f(\frac{p}{q})]^q$ noch $f(\frac{p}{q}) = e^{\frac{p}{q}}$. Für irrationale x folgt $f(x) = e^x$ aus der Stetigkeit.

9.11. Satz (*Funktionalgleichung der Exponentialfunktion*): Für alle

$$z, \zeta \in \mathbb{C} \quad \text{gilt} \quad e^{z+\zeta} = e^z e^\zeta.$$

Beweis: Wegen der Wichtigkeit der Exponentialfunktion soll der Beweis durchgeführt werden. Da es sich um unendliche Reihen handelt, liegt eigentlich eine Grenzwertgleichung vor. Es sei s_n die n-te Partialsumme der e-Reihe und die Behauptung ist mit $s_n(z+\zeta) - s_n(z) s_n(\zeta) \to 0$ gleichwertig. Diese Differenz soll nun umgeformt werden:

$$s_n(z+\zeta) = \sum_{k=0}^{n} \frac{1}{k!} \sum_{j=0}^{k} \binom{k}{j} z^j \zeta^{k-1}.$$

In der Summe wird über alle Paare $(k, j) = (0, 0), (1, 0), (1, 1), \ldots, (n, 0), (n, 1), \ldots, (n, n)$ summiert, vertauscht man die Summationsreihenfolge, so läuft k jeweils von j bis n:

$$s_n(z+\zeta) = \sum_{j=0}^{n} \frac{z^j}{j!} \sum_{k=j}^{n} \frac{\zeta^{k-1}}{(k-j)!} = \sum_{j=0}^{n} \frac{z^j}{j!} \sum_{m=0}^{n-j} \frac{\zeta^m}{m!},$$

dabei ist $k - j = m$ gesetzt worden. Also hat man

$$s_n(z+\zeta) - s_n(z)\, s_n(\zeta) = -\sum_{j=1}^{n} \frac{z^j}{j!} \sum_{m=n-j+1}^{n} \frac{\zeta^m}{m!}.$$

Nach Beispiel 7.6e ist $\left(\frac{|2\xi|^m}{m!}\right)_{m \in \mathbb{N}}$ eine Nullfolge, daher beschränkt (Hilfssatz 7.12b), C sei eine Schranke. Es folgt

$$\frac{|\xi|^m}{m!} \leqq C\,2^{-m}$$

für alle m und

$$|\sum_{m=n-j+1}^{n} \frac{\zeta^m}{m!}| \leqq C \sum_{m=n-j+1}^{n} 2^{-m} \leqq C\,2^{-n+j}.$$

Damit wird

$$|s_n(z+\zeta) - s_n(z)\, s_n(\zeta)| \leqq \frac{C}{2^n} \sum_{j=0}^{n} \frac{|2z|^j}{j!} \leqq \frac{C}{2^n}\, e^{|2z|}$$

und die rechte Seite konvergiert mit $n \to \infty$ gegen Null.

9.12. Hilfssatz: a) Für alle $x \in \mathbb{R}$ ist $e^x > 0$, speziell $e^0 = 1$.

b) e^x ist in $\mathbb{R}$ streng monoton wachsend.

c) e^x wächst für $x \to \infty$ schneller als jede Potenz von x, d. h. für alle $n \in \mathbb{N}$ gilt

$$\lim_{x \to \infty} \frac{x^n}{e^x} = 0.$$

Speziell gilt $e^x \to \infty$ für $x \to \infty$ und $e^x \to 0$ für $x \to -\infty$.

Beweis: a) $e^0 = 1$ ist offensichtlich, für $x > 0$ sind alle Glieder der Potenzreihe positiv, also $e^x > 1$. Damit ergibt sich aus der Funktionalgleichung für $x > 0$

$$e^{-x} = \frac{e^0}{e^x} = \frac{1}{e^x} > 0 \text{ und } < 1.$$

b) Für $x < x'$ ist

$$e^{x'} = e^{x'-x+x} = e^{x'-x} e^x > e^x$$

nach dem Beweis von a).

c) Für $x > 0$ ergibt sich aus der Potenzreihe $e^x > \frac{x^{n+1}}{(n+1)!}$,

also

$$0 < x^n e^{-x} < \frac{(n+1)!}{x},$$

die rechte Seite wird für $x \to \infty$ beliebig klein. Damit gilt speziell auch $e^{-x} \to 0$ für $x \to \infty$, also $e^x = \frac{1}{e^{-x}} \to \infty$.

Nach dem Zwischenwertsatz 8.8 nimmt e^x alle Werte im Intervall $]0, \infty[$ an, nach Satz 8.9 existiert die ebenfalls stetige und monoton wachsende Umkehrfunktion (diese nur im Reellen!):

9.13. Definition: Die Umkehrfunktion von $\exp : \mathbb{R} \to]0, \infty[$ heißt *natürlicher Logarithmus*:

$$\ln :]0, \infty[\to \mathbb{R}$$

In der mathematischen Literatur wird statt ln meist log gebraucht.

Für die Graphen von exp und ln ergibt sich die folgende Skizze:

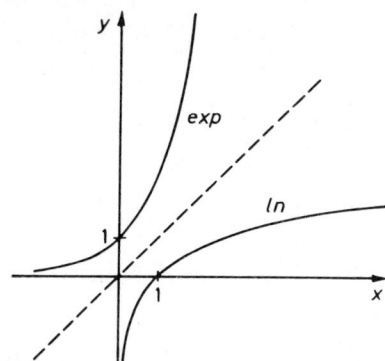

Abb. 9.1

Aus den Eigenschaften von exp lassen sich entsprechende Aussagen für ln herleiten.

9.14. Hilfssatz: a) Für alle x, y > 0 ist
$$\ln(x\,y) = \ln x + \ln y.$$

b) ln ist streng monoton wachsend mit $\ln 1 = 0$, ferner gilt $\ln x \to -\infty$ für $x \to 0+$ und $\ln x \to \infty$ für $x \to \infty$.

c) ln wächst für $x \to \infty$ schwächer als jede Potenz von x, d. h. für alle $n \in \mathbb{N}$ gilt

$$\lim_{x \to \infty} \frac{\ln x}{x^n} = 0, \text{ außerdem } \lim_{x \to 0} x^n \ln x = 0.$$

Beweis: a) Man setze $a = \ln x$ und $b = \ln y$, dann ist
$$e^{a+b} = e^a e^b$$

oder
$$a+b = \ln(e^a e^b),$$

woraus durch Einsetzen folgt
$$\ln x + \ln y = \ln(xy).$$

104

b) Ergibt sich aus Satz 8.9 und Hilfssatz 9.12a, b.

c) Man setze $y = \ln x$ und erhält

$$\frac{\ln x}{x^n} = \frac{y}{e^{ny}} \to 0 \quad \text{für } y \to \infty, \text{ also } x \to \infty,$$

analog folgt die zweite Behauptung.

Mit Hilfe von exp und ln können jetzt die allgemeine Potenz und der allgemeine Logarithmus definiert werden:

9.15. Definition: Für festes $a > 0$ sei

$${}^a\exp : \mathbb{R} \to \,]0, \infty\,[$$

definiert durch ${}^a\exp x := a^x := e^{x \ln a}$. Die Umkehrfunktion (ihre Existenz ergibt sich für $a \neq 1$ aus dem nächsten Hilfssatz und Satz 8.9) heißt *Logarithmus zur Basis a*:

$${}^a\log : \,]0, \infty\,[\,\to \mathbb{R}, \quad a \neq 1.$$

Die üblichen Logarithmentafeln verwenden den Logarithmus zur Basis 10.

9.16. Hilfssatz: a) ${}^a\exp$ und ${}^a\log$ sind für $0 < a < 1$ streng monoton fallend, für $1 < a$ streng monoton wachsend und für $a = 1$ ist ${}^1\exp$ konstant.

b) Für alle $x, y \in \mathbb{R}$ ist

$$a^{x+y} = a^x a^y$$

und für $x, y > 0$

$${}^a\log(x\,y) = {}^a\log x + {}^a\log y.$$

c) Für $a > 1$ gilt ${}^a\exp x \to \infty$ für $x \to \infty$, ${}^a\exp x \to 0$ für $x \to -\infty$, ${}^a\ln x \to \infty$ für $x \to \infty$, ${}^a\ln x \to -\infty$ für $x \to 0+$.

Für $a < 1$ vertauschen sich die Grenzwerte. Es ist stets

$${}^a\exp 0 = 1, \quad {}^a\log 1 = 0.$$

d) Für $x, y \in \mathbb{R}$ gilt

$$(a^x)^y = a^{xy}$$

und für $x, y > 0$

$${}^a\log(x^y) = y \, {}^a\log x.$$

Beweis: Siehe Aufgabe 9.3.

III. Kreisfunktionen

Diese heißen auch trigonometrische oder zyklometrische Funktionen:

9.17. Definition: Die Funktionen $\sin : \mathbb{C} \to \mathbb{C}$ (gelesen: Sinus) und $\cos : \mathbb{C} \to \mathbb{C}$ (gelesen: Cosinus) seien definiert durch

$$\sin z = \sum_{n=0}^{\infty} \frac{(-1)^n}{(2n+1)!} z^{2n+1}$$

$$\cos z = \sum_{n=0}^{\infty} \frac{(-1)^n}{(2n)!} z^{2n} \;.$$

Beide Reihen haben den Kovergenzradius ∞; man setzt in $\frac{(\sin z)}{z}$ und $\cos z$ dazu $z^2 = \zeta$ und erhält mit dem Quotientenkriterium 9.3b die Konvergenz für alle ζ, also auch für alle z.

Es sei bemerkt, daß $\sin(-z) = -\sin z$ und $\cos(-z) = \cos z$, solche Funktionen nennt man ungerade bzw. gerade.

Daß sich gerade diese Reihen für sin und cos ergeben, beruht auf dem nachfolgenden Hilfssatz: Die Zerlegung von e^{ix} in Real- und Imaginärteil liefert zwei Funktionen, die den Funktionalgleichungen unter c) genügen. Diese Funktionalgleichungen legen sin und cos ähnlich wie bei der Exponentialfunktion fest, wenn man noch gewisse Normierungen und die Stetigkeit verlangt.

9.18. Hilfssatz: a) Für alle z gilt

$$e^{iz} = \cos z + i \sin z, \quad \sin z = \frac{e^{iz} - e^{-iz}}{2i}, \quad \cos z = \frac{e^{iz} + e^{-iz}}{2} \;.$$

b) Für alle $n \in \mathbb{Z}$ und alle z gelten die Moivreschen Formeln

$(\cos z + i \sin z)^n = \cos nz + i \sin nz$ (vgl. Hilfssatz 3.10d).

c) Für alle z, ζ gilt

$\sin^2 z + \cos^2 z = 1$,
$\sin(z+\zeta) = \sin z \cos \zeta + \cos z \sin \zeta$,
$\cos(z+\zeta) = \cos z \cos \zeta - \sin z \sin \zeta$.

Beweis: a) $e^{iz} = \sum_{n=0}^{\infty} \frac{(iz)^n}{n!} =$

$$= \sum_{k=0}^{\infty} \frac{(iz)^{2k}}{(2k)!} + i \sum_{k=0}^{\infty} \frac{i^{2k} z^{2k+1}}{(2k+1)!} = \cos z + i \sin z$$

wegen $i^{2k} = (-1)^k$. Wegen $e^{-iz} = \cos z - i \sin z$ erhält man sofort die angegebenen Ausdrücke für sin z und cos z.

b) $(\cos z + i \sin z)^n = (e^{iz})^n = e^{inz} = \cos nz + i \sin nz$.

c) $1 = e^{iz}e^{-iz} = (\cos z + i \sin z)(\cos z - i \sin z)$

$= \cos^2 z + \sin^2 z$.

Ferner ist

$e^{\pm i\,(z+\zeta)} = e^{\pm iz}e^{\pm i\zeta}$

$= (\cos z \pm i \sin z)(\cos \zeta \pm i \sin \zeta)$

$= \cos z \cos \zeta - \sin z \sin \zeta \pm i\,(\sin z \cos \zeta + \cos z \sin \zeta),$

woraus sich durch Addition bzw. Subtraktion sofort die Behauptungen ergeben.

Nun sollen sin und cos auf der reellen Achse noch näher untersucht werden. Die Verbindung mit der üblichen Definition in der Schule kann allerdings erst in Kap. 16 mit Hilfe der Integralrechnung hergestellt werden.

9.19. Hilfssatz: a) Für reelle $x \in \,] 0, \sqrt{6}\,[$ ist $\sin x > 0$, während cos in diesem Intervall mindestens eine Nullstelle hat, die kleinste Nullstelle des cos in diesem Intervall wird $\frac{\pi}{2}$ genannt (das ist eine Definition von π).

b) Für alle $z \in \mathbb{C}$ gilt .

$\sin\left(z + \frac{\pi}{2}\right) = \cos z, \qquad \cos\left(z + \frac{\pi}{2}\right) = -\sin z$

$\sin(z + \pi) = -\sin z, \quad \cos(z + \pi) = -\cos z$

$\sin(z + 2\pi) = \sin z, \qquad \cos(z + 2\pi) = \cos z.$

Die letzte Eigenschaft heißt Periodizität: sin und cos sind periodisch mit der Periode 2π.

c) Es ist $\cos 0 = \sin \frac{\pi}{2} = 1$, $\sin 0 = \sin \pi = \cos \frac{\pi}{2} = \cos \frac{3\pi}{2} = 0$,

$\cos \pi = \sin \frac{3}{2}\pi = -1$. cos ist im Intervall $[0, \pi]$ streng monoton fallend, in $[\pi, 2\pi]$ streng monoton wachsend. Für sin gelten diese Eigenschaften mit einer Verschiebung um $\frac{\pi}{2}$, also fallend in $[\frac{\pi}{2}, \frac{3\pi}{2}]$ und wachsend in $[-\frac{\pi}{2}, \frac{\pi}{2}]$. Die angegebenen Nullstellen sind die einzigen in $[0, 2\pi[$.

Damit ergibt sich folgende Skizze für den Graphen

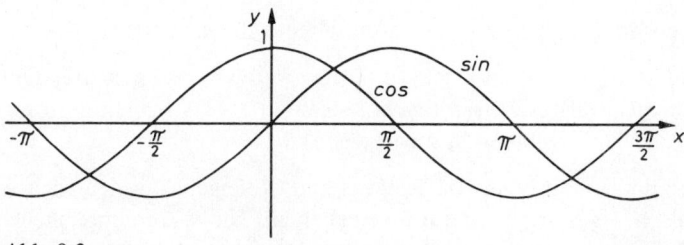

Abb. 9.2

Beweis: a) Die Reihen für $\frac{\sin x}{x}$ und $\cos x$ sind für $x > 0$ alternierend.

Die Beträge der Reihenglieder sind

$$\frac{x^{2n}}{(2n+1)!} \quad \text{bzw.} \quad \frac{x^{2n}}{(2n)!} \ ,$$

sie nehmen mit n monoton ab für

$$x^2 \leqq (2n+2)\,(2n+3) \quad \text{bzw.} \quad x^2 \leqq (2n+1)\,(2n+2).$$

Da man erst mit n = 1 zu beginnen braucht, sind die Voraussetzungen des Leibnizschen Kriteriums 7.18 für $x^2 \leqq 12$ oder $0 < x \leqq 2\sqrt{3}$ gegeben: Das erste weggelassene Glied der Potenzreihe gibt eine Schranke für den Fehler an. Es ist daher

$$\frac{\sin x}{x} > 1 - \frac{x^2}{6} \quad \text{bzw.} \quad \cos x < 1 - \frac{x^2}{2} + \frac{x^4}{24}$$

für $0 < x < 2\sqrt{3}$. Daraus liest man speziell $\sin x > 0$ für $x^2 < 6$ oder $0 < x < \sqrt{6}$ und $\cos \sqrt{6} < 1 - 3 + 1{,}5 < 0$ ab. Nach dem Zwischenwertsatz 8.8 hat cos wegen $\cos 0 = 1$ mindestens eine Nullstelle im Intervall $]0, \sqrt{6}[$.

b) Nach 9.18c und Teil a) ist $\sin \frac{\pi}{2} = 1$ und damit

$$\sin\,(z + \tfrac{\pi}{2}) = \sin z \cos \tfrac{\pi}{2} + \cos z \sin \tfrac{\pi}{2} = \cos z$$

$$\cos\,(z + \tfrac{\pi}{2}) = \cos z \cos \tfrac{\pi}{2} - \sin z \sin \tfrac{\pi}{2} = -\sin z.$$

Die weiteren Aussagen ergeben sich entsprechend.

c) $\cos 0 = \sin \frac{\pi}{2} = 1$ ist bereits gezeigt, $\sin 0 = 0$ war Definition, der Rest ergibt sich aus b).

Zu zeigen bleiben die Monotonieaussagen. Es seien $x, x' \in [0, \frac{\pi}{2}]$ mit $x' = x + \Delta$, $\Delta > 0$, damit ist $0 < \Delta \leqq \frac{\pi}{2}$. Man erhält aus 9.18c

$$\cos x' = \cos x \cos \Delta - \sin x \sin \Delta.$$

Nach Teil a) sind $\sin x$, $\sin \Delta > 0$; wegen $\cos^2 \Delta + \sin^2 \Delta = 1$ und $\cos 0 = 1$ muß $0 \leqq \cos \Delta \leqq 1$ gelten, also zusammen (für $x > 0$, x = 0 ist direkt klar)

$$\cos x' < \cos x \cos \Delta \leqq \cos x.$$

Damit ist cos in $[0, \frac{\pi}{2}]$ streng monoton fallend, sin also streng monoton wachsend.

Wegen $\cos\,(x + \frac{\pi}{2}) = -\sin x$ ist cos im Intervall $[\frac{\pi}{2}, \pi]$ auch streng monoton fallend und nicht positiv, insgesamt ist cos also in $[0, \pi]$ streng monoton fallend. Die weiteren Aussagen ergeben sich sofort aus b).

Nun folgen die Definitionen von Tangens und Cotangens mit den wichtigsten Eigenschaften. Da sin und cos nur im Reellen auf Nullstellen untersucht wurden, wird die Definition nur dort gegeben.

9.20. Definition:

$$\tan : \mathbb{R} - \{\tfrac{2n+1}{2} \pi | n \in \mathbb{Z}\} \quad \text{mit} \quad \tan x = \frac{\sin x}{\cos x}$$

$$\cot : \mathbb{R} - \{n \pi \mid n \in \mathbb{Z}\} \quad \text{mit} \quad \cot x = \frac{\cos x}{\sin x}$$

Als Quotienten stetiger Funktionen sind tan und cot in ihrem Definitionsbereich stetig (Satz 8.5b).

9.21. Hilfssatz: a) tan und cot sind periodisch mit der Periode π.

tan ist im Intervall $]-\frac{\pi}{2}, \frac{\pi}{2}[$ streng monoton wachsend mit $\tan x \to -\infty$ für $x \to -\frac{\pi}{2} +$ und $\tan x \to \infty$ für $x \to \frac{\pi}{2} -$. cot ist im Intervall $]0, \pi[$ streng monoton fallend mit $\cot x \to \infty$ für $x \to 0 +$ und $\cot x \to -\infty$ für $x \to \pi -$.

b) $\tan (x + \frac{\pi}{2}) = - \cot x$ für $x \neq n\pi, n \in \mathbb{Z}$

$\cot (x + \frac{\pi}{2}) = - \tan x$ für $x \neq (n + \frac{1}{2}) \pi, n \in \mathbb{Z}$.

c) $\tan (x+y) = \frac{\tan x + \tan y}{1 - \tan x \tan y}$ für $x, y, x+y \neq (n + \frac{1}{2}) \pi, n \in \mathbb{Z}$.

$\cot (x + y) = \frac{\cot x \cot y - 1}{\cot x + \cot y}$ für $x, y, x+y \neq n\pi, n \in \mathbb{Z}$.

Es ergibt sich folgende Skizze für die Graphen

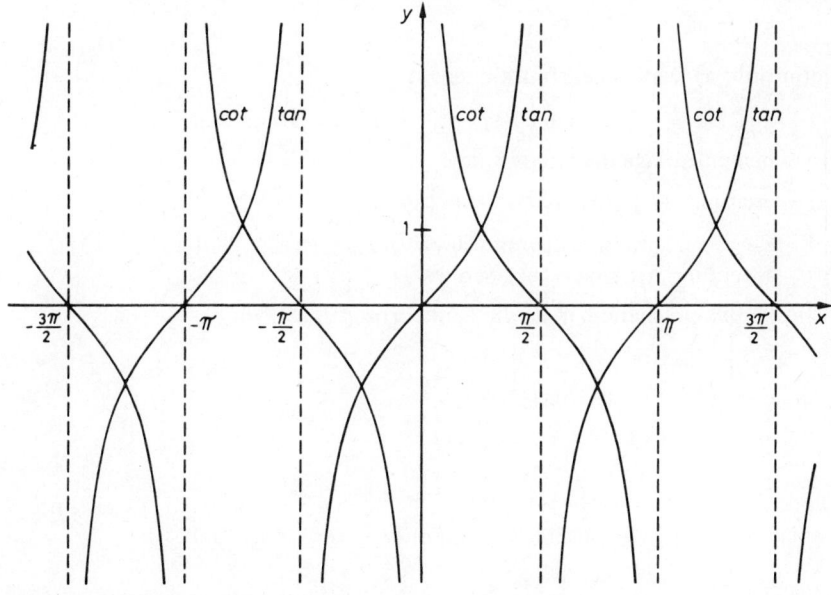

Abb. 9.3

Beweis: a) $\tan(x+\pi) = \frac{\sin(x+\pi)}{\cos(x+\pi)} = \frac{-\sin x}{-\cos x} = \tan x$,

entsprechend für cot. Im Intervall $[0, \frac{\pi}{2}[$ sind sin streng monoton wachsend und cos fallend, tan also streng monoton wachsend. Im Intervall $]-\frac{\pi}{2}, \frac{\pi}{2}]$ ist $\tan x \leq 0$ und cos wachsend, $-\sin$ streng monoton fallend, $-\tan$ also fallend, daher tan in $]-\frac{\pi}{2}, \frac{\pi}{2}[$ streng monoton wachsend. Entsprechendes gilt für cot. Schließlich geht $\sin x \to 1$ für $x \to \frac{\pi}{2}-$, $\cos x \to 0$ mit positiven Werten, so daß tan über alle Grenzen wächst. Für $x \to -\frac{\pi}{2}+$ geht $\sin x \to -1$ und $\cos x \to 0$ mit positiven Werten, so daß der Quotient jetzt gegen $-\infty$ geht. Entsprechendes gilt für cot.

b) $\tan(x + \frac{\pi}{2}) = \frac{\cos x}{-\sin x} = -\cot x$, entsprechend $\cot(x + \frac{\pi}{2}) = -\tan x$ für $x \neq n\pi$ bzw. $\neq (n + \frac{1}{2})\pi$.

c) Nach Satz 9.19c sind $\cos x$, $\cos y$, $\cos(x+y) \neq 0$ für x, y, $(x+y) \neq (n + \frac{1}{2})\pi$, daher folgt (entsprechend für cot)

$$\tan(x+y) = \frac{\sin(x+y)}{\cos(x+y)} = \frac{\sin x \cos y + \cos x \sin y}{\cos x \cos y - \sin x \sin y} = \frac{\tan x + \tan y}{1 - \tan x \tan y}.$$

Gemäß Satz 8.9 existieren zu den Kreisfunktionen in den Monotonieintervallen die Umkehrfunktionen, die dort stetig sind und das gleiche Monotonieverhalten haben. Diese Umkehrfunktionen (Arcusfunktionen) sollen jetzt noch kurz betrachtet werden.

9.22. Definition: a) Die Umkehrfunktionen von

$$\sin : [(n - \frac{1}{2})\pi, (n + \frac{1}{2})\pi] \to [-1, 1], n \in \mathbb{Z},$$

heißen Zweige des Arcus Sinus:

$$\text{arc sin}_n : [-1, 1] \to [(n - \frac{1}{2})\pi, (n + \frac{1}{2})\pi].$$

Für $n = 0$ spricht man vom Hauptwert des arc sin, der häufig zur Unterscheidung Arc sin geschrieben wird.

b) Entsprechend heißen die Umkehrfunktionen von

$$\cos : [n\pi, (n+1)\pi] \to [-1, 1], n \in \mathbb{Z},$$

Zweige des Arcus Cosinus:

$$\text{arc cos}_n : [-1, 1] \to [n\pi, (n+1)\pi].$$

Da durch die Beziehung $\sin(x + \frac{\pi}{2}) = \cos x$ die obigen Restriktionen von sin mit der Nummer $n + 1$ und von cos mit der Nummer n verbunden sind, gilt

$$\text{arc sin}_{n+1} x = \text{arc cos}_n x + \frac{\pi}{2}.$$

Weiter ist $\sin(x + n\pi) = \sin x$ für gerades $n = 2k$, so daß man ähnlich

$$\text{arc } \sin_{2k} x = \text{Arc } \sin x + 2k\pi$$

hat und für ungerades $n = 2k + 1$ wegen $\sin(x + n\pi) = -\sin x$

$$\text{arc } \sin_{2k+1} x = -\text{Arc } \sin x + (2k + 1)\pi.$$

Damit sind alle Zweige von arc sin und arc cos auf Arc sin zurückgeführt. Bei Verwendung solcher Arcusfunktionen ist größte Vorsicht am Platze, da man darauf achten muß, nicht den Zweig zu wechseln. Es ergibt sich die folgende Skizze für den Graphen:

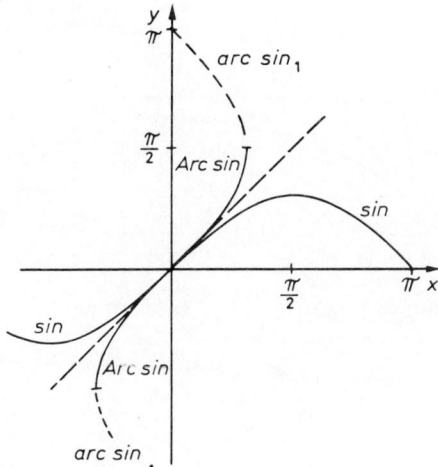

Abb. 9.4

Entsprechendes soll noch für den Arcus Tangens angegeben werden (für den Arcus Cotangens ist alles analog):

9.23. Definition: Die Umkehrfunktionen von

$$\tan: \,] (n - \tfrac{1}{2})\pi, \ (n + \tfrac{1}{2})\pi \,[\ \to \ ]-\infty, \infty[, \ n \in \mathbb{Z},$$

heißen Zweige des Arcus Tangens:

$$\text{arc } \tan_n: \,]-\infty, \infty[\ \to \ ](n - \tfrac{1}{2})\pi, (n + \tfrac{1}{2})\pi\,[.$$

Für $n = 0$ spricht man vom Hauptwert, Schreibweise: Arc tan.

Wegen $\tan(x + n\pi) = \tan x$ ergibt sich

$$\text{arc } \tan_n x = \text{Arc } \tan x + n\pi,$$

so daß man sich auf den Hauptwert beschränken kann. Als Skizze für den Graphen erhält man

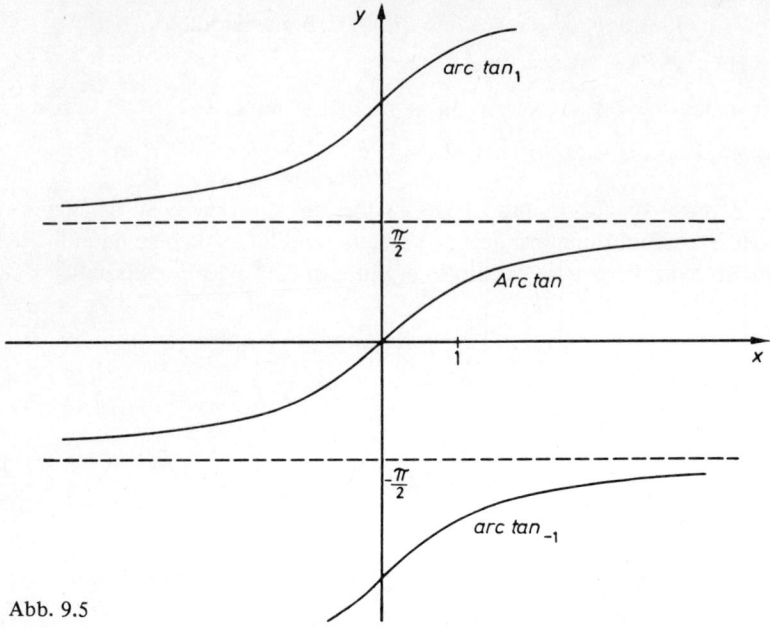

arc tan₁

$\frac{\pi}{2}$

Arc tan

1

x

$-\frac{\pi}{2}$

arc tan₋₁

Abb. 9.5

Bei Rechnungen (Additionstheorem, s. Aufgabe 9.7) ist sehr auf den verwendeten Zweig zu achten.

IV. Hyperbelfunktionen

Der Vollständigkeit halber seien noch die gelegentlich verwendeten Hyperbelfunktionen angegeben:

9.24. Definition:

$$\sinh \ : \mathbb{R} \to \mathbb{R} \ \text{mit} \ \sinh x = \frac{e^x - e^{-x}}{2}$$

$$\cosh \ : \mathbb{R} \to \mathbb{R} \ \text{mit} \ \cosh x = \frac{e^x + e^{-x}}{2}$$

$$\tanh \ : \mathbb{R} \to \mathbb{R} \ \text{mit} \ \tanh x = \frac{\sinh x}{\cosh x}$$

$$\coth \ : \mathbb{R} - \{0\} \to \mathbb{R} \ \text{mit} \ \coth x = \frac{\cosh x}{\sinh x}.$$

Die Bezeichnungen werden „Sinus hyperbolicus" usw. gelesen. cosh ist eine gerade Funktion, die anderen drei sind ungerade, alle Funktionen sind im Definitionsbereich stetig. Daher kann man sich auf die Untersuchung des Verhaltens für $x > 0$ beschränken. Bei cosh und sinh überwiegt dort $\frac{1}{2}e^x$, es gilt also $\cosh x \to \infty$, $\sinh x \to \infty$ für $x \to \infty$ und $\cosh x \to \infty$, $\sinh x \to -\infty$ für $x \to -\infty$; ferner ist $\cosh 0 = 1$, $\sinh 0 = 0$. Die Definition von sinh und cosh gelten auch in $\mathbb{C}$.

112

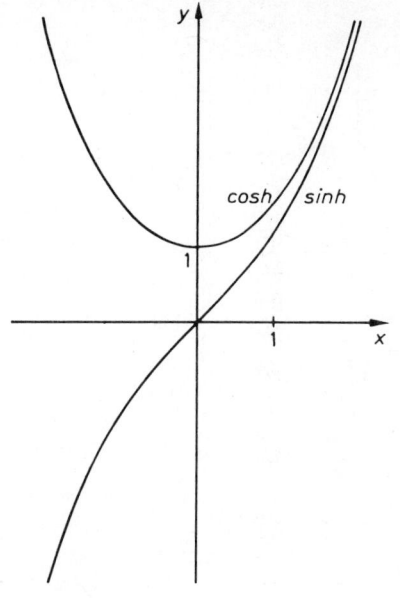

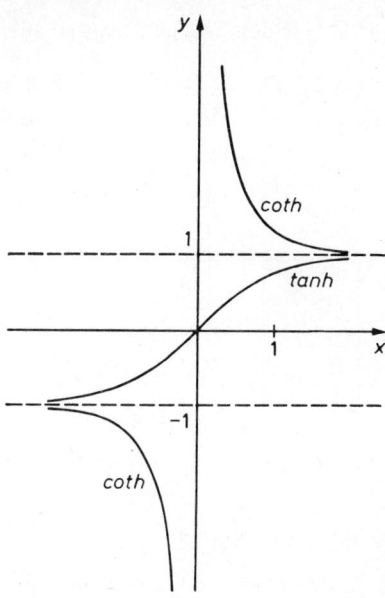

Abb. 9.6   Abb. 9.7

Der Graph von cosh wird auch als Kettenlinie bezeichnet, da unter dem Einfluß der Schwerkraft eine Kette in einer solchen Kurve durchhängt.

Für die beiden anderen Funktionen hat man

$| \tanh x | < 1$, $| \coth x | > 1$ für alle x, $\tanh x = \frac{1-e^{-2x}}{1+e^{-2x}} = 1 + o\,(1)$

für $x \to \infty$, entsprechend $\tanh x = -1 + o\,(1)$ für $x \to -\infty$, $\tanh 0 = 0$.

coth x hat für $x \to \pm\infty$ dieselben Grenzwerte, ferner

$\coth x \to \infty$ für $x \to 0\,+$, $\coth x \to -\infty$ für $x \to 0\,-$.

Für die Umkehrfunktionen gilt:

9.25. Definition: Die Umkehrfunktion von sinh : $\mathbb{R} \to \mathbb{R}$ heißt Area Sinus hyperbolicus

area sinh : $\mathbb{R} \to \mathbb{R}$,

die von cosh : $[1, \infty[\to [1, \infty[$ heißt Area Cosinus hyperbolicus

area cosh : $[1, \infty[\to [0, \infty[$,

der andere Zweig von area cosh unterscheidet sich nur im Vorzeichen. Entsprechend hat man

area tanh : $]-1, 1[\to \mathbb{R}$
area coth : $]-\infty, -1\,[\,\cup\,]\,1, \infty[\to \mathbb{R} - \{0\}$.

Die Skizze der Graphen sieht so aus:

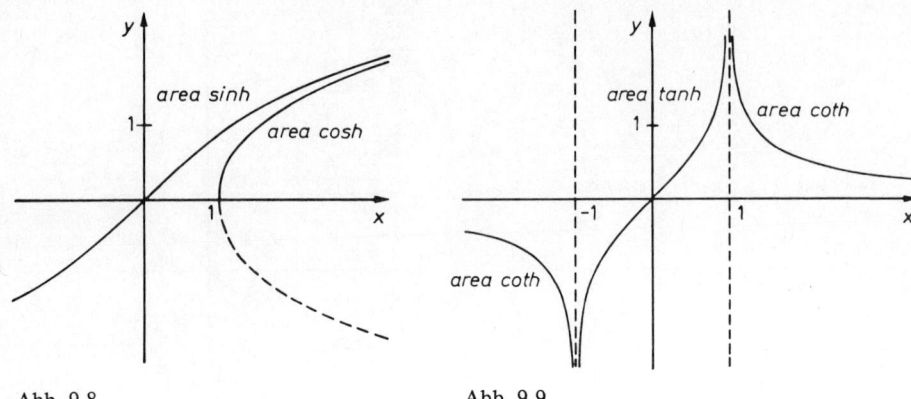

Abb. 9.8   Abb. 9.9

Aufgaben zu Kap. 9:

1. Man bestimme den Konvergenzradius der Potenzreihen

    $\sum a_n z^n$ mit

    a) $a_n = c^n$, $c \in \mathbb{C}$; b) $a_n = \frac{1}{(n+1)(n+2)}$; c) $a_n = \frac{(-1)^n n!}{n^n}$;

    d) $a_n = \frac{2^{2n+2}}{\sqrt{n-1}}$; e) $a_n = n^2 2^{-n^2}$; f) $a_n = 2^{\frac{n}{3}} n^{-6}$.

2. Man zeige die gleichmäßige Konvergenz der Reihen

    a) $\sum x^3 e^{-nx}$ für $x \geqq 0$, b) $\sum \frac{1}{n^2} \sin nx$ für $x \in \mathbb{R}$.

3. Man beweise den Hilfssatz 9.16.

4. Man beweise

    a) $(^a\log b)(^b\log a) = 1$ für alle $a, b > 0$,

    b) $^a\log x = \frac{\ln x}{\ln a}$ für alle $x > 0, a > 0$ und $a \neq 1$.

5. Man beweise

    a) $e^z \neq 0$ für alle $z \in \mathbb{C}$,

    b) $\sin z \neq 0$, $\cos z \neq 0$ für alle $z \in \mathbb{C}, z \notin \mathbb{R}$.

6. Man beweise jeweils für $x \to 0$

    a) $\frac{\sin x}{x} = 1 + o(x)$; b) $\frac{1 - \cos x}{x^2} = \frac{1}{2} + o(x)$; c) $\frac{\tan x}{x} = 1 + o(x)$;

    d) $x \cot x = 1 + o(x)$.

114

7. Man beweise das Additionstheorem des Arc tan

$$\text{Arc tan } \frac{x + y}{1 - xy} = \text{Arc tan } x + \text{Arc tan } y$$

und gebe die notwendigen Einschränkungen für x und y an.

8. Man drücke sin und cos jeweils durch tan aus und diskutiere die Formeln an den Unendlichkeitsstellen von tan.

9. Man gebe die Potenzreihen um $x_0 = 0$ für sinh und cosh an.

10. Man beweise die folgenden Additionstheoreme der Hyperbelfunktionen:

a) $\cosh^2 z - \sinh^2 z = 1$ für $z \in \mathbb{C}$,

b) $\cosh (z + \zeta) = \cosh z \cosh \zeta + \sinh z \sinh \zeta$
$\sinh (z + \zeta) = \sinh z \cosh \zeta + \cosh z \sinh \zeta$ für $z, \zeta \in \mathbb{C}$,

c) $\tanh (x + y) = \frac{\tanh x + \tanh y}{1 + \tanh x \tanh y}$ für $x, y \in \mathbb{R}$.

11. Man beweise die strenge Monotonie von sinh auf $\mathbb{R}$ und von cosh auf $[0, \infty[$.

12. Man stelle area sinh und area tanh unter Verwendung von ln dar.

13. Man beweise $(1 + x)^{\frac{1}{x}} = e + o\,(1)$ für $x \to 0$. Hinweis: Man wähle $n \in \mathbb{N}$ so, daß $n \leqq \frac{1}{x} < n + 1$ und schließe $(1 + x)^{\frac{1}{x}}$ zwischen zwei gegen e konvergierende Folgen ein.

14. Man beweise $\frac{a^x - 1}{x} = \ln a + o\,(1)$ für $x \to 0$ und alle $a > 0$.

10. Differentialrechnung

In diesem Kapitel soll das für die Anwendungen wichtigste Hilfsmittel bei der Untersuchung von Funktionen behandelt werden: die Differentiation. Die Differenzierbarkeit einer Funktion sagt viel mehr aus als die in Kap. 8 untersuchte Stetigkeit und stellt ein weit handlicheres Hilfsmittel dar. Das nächste Kapitel ist Anwendungen der Differentialrechnung gewidmet und hat den Charakter einer Beispielsammlung zu diesem Kapitel.

Auf das Problem der Differentiation wird man bei der Bestimmung der Geschwindigkeit eines sich ungleichförmig und auf einer Kurve bewegenden Massenpunktes geführt, auch historisch war dies bei Newton der Anlaß zur Entwicklung des Begriffes der Differentiation. Bewegt sich der Massenpunkt gleichförmig auf einer Geraden, so ergibt sich die Geschwindigkeit einfach als Quotient aus zurückgelegter Strecke und dazu benötigter Zeit. Für eine allgemeine Bewegung sucht man in jedem Zeitpunkt durch eine genügend gute Approximation mit einer geradlinig gleichförmigen Bewegung eine momentane Geschwindigkeit zu definieren. Dies läuft geometrisch auf die Bestimmung einer Geraden hinaus, die die Bahnkurve im untersuchten Punkt möglichst gut approximiert, eine solche Gerade nennt man Tangente.

Diese Methode der „Linearisierung" oder Betrachtung der „ersten Näherung" nichtlinearer Vorgänge ist ein insbesondere in den Anwendungen häufig verwendetes Hilfsmittel zur Untersuchung komplizierter Probleme. Die nachfolgende Definition der Differenzierbarkeit läßt sich wörtlich auf Abbildungen zwischen höherdimensionalen Räumen übertragen (z. B. wird die Bahn eines Massenpunktes im Raum durch eine Abbildung eines Zeitintervalles $[t_0, t_1]$ in den $\mathbb{R}^3$ beschrieben). Darin liegt eine Stärke dieser Formulierung.

10.1. Definition: a) Es sei I ein Intervall in $\mathbb{R}$ und f zumindest in I definiert. f heißt in $x_0 \in I$ *differenzierbar*, wenn es eine affine Funktion $f(x_0) + a(x-x_0)$ gibt, so daß für $x \in I$

$$f(x) = f(x_0) + a(x-x_0) + o(x-x_0) \text{ für } x \to x_0.$$

a heißt *Differentialquotient* oder *Ableitung* von f in x_0. Schreibweise:

$$a = f'(x_0) = \frac{df(x)}{dx}\Big|_{x=x_0} \qquad \text{usw.}$$

b) Die für $x \in \mathbb{R}$ durch $(x, g(x))$ mit $g(x) = f(x_0) + f'(x_0)(x-x_0)$ beschriebene Gerade heißt *Tangente* im Punkt x_0 an die durch $(x, f(x))$ für $x \in I$ beschriebene Kurve.

c) Bei Beschränkung auf $x > x_0$ bzw. $x < x_0$ erhält man den rechtsseitigen bzw. linksseitigen Differentialquotienten in $x_0 : f'_+(x_0)$ bzw. $f'_-(x_0)$.

Der nächste Satz wird zeigen, daß die Zahl a in der approximierenden affinen Funktion $f(x_0) + a(x-x_0)$ eindeutig ist. Für alle anderen Werte von a hätte das Restglied die Größenordnung von $(x-x_0)$, während für $a = f'(x_0)$ das Restglied die Größenordnung $o(x-x_0)$ hat, also relativ zu $a(x-x_0)$ zu vernachlässigen ist. Dies ist der entscheidende Gesichtspunkt bei der Approximation: Der Fehler soll relativ vernachlässigt werden dürfen.

Vor den Beispielen sollen einige einfache Eigenschaften und die Rechenregeln für Differentialquotienten aufgeführt werden. Der zweite Teil des Kapitels ist globalen Eigenschaften differenzierbarer Funktionen gewidmet (Mittelwertsatz), während im letzten Teil höhere Ableitungen betrachtet werden (Taylorformel und -reihe).

10.2. Hilfssatz: a) Wenn f in x_0 differenzierbar ist, so ist f in x_0 auch stetig.

b) f kann höchstens einen Differentialquotienten in x_0 haben.

c) $f'(x_0)$ kann als Grenzwert geschrieben werden:

$$f'(x_0) = \lim_{x \to x_0} \frac{f(x) - f(x_0)}{x - x_0}.$$

Dies ist eine der üblichen Einführungen des Differentialquotienten.

Beweis: a) Da $x - x_0 = o(1)$ für $x \to x_0$, folgt
$f(x) = f(x_0) + ao(1) + o_1(1) o(1) = f(x_0) + o_2(1)$,
also die Stetigkeit nach Satz 8.4.

b) Hätte f zwei Differentialquotienten a und b in x_0 mit $a \neq b$, so würde
$f(x) = f(x_0) + a(x-x_0) + o_1(x-x_0) = f(x_0) + b(x-x_0) + o_2(x-x_0)$
gelten oder (Satz 8.4)

$$(a-b)(x-x_0) = o(x-x_0)$$

$$a - b = o(1).$$

Die letzte Aussage führt aber für $x \to x_0$ auf einen Widerspruch, die Annahme zweier verschiedener Differentialquotienten ist falsch.

c) Division der Definitionsgleichung durch $x - x_0$ ergibt die Behauptung.

10.3. Satz (*Rechenregeln für Differentialquotienten*):

a) Es seien f und g in x_0 differenzierbar, dann gilt

$(f+g)'(x_0) = f'(x_0) + g'(x_0)$,

$(cf)'(x_0) = cf'(x_0)$ für alle $c \in \mathbb{R}$,

$(fg)'(x_0) = f(x_0) g'(x_0) + f'(x_0) g(x_0)$,

$(\frac{f}{g})'(x_0) = \frac{1}{g^2(x_0)} (g(x_0) f'(x_0) - g'(x_0) f(x_0))$ für $g(x_0) \neq 0$.

b) (*Differentiation der Umkehrfunktion*) Es sei f in einem Intervall I stetig und streng monoton sowie in $x_0 \in I$ differenzierbar mit

$f'(x_0) \neq 0$. Dann ist die Umkehrfunktion g in $f(x_0)$ differenzierbar mit

$$g'(f(x_0)) = \frac{1}{f'(x_0)}.$$

c) (*Kettenregel*) Es sei f differenzierbar in x_0 und g differenzierbar in $f(x_0)$. Dann ist $g \circ f$ differenzierbar in x_0 und es gilt

$$(g \circ f)'(x_0) = g'(f(x_0))\, f'(x_0).$$

Beweis: a) Die Behauptungen folgen sofort aus den Voraussetzungen

$$f(x) = f(x_0) + f'(x_0)(x-x_0) + o_1(x-x_0)$$
$$g(x) = g(x_0) + g'(x_0)(x-x_0) + o_2(x-x_0)$$

und den Rechenregeln für $o(1)$ des Satzes 8.4. Daher soll hier nur der komplizierteste Fall der Differentiation eines Quotienten ausgeführt werden (für das Produkt siehe Aufgabe 10.6). Dazu soll

$$\frac{1}{g(x)} = \frac{1}{g(x_0)} - \frac{g'(x_0)}{g^2(x_0)}(x-x_0) + o(x-x_0)$$

bewiesen werden, der Fall f/g ergibt sich dann aus der Produktregel.

Es ist

$$\frac{1}{g(x)} - \frac{1}{g(x_0)} + \frac{g'(x_0)}{g^2(x_0)}(x-x_0) = \frac{g^2(x_0) - g(x)g(x_0) + g(x)g'(x_0)(x-x_0)}{g(x)g^2(x_0)}$$

und mit der obigen Voraussetzung für g

$$= \frac{-g(x_0)o_2(x-x_0) + g'(x_0)^2(x-x_0)^2 + g'(x_0)o_2((x-x_0)^2)}{g(x)g^2(x_0)}.$$

Wegen $(x-x_0)^2 = o_3(x-x_0)$ folgt weiter aus Satz 8.4

$$= \frac{o_4(x-x_0)}{g(x)} = o(x-x_0).$$

b) Wegen der strengen Monotonie von f existiert nach Satz 8.9 die stetige Umkehrfunktion g. Wegen der Differenzierbarkeit von f in x_0 gilt

$$f(x) = f(x_0) + f'(x_0)(x-x_0) + o_1(x-x_0).$$

Setzt man $x = g(y)$ ein, so erhält man $o_1(1) \circ g = o_2(1)$ für $y \to f(x_0)$ nach Satz 8.5e, damit folgt

$$y = f(x_0) + (f'(x_0) + o_2(1))(g(y) - x_0).$$

Nach Satz 8.4d ist $f'(x_0) + o_2(1) \neq 0$ in einer geeigneten Umgebung von $f(x_0)$, daher ergibt sich weiter

$$g(y) - x_0 = \frac{y - f(x_0)}{f'(x_0) + o_2(1)}$$

$$= (y - f(x_0)) \left(\frac{1}{f'(x_0)} - \frac{o_2(1)}{f'(x_0)(f'(x_0) + o_2(1))}\right)$$

oder nach Satz 8.4

$$g(y) = x_0 + \frac{1}{f'(x_0)}(y - f(x_0)) + o_3(y - f(x_0))$$

für $y \to f(x_0)$. Das ist die Behauptung.

c) Vorausgesetzt ist

$$f(x) = f(x_0) + f'(x_0)(x - x_0) + o_1(x - x_0) \quad \text{für } x \to x_0$$

$$g(y) = g(f(x_0)) + g'(f(x_0))(y - f(x_0)) + o_2(y - f(x_0)) \quad \text{für } y \to f(x_0).$$

Einsetzen der ersten Zeile in die zweite mittels $y = f(x)$ ergibt

$$g(f(x)) = g(f(x_0)) + g'(f(x_0)) [f'(x_0)(x - x_0) + o_1(x - x_0)] +$$

$$+ [f'(x_0)(x - x_0) + o_1(x - x_0)] o_3(1).$$

Das Einsetzen der stetigen Funktion $y = f(x)$ in $o_2(1)$ ergibt nach Satz 8.5c ein $o_3(1)$ für $x \to x_0$. Nach den Regeln von Satz 8.4 erhält man dann sofort für $x \to x_0$

$$g(f(x)) = g(f(x_0)) + g'(f(x_0)) f'(x_0)(x - x_0) + o(x - x_0).$$

10.4. Beispiele:
Es soll nun die Differentiation bei den bisher behandelten Funktionen und Funktionenklassen untersucht werden.

a) Für $f : \mathbb{R} \to \mathbb{R}$ mit $f(x) = x^n$ liefert Beispiel 8.6c

$$x^n = x_0^n + n x_0^{n-1}(x - x_0) + o(x - x_0),$$

also $f'(x_0) = n x_0^{n-1}$. Speziell für eine konstante Funktion ist $f' = 0$.

Zusammen mit Satz 10.3a ergibt sich für ein Polynom $P(x) = \sum\limits_{k=0}^{n} a_k x^k$

$$P'(x) = \sum\limits_{k=1}^{n} k a_k x^{k-1}.$$

Rationale Funktionen sind gleichfalls nach Satz 10.3a in ihrem Definitionsbereich (Nenner $\neq$ Null) differenzierbar.

b) Als Beispiel für eine Treppenfunktion sei $f : \mathbb{R} \to \mathbb{R}$ mit

$$f(x) = \begin{cases} 0 & \text{für } |x| > 1 \\ 1 & \text{für } |x| \leq 1 \end{cases}$$

betrachtet. Offenbar ist $f'(x) = 0$ für $x \neq \pm 1$, in den Sprungstellen existieren je nach Wahl des Funktionswertes rechts- oder linksseitige Ableitungen, die auch Null sind; hier ist $f'_+(-1) = 0$ und $f'_-(1) = 0$.

c) $f : \mathbb{R} \to \mathbb{R}$ mit $f(x) = |x|$ ist für $x \neq 0$ differenzierbar mit $f'(x) = \pm 1$ für $x \gtrless 0$. Im Nullpunkt erhält man wegen $f(x) = -x$ für $x < 0$ die linksseitige Ableitung $f'_-(0) = -1$ und ebenso $f'_+(0) = 1$. Eine Ableitung selbst existiert jedoch nicht; man kann eine Stelle, an der eine stetige Funktion verschiedene rechts- und linksseitige Ableitungen besitzt, eine *Ecke* nennen.

d) Für eine Potenzreihe $f(x) = \sum\limits_{n=0}^{\infty} a_n x^n$ mit einem Konvergenzradius $r \neq 0$ kann die Ableitung innerhalb des Konvergenzkreises durch gliedweise Differentiation gewonnen werden:

$$f'(x) = \sum_{n=1}^{\infty} n a_n x^{n-1}.$$

Die abgeleitete Reihe hat denselben Konvergenzradius.

Die letzte Aussage ist bereits in Satz 9.2b bewiesen worden. Um zu zeigen, daß die gliedweise abgeleitete Reihe $f'(x)$ darstellt, sei $\max\{|x|, |x_0|\} \leqq \rho < r$, es ist

$$x^n - x_0^n = (x-x_0)(x^{n-1} + x^{n-2}x_0 + \ldots + x_0^{n-1})$$

$$= n x_0^{n-1}(x-x_0) + (x-x_0)\sum_{k=1}^{n-1}(x^{n-k}x_0^{k-1} - x_0^{n-1})$$

$$= n x_0^{n-1}(x-x_0) + (x-x_0)^2 \sum_{k=1}^{n-1} x_0^{k-1}(x^{n-k-1} + x^{n-k-2}x_0 + \ldots + x_0^{n-k-1})$$

Die letzte Summe werde durch $s_n(x, x_0)$ abgekürzt, man erhält sofort $|s_n(x, x_0)| \leqq \leqq (n-1)\frac{n}{2}\rho^{n-2}$ und damit

$$f(x) = f(x_0) + (x-x_0)\sum_{n=1}^{\infty} n a_n x_0^{n-1} + (x-x_0)^2 \sum_{n=2}^{\infty} a_n s_n(x, x_0).$$

Alle Reihen konvergieren absolut, für die letzte Reihe gilt dies wegen der obigen Abschätzung; damit ist die gewünschte Darstellung gewonnen.

e) Nach dem vorigen Beispiel ist

$$(e^x)' = \sum_{n=1}^{\infty} \frac{n}{n!} x^{n-1} = \sum_{k=0}^{\infty} \frac{x^k}{k!} = e^x \quad \text{für alle } x \in \mathbb{R}.$$

f) Nach Satz 10.3b folgt aus dem vorigen Beispiel

$$(\ln x)' = \frac{1}{e^{\ln x}} = \frac{1}{x} \quad \text{für } x > 0.$$

Damit ist auch nach Satz 10.3c

$$(a^x)' = (e^{x \ln a})' = a^x \ln a \quad \text{für alle } x \in \mathbb{R}$$

und nach Aufgabe 9.4b

$$({}^a\log x)' = \frac{1}{x \ln a} \quad \text{für } x > 0.$$

g) Aus dem Beispiel d) folgt für alle $x \in \mathbb{R}$

$$(\sin x)' = \sum_{n=0}^{\infty} \frac{(-1)^n}{(2n+1)!}(2n+1) x^{2n} = \cos x,$$

$$(\cos x)' = \sum_{n=1}^{\infty} \frac{(-1)^n}{(2n)!}(2n) x^{2n-1} = -\sum_{k=0}^{\infty} \frac{(-1)^k}{(2k+1)!} x^{2k+1} = -\sin x.$$

Nach Satz 10.3a folgt weiter für $x \neq (n + \frac{1}{2})\pi$, $n \in \mathbb{Z}$,

$$(\tan x)' = \frac{\cos x \cos x + \sin x \sin x}{\cos^2 x} = \frac{1}{\cos^2 x} = 1 + \tan^2 x$$

und für $x \neq n\pi$, $n \in \mathbb{Z}$,

$$(\cot x)' = -\frac{1}{\sin^2 x} = -1 - \cot^2 x.$$

h) Für die Arcusfunktionen verwenden wir wieder Satz 10.3b:

$$(\text{arc } \sin_n x)' = \frac{1}{\cos(\text{arc } \sin_n x)}.$$

Nach Definition 9.22a liegen die Werte von arc $\sin_n$ im Intervall $[(n - \frac{1}{2})\pi, (n + \frac{1}{2})\pi]$, dort hat cos das Vorzeichen $(-1)^n$, also ist dort

$$(\text{arc } \sin_n x)' = \frac{(-1)^n}{+\sqrt{1-x^2}} \quad \text{für } |x| < 1.$$

Insbesondere für den Hauptwert Arc sin gilt

$$(\text{Arc } \sin x)' = \frac{1}{+\sqrt{1-x^2}} \quad \text{für } |x| < 1.$$

Die einzelnen Zweige des Arcustangens unterscheiden sich nach Definition 9.23 nur um eine Konstante, die beim Differenzieren wegfällt, daher ist

$$(\text{arc } \tan_n x)' = (\text{Arc } \tan x)' = \frac{1}{1 + \tan^2 (\text{Arc } \tan x)} = \frac{1}{1 + x^2} \quad \text{für } x \in \mathbb{R}.$$

i) Für die Ableitungen der Hyperbelfunktionen und ihrer Umkehrungen wird auf die Aufgaben 10.4, 5 verwiesen, es gilt

$$(\sinh x)' = \cosh x, \quad (\cosh x)' = \sinh x,$$

$$(\tanh x)' = \frac{1}{\cosh^2 x} = 1 - \tanh^2 x$$

$$(\coth x)' = -\frac{1}{\sinh^2 x} = 1 - \coth^2 x.$$

Es soll nun etwas über in einem Intervall differenzierbare Funktionen ausgesagt werden, dazu brauchen wir

10.5. Definition: Für eine Funktion $f : I \to \mathbb{R}$ in einem Intervall I heißt ein Punkt $x_o \in I$ *relatives Extremum* (*Maximum* bzw. *Minimum*), wenn es ein

Intervall $[a, b] \subseteq I$ mit $x_0 \in \,] a, b \, [$ gibt, so daß $f(x) \leq f(x_0)$ bzw. $f(x) \geq f(x_0)$ für alle $x \in [a, b]$ gilt.

10.6. Hilfssatz: Hat $f : I \to \mathbb{R}$ in x_0 ein relatives Extremum und ist f in x_0 differenzierbar, so ist $f'(x_0) = 0$.

Beweis: Es ist $f(x) = f(x_0) + f'(x_0)(x - x_0) + o(x - x_0)$.

Ist $f'(x_0) \neq 0$, so gilt $|o(1)| < \frac{1}{2}|f'(x_0)|$ für $|x - x_0| < \delta$ und daher

$$f(x) = f(x_0) + [f'(x_0) + o(1)](x - x_0) \underset{(<)}{>} f(x_0)$$

für $\mathrm{sgn}(x - x_0) \underset{(\mp)}{=} \mathrm{sgn} \, f'(x_0)$ (sgn steht für Vorzeichen: Signum). Also kann x_0 in diesem Fall kein relatives Extremum sein. Mithin muß für ein relatives Extremum $f'(x_0) = 0$ sein.

10.7. Satz (*Rolle*): $f : [a, b] \to \mathbb{R}$ sei in $[a, b]$ stetig und in $\,] a, b \, [$ differenzierbar. Ist ferner $f(a) = f(b)$, so gibt es einen Punkt $\xi \in \,] a, b \, [$ mit $f'(\xi) = 0$.

Beweis: Ist f konstant, so ist $f' = 0$ und ξ kann jeder Punkt aus $\,] a, b \, [$ sein. f nimmt als stetige Funktion nach Satz 8.10 sein Maximum und Minimum in $[a, b]$ an, ist f nicht konstant, muß mindestens einer der beiden Extremwerte in einem Punkt $\xi \in \,] a, b \, [$ angenommen werden, also ein relatives Extremum sein; nach dem letzten Hilfssatz ist $f'(\xi) = 0$.

10.8. Mittelwertsatz: $f : [a, b] \to \mathbb{R}$ sei in $[a, b]$ stetig und in $\,] a, b \, [$ differenzierbar. Dann gibt es ein $\xi \in \,] a, b \, [$ mit

$$f'(\xi) = \frac{f(b) - f(a)}{b - a}.$$

Dies ist ein recht wichtiger Satz, der es gestattet, aus Eigenschaften der Ableitung auf Eigenschaften der Funktion zu schließen. Seine geometrische Bedeutung liegt darin, daß es einen Punkt ξ gibt, in dem die Tangente parallel zu der Verbindungsgeraden der Punkte $(a, f(a))$ und $(b, f(b))$ ist (Abb. 10.1).

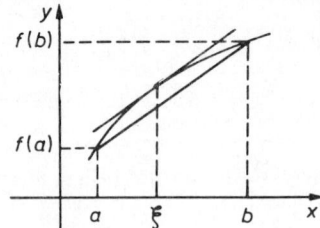

Abb. 10.1

Ersetzt man im Mittelwertsatz das Intervall $[a, b]$ durch ein Intervall $[x_0, x]$ (bzw. $[x, x_0]$), so schreibt er sich in der Form

$$f(x) = f(x_0) + (x - x_0) f'(\xi).$$

Hier ist zu sehen, daß er eine Approximation von f in einer der Definition der Differenzierbarkeit verwandten Form enthält. Häufig wird auch $\xi = x_0 + \Theta \, (x - x_0)$ mit $0 < \Theta < 1$ geschrieben (was natürlich gleichbedeutend ist).

Beweis: Es sei $g : [a, b] \to \mathbb{R}$ definiert durch

$g \, (x) = f \, (x) - \frac{f(b) - f(a)}{b - a} \, (x - a)$. Dann ist $g \, (a) = g \, (b) = f \, (a)$ und der Satz von Rolle liefert $f' \, (\xi) - \frac{f(b) - f(a)}{b - a} = 0$ für ein $\xi \in \,] \, a, b \, [$.

10.9. Folgerung: $f : [a, b] \to \mathbb{R}$ sei in $[a, b]$ stetig und in $] \, a, b \, [$ differenzierbar. Ist $f'(x) = 0$ für alle $x \in \,] \, a, b \, [$, so ist f konstant.

Beweis: Anwendung des Mittelwertsatzes auf das Intervall $[x_0, x]$ mit $x_0 = a$ und $x \in \,] \, a, b \,]$ liefert $f \, (x) = f \, (x_0)$.

10.10. Folgerung: $f : [a, b] \to \mathbb{R}$ sei in $[a, b]$ stetig und in $] \, a, b \, [$ differenzierbar. Ist dann $f'(x) > 0$ (bzw. < 0) für alle $x \in \,] \, a, b \, [$, so ist f in $[a, b]$ streng monoton wachsend (bzw. fallend).

Beweis: Wiederum Anwendung des Mittelwertsatzes auf das Intervall $[x_0, x]$ mit $x_0 = a$ und $x \in \,] \, a, b \,]$.

10.11. Beispiele:
a) Die letzte Folgerung ist ein einfaches Hilfsmittel für die Untersuchung einer Funktion auf Monotonie: $P_n(x) = x^n$ hat die Ableitung $P_n'(x) = n x^{n-1}$, diese ist > 0 für $x > 0$, also P_n dort streng monoton wachsend. Für $x < 0$ ist $P_n' < 0$ bzw. > 0 für n gerade bzw. ungerade, so daß P_n für $x < 0$ streng monoton wächst für ungerades n und fällt für gerades n.

b) Es ist $\ln \, (1 + x) \leqq x$ für $x > -1$ zu beweisen. Für $-1 < x \leqq 0$ ist die Funktion $f \, (x) = x - \ln \, (1 + x)$ wegen $f' \, (x) = 1 - \frac{1}{1 + x} < 0$ für $-1 < x < 0$ streng monoton fallend und für $x > 0$ wegen $f' \, (x) > 0$ streng monoton wachsend. Daher ist 0 das Minimum der Funktion und $f \, (x) \geqq f \, (0) = 0$.

Besitzt eine Funktion $f : I \to \mathbb{R}$ im ganzen Intervall I eine Ableitung, so kann man nach der Differenzierbarkeit von $f' : I \to \mathbb{R}$ fragen und gelangt so zur zweiten Ableitung. Wiederholung des Verfahrens liefert Ableitungen dritter und höherer Ordnung; Schreibweise: $f'', f''', \ldots, f^{(n)}$ bzw.

$\frac{d^2 f(x)}{dx^2}, \ldots, \frac{d^n f(x)}{dx^n}$. Die Existenz der Ableitungen höherer Ordnung gestattet die Approximation einer Funktion nicht nur durch lineare Funktionen, sondern auch durch Polynome höherer Ordnung. Man sagt, f ist in einem Intervall I *n-mal stetig differenzierbar*, wenn f in I stetige Ableitungen bis zur Ordnung n einschließlich besitzt.

10.12. Hilfssatz: $f : I \to \mathbb{R}$ sei gegeben, zu $x_0 \in I$ existiere ein Polynom P_n n–ten Grades, so daß für $x \in I$

$$f(x) = P_n(x-x_0) + o((x-x_0)^n) \text{ für } x \to x_0.$$

Dann ist P_n eindeutig bestimmt.

Für n=1 ist dies gerade die Definition der Differenzierbarkeit und die Aussage des Hilfssatzes entspricht Hilfssatz 10.2b. Man könnte die Darstellung von f auch zur Definition der n-maligen Differenzierbarkeit verwenden, was hier aber nicht durchgeführt werden soll.

Beweis: Wäre Q_n ein zweites Polynom mit der Eigenschaft des Satzes und $Q_n(x) = b_0 + \ldots + b_n x^n$, $P_n(x) = a_0 + \ldots + a_n x^n$, so wäre

$$b_0 - a_0 + (b_1 - a_1)(x-x_0) + \ldots + (b_n - a_n)(x-x_0)^n = o((x-x_0)^n).$$

Ist hier links $b_k - a_k \neq 0$ und $b_j - a_j = 0$ für $j < k$, so liefern die Division durch $(x-x_0)^k$ und der Grenzübergang $x \to x_0$ einen Widerspruch.

10.13. Satz (*Taylorsche Formel*): $f : [a, b] \to \mathbb{R}$ sei in $[a, b]$ n-mal stetig differenzierbar. Dann ist f für alle $x_0 \in \,]a, b[\,$ durch ein Polynom n-ten Grades approximierbar:

$$f(x) = f(x_0) + f'(x_0)(x-x_0) + \frac{f''(x_0)}{2!}(x-x_0)^2 + \ldots +$$

$$+ \frac{f^{(n)}(x_0)}{n!}(x-x_0)^n + R_n(x), \quad R_n(x) = o((x-x_0)^n).$$

Ist f überdies (n+1)-mal differenzierbar in $[a, b]$, so hat das Restglied $R_n(x)$ die Form

$$R_n(x) = \frac{(x-x_0)^{n+1}}{(n+1)!} f^{(n+1)}(\xi), \quad \xi = x_0 + \Theta(x-x_0)$$

für ein Θ mit $0 < \Theta < 1$ [*Restgliedform von Lagrange*]. Das approximierende Polynom heißt *Taylorpolynom*, es ist nach dem vorigen Hilfssatz eindeutig bestimmt.

Beweis: Man betrachte hilfsweise für $t \in [a, b]$ und $x_0 \in \,]a, b[$

$$G(t) = g(t) - g(x_0) \left(\frac{x-t}{x-x_0}\right)^n,$$

$$g(t) = f(x) - f(t) - (x-t)\frac{f'(t)}{1!} - (x-t)^2 \frac{f''(t)}{2!} - \ldots - (x-t)^{n-1} \frac{f^{(n-1)}(t)}{(n-1)!}.$$

g und G sind in $[a, b]$ differenzierbar und es gilt

$$g(x) = G(x) = G(x_0) = 0.$$

Die Anwendung des Satzes von Rolle auf G ergibt die Existenz eines ξ zwischen x und x_0 mit

$$0 = G'(\xi) = g'(\xi) + g(x_0) n \frac{(x-\xi)^{n-1}}{(x-x_0)^n}.$$

Wegen $g'(t) = -(x-t)^{n-1} \frac{f^{(n)}(t)}{(n-1)!}$ folgt $g(x_0) = \frac{f^{(n)}(\xi)}{n!}(x-x_0)^n$

und zusammen mit der Definition von g ergibt sich

$$f(x) = f(x_0) + (x-x_0)\frac{f'(x_0)}{1!} + \ldots + (x-x_0)^{n-1}\frac{f^{(n-1)}(x_0)}{(n-1)!} +$$

$$+ (x-x_0)^n \frac{f^{(n)}(\xi)}{n!}.$$

Wegen der Stetigkeit von $f^{(n)}$ ist

$$f^{(n)}(\xi) = f^{(n)}(x_0) + o(1) \quad \text{für } x \to x_0,$$

womit die erste Behauptung des Satzes bewiesen ist. Die Restgliedform bei (n+1)-maliger Differenzierbarkeit ist aus der Darstellung von f direkt ablesbar, wenn n durch n+1 ersetzt wird.

Die Beispiele und Anwendungen des Taylorpolynoms werden im wesentlichen erst im nächsten Kapitel gegeben. Hier sollen sich nur einige einfache Folgerungen anschließen.

10.14. Folgerung: Ist $f : [a, b] \to \mathbb{R}$ in $[a, b]$ n-mal stetig differenzierbar und gilt für ein $x_0 \in\,]a, b[$ $f'(x_0) = \ldots = f^{(n-1)}(x_0) = 0$, $f^{(n)}(x_0) \neq 0$, so besitzt f für gerades n ein relatives Extremum in x_0, und zwar für $f^{(n)}(x_0) > 0$ ein Minimum und für $f^{(n)}(x_0) < 0$ ein Maximum.

Ist n ungerade, so besitzt f sicher kein relatives Extremum in x_0.

Beweis: Die Taylorformel liefert

$$f(x) = f(x_0) + (x-x_0)^n \left[\frac{f^{(n)}(x_0)}{n!} + o(1)\right].$$

Für x nahe genug an x_0 hat die eckige Klammer ein festes Vorzeichen, dies gilt für gerades n auch für $(x-x_0)^n$, so daß man $f(x) > f(x_0)$ bzw. $< f(x_0)$ für $f^{(n)}(x_0) > 0$ bzw. < 0 erhält. Für ungerades n wechselt $(x-x_0)^n$ in x_0 das Vorzeichen, so daß sicher kein relatives Extremum vorliegt.

10.15. Beispiele:
a) Die Monotonieaussagen über die in Kap. 9 eingeführten elementaren Funktionen lassen sich jetzt an Hand der ersten und zweiten Ableitungen leicht nachprüfen.

b) Erweiterung der Bernoullischen Ungleichung 2.2 auf beliebige Exponenten ≥ 1:
Zu zeigen ist

$$(1+x)^{\alpha} \geq 1 + \alpha x \quad \text{für } x \geq -1 \text{ und } \alpha \geq 1.$$

Wir betrachten $f(x) = (1+x)^{\alpha} - 1 - \alpha x$, es ist $f'(x) = \alpha((1+x)^{\alpha-1} - 1$, also liegt bei $x = 0$ möglicherweise ein relatives Extremum vor. $f''(x) = \alpha(\alpha-1)(1+x)^{\alpha-2}$ ergibt $f''(0) > 0$ (für $\alpha > 1$, $\alpha = 1$ ist ein trivialer Fall), also ein Minimum, d. h. $f(x) \geq f(0) = 1 - 1 = 0$.

Übrigens erhält man für $0 < \alpha < 1$ $f''(0) < 0$, also hat f bei $x = 0$ ein relatives Maximum und es gilt

$$(1+x)^{\alpha} \leq 1 + \alpha x \quad \text{für } x \geq -1 \text{ und } 0 \leq \alpha < 1.$$

c) Es sei eine Potenzreihe $f(x) = \sum_{n=0}^{\infty} a_n x^n$ mit einem Konvergenzradius $r \neq 0$ gegeben. Nach Beispiel 10.4d ist eine Potenzreihe beliebig oft differenzierbar, und die Ableitungen können durch gliedweise Differentiation gewonnen werden. Wir wollen nun zeigen: Das Taylorpolynom im Entwicklungspunkt einer Potenzreihe ist gleich der entsprechenden Partialsumme der Reihe. Es ist nämlich

$$f(x) = \sum_{k=0}^{n} a_k x^k + \sum_{k=n+1}^{\infty} a_k x^k$$

$$= \sum_{k=0}^{n} a_k x^k + x^{n+1} \sum_{j=0}^{\infty} a_{j+n+1} x^j$$

$$= \sum_{k=0}^{n} a_k x^k + o(x^n).$$

Damit gilt insbesondere

$$a_k = \frac{1}{k!} f^{(k)}(0), \quad k = 0, 1, 2, \ldots .$$

Diese letzte Formel enthält den Eindeutigkeitssatz für Potenzreihen, da die a_k durch f völlig festgelegt werden: Eine Funktion f kann um einen Punkt höchstens eine Darstellung durch eine Potenzreihe besitzen.

d) Ist f in $[a, b]$ n-mal stetig differenzierbar und für ein $x_0 \in\ ]a, b[$
$f(x_0) = f'(x_0) = \ldots = f^{(n-1)}(x_0) = 0$, während $f^{(n)}(x_0) \neq 0$ ist, so spricht man von einer *Nullstelle der Ordnung* n von f in x_0.
Das Taylorpolynom liefert die Darstellung

$$f(x) = \frac{f^{(n)}(x_0)}{n!} (x-x_0)^n + o((x-x_0)^n) \quad \text{für } x \to x_0$$

für eine Nullstelle der Ordnung n. Offenbar kann man auch ohne Differenzierbarkeitsannahmen von einer Nullstelle der Ordnung n sprechen, wenn eine Darstellung der Form

$$f(x) = c(x-x_0)^n + o((x-x_0)^n) \quad \text{für } x \to x_0 \text{ mit } c \neq 0 \text{ existiert.}$$

Man überlegt sich leicht, daß die Nullstellen von sin, cos, tan, cot jeweils erster Ordnung sind, während z. B. $1 - \cos$ in $x_o = 0$ eine Nullstelle zweiter Ordnung hat.

e) Numerische Berechnung von e^x für kleine x. Nach der Taylorformel ist

$$e^x = 1 + x + \frac{x^2}{2!} + \ldots + \frac{x^n}{n!} + R_n(x)$$

mit

$$R_n(x) = \frac{x^{n+1}}{(n+1)!} e^{\Theta x}, \quad 0 < \Theta < 1.$$

Für $0 \leq x \leq 1$ ist ($e^1 = e$ vorausgesetzt)

$$\frac{x^{n+1}}{(n+1)!} < R_n(x) < \frac{x^{n+1}}{(n+1)!} e.$$

Nach Beispiel 7.10c gilt $e < (1 + \frac{1}{n})^{n+1}$, für n = 5 erhält man $e < \frac{46656}{15625} < 3$. Es folgt:

$$\frac{x^8}{40320} < R_7(x) < \frac{x^8}{13440}.$$

Für die Berechnung von e selbst ist x=1 und

$$0{,}000024 < R_7(1) < 0{,}000075,$$

mit

$$e = 1 + 1 + \frac{1}{2} + \frac{1}{6} + \frac{1}{24} + \frac{1}{120} + \frac{1}{720} + \frac{1}{5040} + R_7(1)$$

ergibt sich

$$2{,}718277 < e < 2{,}718329.$$

Ähnlich erhält man für n=8

$$2{,}7182815 < e < 2{,}7182871.$$

Jeder weitere Schritt erhöht die Genauigkeit um ungefähr eine Stelle nach dem Komma.

Schließlich soll noch eine Anwendung der Taylorformel erwähnt werden, die sich mit der Potenzreihenentwicklung einer Funktion befaßt:

10.16. Definition: $f :]a, b[\to \mathbb{R}$ sei beliebig oft differenzierbar in $]a, b[$ und es sei $x_o \in]a, b[$. Geht in der Taylorschen Formel

$$f(x) = \sum_{k=0}^{n} \frac{f^{(k)}(x_o)}{k!} (x-x_o)^k + R_n(x)$$

das Restglied $R_n(x) \to 0$ für alle $x \in]c, d[$, so heißt die Potenzreihe

$$f(x) = \sum_{k=0}^{\infty} \frac{f^{(k)}(x_o)}{k!} (x-x_o)^k$$

Taylorreihe von f um x_0, ihr Konvergenzradius ist $\neq 0$.

Besitzt f um jeden Punkt von $]a, b[$ eine Taylorreihe, so heißt f reell analytisch in $]a, b[$.

10.17. Satz: Es sei eine Potenzreihe $f(x) = \sum\limits_{n=0}^{\infty} a_n(x-x_0)^n$ mit Konvergenzradius $r \neq 0$ gegeben.

a) Diese Reihe ist zugleich Taylorreihe von f um x_0.

b) f ist auch um jeden Punkt x_1 mit $|x_1 - x_0| < r$ in eine Taylorreihe entwickelbar, also im Intervall $]x_0 - r, x_0 + r[$ eine reell analytische Funktion.

Beweis: a) folgt sofort aus den Aussagen in Beispiel 10.15c.

b) Formal ist

$$f(x) = \sum_{k=0}^{\infty} a_k(x-x_0)^k = \sum_{k=0}^{\infty} a_k(x-x_1 + x_1 - x_0)^k$$

$$= \sum_{k=0}^{\infty} a_k \sum_{j=0}^{k} \binom{k}{j} (x-x_1)^j (x_1 - x_0)^{k-j}$$

$$= \sum_{j=0}^{\infty} \left(\sum_{k=0}^{\infty} a_k \binom{k}{j} (x_1 - x_0)^{k-j} \right) (x-x_1)^j$$

$$= \sum_{j=0}^{\infty} \frac{1}{j!} \left[\sum_{k=0}^{\infty} a_k k (k-1) \ldots (k-j+1)(x_1 - x_0)^{k-j} \right] (x-x_1)^j$$

$$= \sum_{j=0}^{\infty} \frac{1}{j!} f^{(j)}(x_1)(x-x_1)^j.$$

Die Vertauschung der Summationsreihenfolge soll hier nicht gerechtfertigt werden.

10.18. Beispiele:

Die elementaren Funktionen lassen sich in Potenzreihen entwickeln, für exp, sin und cos ist das bereits durch die Definition als Potenzreihe gesichert.

a) $f(x) = \ln(1-x)$, $f'(x) = -\frac{1}{1-x}$, $f''(x) = -\frac{1}{(1-x)^2}$, $\ldots$,

$$f^{(n)}(x) = \frac{-(n-1)!}{(1-x)^n}.$$

Also ist $f(0) = 0$, $f'(0) = -1$, $f''(0) = -1$, $\ldots$, $f^{(n)}(0) = -(n-1)!$ und die Taylorformel lautet

$$\ln(1-x) = -\sum_{k=1}^{n} \frac{x^k}{k} + R_n(x)$$

mit

$$R_n(x) = \frac{x^{n+1}}{(n+1)!} \frac{-n!}{(1-\Theta x)^{n+1}} = -\frac{1}{n+1} \left(\frac{x}{1-\Theta x} \right)^{n+1}$$

128

und $0 < \Theta < 1$. Für $-1 < x \leqq \frac{1}{2}$ ist $|x| < |1 - \Theta x|$, also gilt dort $R_n(x) \to 0$ für $n \to \infty$. Für $\frac{1}{2} < x < 1$ ist dies auch richtig, soll hier aber nicht untersucht werden. Jedenfalls hat die Reihe

$$\ln(1-x) = -\sum_{n=1}^{\infty} \frac{x^n}{n}$$

den Konvergenzradius 1, wie man leicht mit dem Quotientenkriterium 9.3b feststellt.

b) $f(x) = (1+x)^{\alpha}$ für $\alpha \in \mathbb{R}$ und $x > -1$, $f'(x) = \alpha(1+x)^{\alpha-1}$, ...,
$f^{(n)}(x) = \alpha(\alpha-1) \ldots (\alpha-n+1)(1+x)^{\alpha-n}$.
Also ist $f(0) = 1$, $f'(0) = \alpha$, ..., $f^{(n)}(0) = \alpha(\alpha-1) \ldots (\alpha-n+1)$ und die Taylorformel lautet

$$(1+x)^{\alpha} = \sum_{k=0}^{n} \binom{\alpha}{k} x^k + R_n(x)$$

mit

$$R_n(x) = \binom{\alpha}{n+1}(1+\Theta x)^{\alpha-n-1} x^{n+1}$$

und $0 < \Theta < 1$. Auch hier soll das Restglied nicht ausführlich untersucht werden. Jedenfalls ist

$$\left| \binom{\alpha}{n+1} \right| = \left| \frac{\alpha(\alpha-1) \cdots (\alpha-n)}{1 \cdot 2 \cdots (n+1)} \right|$$

$$= \left| \alpha \left(\frac{\alpha}{2} - \frac{1}{2} \right) \left(\frac{\alpha}{3} - \frac{2}{3} \right) \ldots \left(\frac{\alpha}{n+1} - \frac{n}{n+1} \right) \right|$$

$$\leqq (|\alpha| + 1)^{n+1}$$

und daher gilt unter der Annahme

$$|x|(1+|\alpha|) < |1+\Theta x|$$

$R_n(x) \to 0$ für $n \to \infty$. Der Konvergenzradius der binomischen Reihe ist 1 nach Beispiel 9.9b (falls nicht $\alpha \in \mathbb{N}$):

$$(1+x)^{\alpha} = \sum_{n=0}^{\infty} \binom{\alpha}{n} x^n \quad \text{für} \quad |x| < 1.$$

c) Für $|x| < 1$ ist $\operatorname{Arc\ tan} x = \sum_{n=0}^{\infty} \frac{(-1)^n}{2n+1} x^{2n+1}$.

Diese Reihe hat einmal den Konvergenzradius 1 (Quotientenkriterium). Bezeichnen wir die durch sie dargestellte Funktion mit f, so gilt

$$f'(x) = \sum_{n=0}^{\infty} (-1)^n x^{2n} = \frac{1}{1+x^2}$$

als geometrische Reihe, also $f'(x) = (\operatorname{Arc\ tan} x)'$. Damit hat $f - \operatorname{Arc\ tan}$ die Ableitung 0, ist mithin konstant und wegen $f(0) = 0 = \operatorname{Arc\ tan} 0$ folgt die Behauptung.

Aufgaben zu Kap. 10:

1. Man bestimme den Definitionsbereich, den Differentialquotienten und die Grenzwerte an den Rändern des Definitionsbereichs für die Funktionen f mit

   a) $f(x) = x^{\alpha}, \alpha \in \mathbb{R}$, b) $f(x) = (x^x)^x$, c) $f(x) = x^{(x^x)}$.

2. Man bestimme die Ableitungen von ${}^a\exp$ und ${}^a\log$ mit Hilfe der Grenzwerte aus Aufgabe 9.13 und 9.14.

3. Man bestimme die Ableitungen von sin und cos mit Hilfe der Grenzwerte aus Aufgabe 9.6.

4. Man bestimme die Ableitungen von sinh, cosh, tanh, coth.

5. Man bestimme die Ableitungen von area sinh und area tanh

   a) unter Benutzung des Satzes über die Ableitung der Umkehrfunktion,
   b) unter Verwendung der in Aufgabe 9.12 errechneten Darstellungen.

6. Man beweise die Differentiationsregel für ein Produkt (Hilfssatz 10.3a).

7. Es sei $f : [a, b] \to \mathbb{R}$ stetig und besitze in $x_o \in]a, b[$ rechts- und linksseitige Differentialquotienten $f'_{\pm}(x_o)$.

   Man zeige: Hat f in x_o ein relatives Extremum, so ist $f'_+(x_o)\, f'_-(x_o) \leqq 0$.

   Ist $f'_+(x_o)\, f'_-(x_o) < 0$, so liegt ein relatives Extremum vor, und zwar für $f'_+(x_o) < 0$ ein Maximum und für $f'_+(x_o) > 0$ ein Minimum. Man wende das Ergebnis auf $f(x) = |x|$ an.

8. Man beweise den erweiterten Mittelwertsatz: f und g seien in $[a, b]$ stetig und differenzierbar in $]a, b[$ mit $g'(x) \neq 0$ für alle $x \in]a, b[$. Dann existiert ein $\xi \in]a, b[$ mit

   $$\frac{f(b) - f(a)}{g(b) - g(a)} = \frac{f'(\xi)}{g'(\xi)}.$$

   Hinweis: Man betrachte hilfsweise eine Funktion $\varphi = f + \lambda g$ und wähle λ so, daß φ die Voraussetzungen des Satzes von Rolle erfüllt.

9. Wieviel Glieder der Potenzreihe des sin um $x_o = 0$ muß man berechnen, damit man sin für $|x| \leqq 1$ mit einer Genauigkeit von 10^{-6} erhält?

10. Man gebe die Taylorreihe um $x_o = 0$ für

    a) $\ln(1+x)$, b) $\dfrac{1}{(1-x)^k}$, $k \in \mathbb{N}$, c) a^x

    und bestimme den Konvergenzradius.

11. Einige Anwendungen der Differentialrechnung

In diesem Kapitel werden einige Anwendungen der Differentialrechnung zusammengestellt, die sich mit der Untersuchung von Funktionen befassen. Einerseits werden lokale Probleme behandelt (Grenzwerte, Nullstellen), zum anderen globale Fragen (Kurvendiskussion, Interpolation).

I. Regeln von de l'Hospital

Des öfteren tritt bei der Bestimmung des Grenzwertes einer Funktion F für $x \to x_0$ der Fall auf, daß sich F aus zwei Funktionen f und g zusammensetzt, deren Grenzwerte für $x \to x_0$ bekannt sind, aber in der gegebenen Kombination nicht ohne weiteres zu einem Grenzwert für F führen:

$\frac{1}{x} \sin x$ und x^x für $x \to 0$, $(x - \frac{\pi}{2}) \tan x$ für $x \to \frac{\pi}{2}$, $x^{\frac{1}{x}}$ für $x \to \infty$ usw.

Man hat im wesentlichen die Typen (die Schreibweise deutet die Zusammensetzung der Einzelgrenzwerte an): $\frac{0}{0}, \frac{\infty}{\infty}, \infty - \infty, 0^0, 1^\infty, \infty^0$.

Nur die beiden ersten Fälle müssen behandelt werden, die anderen lassen sich darauf zurückführen.

Das Hilfsmittel ist der 2. oder erweiterte Mittelwertsatz der Differentialrechnung, für dessen Beweis auf Aufgabe 10.8 verwiesen sei.

11.1. Satz: (*Erweiterter Mittelwertsatz*): Es seien f und g stetig in [a, b], differenzierbar in]a, b[mit $g'(x) \neq 0$ für alle $x \in$]a, b[. Dann gibt es ein $\xi \in$]a, b[mit

$$\frac{f(b) - f(a)}{g(b) - g(a)} = \frac{f'(\xi)}{g'(\xi)}.$$

Deutet man $\varphi : [a, b] \to \mathbb{R}^2$ mit $\varphi(x) = (f(x), g(x))$ als Bahnkurve eines Massenpunktes in der Ebene, so ist $\varphi'(x) = (f'(x), g'(x))$ der Geschwindigkeitsvektor, und die Aussage des erweiterten Mittelwertsatzes ist, daß es einen Geschwindigkeitsvektor gibt, der parallel zur Sehne zwischen Anfangs- und Endpunkt ist (Abb. 11.1). Der Mittelwertsatz 10.8 ist hier mit $g(x) = x$ enthalten.

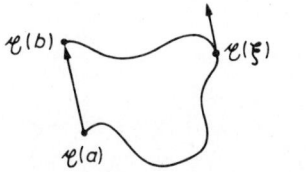

Abb. 11.1

11.2. Satz (*Regel von de l'Hospital für* $\frac{0}{0}$): Es seien f und g in $]a, b[- \{x_0\}$ differenzierbar und $f = o\,(1)$, $g = o\,(1)$ für $x \to x_0$ sowie $g\,'(x) \neq 0$ in $]a, b[- \{x_0\}$. Gilt dann $\frac{f'}{g'} = c + o\,(1)$ für $x \to x_0$, so auch $\frac{f}{g} = c + o\,(1)$ für $x \to x_0$.

Es kann $x_0 = a, b$ (einseitige Grenzwerte) oder $x_0 = b = \infty$ oder $x_0 = a = -\infty$ sein, gleichfalls ist $c = \pm\infty$ zugelassen.

Beweis: Es sei zuerst $x_0 \in \mathbb{R}$, dann sind f und g in x_0 stetig definierbar mit $f\,(x_0) = g\,(x_0) = 0$. Der erweiterte Mittelwertsatz liefert

$$\frac{f(x)}{g(x)} = \frac{f(x) - f(x_0)}{g(x) - g(x_0)} = \frac{f'(\xi)}{g'(\xi)} = c + o\,(1)$$

für $\xi \to x_0$. Letzteres folgt aber aus $x \to x_0$, womit die Behauptung bereits bewiesen ist. Für $x_0 = \pm\infty$ setze man $x = \frac{1}{y}$ und betrachte den entsprechenden einseitigen Grenzwert für $y \to 0\pm$. Wegen

$$\frac{df(\frac{1}{y})}{dy} = -\frac{1}{y^2}\, f\,'\left(\frac{1}{y}\right)$$

folgt aus $\frac{f'}{g'} = c + o\,(1)$ für $x \to \pm\infty$ auch $\dfrac{df(\frac{1}{y})}{dy} \Big/ \dfrac{dg(\frac{1}{y})}{dy} = c + o\,(1)$ für $y \to 0\pm$. Die Anwendung des ersten Falles liefert die Behauptung für $x_0 = \pm\infty$.

11.3. Satz (*Regel von de l'Hospital für* $\frac{\infty}{\infty}$): Es seien f und g in $]a, b[- \{x_0\}$ differenzierbar und $\frac{1}{f} = o\,(1)$, $\frac{1}{g} = o\,(1)$ für $x \to x_0$ sowie $g\,'(x) \neq 0$ für $x \in]a, b[- \{x_0\}$. Gilt dann $\frac{f'}{g'} = c + o\,(1)$ für $x \to x_0$, so auch $\frac{f}{g} = c + o\,(1)$ für $x \to x_0$. Es kann $x_0 = a, b$ oder $x_0 = b = \infty$, $x_0 = a = -\infty$ sein, gleichfalls ist $c = \pm\infty$ zugelassen.

Beweis: Für $c = \pm\infty$ wird $\frac{g}{f}$ anstelle von $\frac{f}{g}$ betrachtet, daher kann $c \in \mathbb{R}$ angenommen werden. Wir untersuchen den rechtsseitigen Grenzwert von $\frac{f}{g}$ in x_0, für den linksseitigen verläuft der Beweis völlig analog. Zu gegebenem ϵ mit $0 < \epsilon < \frac{1}{2}$ wählen wir zuerst ein $\widetilde{x}$ mit $x_0 < \widetilde{x} < b$, so daß

$$\left|\frac{f\,'(\xi)}{g\,'(\xi)} - c\right| < \epsilon$$

für alle ξ mit $x_0 < \xi < \widetilde{x}$. Dann können wir wegen $\frac{1}{f} = o\,(1)$ und $\frac{1}{g} = o\,(1)$ für $x \to x_0$ ein δ mit $0 < \delta < \widetilde{x} - x_0$ wählen, so daß

$$\left|\frac{f(\widetilde{x})}{f(x)}\right| < \epsilon, \quad \left|\frac{g(\widetilde{x})}{g(x)}\right| < \epsilon$$

für alle x mit $x_0 < x < x_0 + \delta$. Für diese x gilt dann

$$\frac{f(x)}{g(x)} = \frac{f(x)}{f(x) - f(\widetilde{x})}\, \frac{g(x) - g(\widetilde{x})}{g(x)}\, \frac{f(x) - f(\widetilde{x})}{g(x) - g(\widetilde{x})}$$

$$= \frac{1 - \dfrac{g(\tilde{x})}{g(x)}}{1 - \dfrac{f(\tilde{x})}{f(x)}} \; \frac{f'(\xi)}{g'(\xi)}$$

und

$$\frac{f(x)}{g(x)} - c = \frac{f'(\xi)}{g'(\xi)} - c + \frac{\dfrac{f(\tilde{x})}{f(x)} - \dfrac{g(\tilde{x})}{g(x)}}{1 - \dfrac{f(\tilde{x})}{f(x)}} \; \frac{f'(\xi)}{g'(\xi)} \; .$$

Es folgt

$$\left| \frac{f(x)}{g(x)} - c \right| < \epsilon + 4 \, \epsilon \; \left(|c| + \tfrac{1}{2} \right) = (4 \, |c| + 3) \, \epsilon = \epsilon_1$$

für $x_0 < x < x_0 + \delta$, also die Behauptung.

11.4. Bemerkung:

Die weiteren Grenzwerttypen lassen sich wie folgt auf die beiden obigen zurückführen:

a) $0 \cdot \infty$ entspricht fg mit $f = o\,(1)$ und $\frac{1}{g} = o\,(1)$ für $x \to x_0$.

Man betrachte $\dfrac{f}{(\frac{1}{g})}$ oder $\dfrac{g}{(\frac{1}{f})}$

b) $\infty - \infty$ entspricht $f - g$ mit $\frac{1}{f} = o\,(1)$ und $\frac{1}{g} = o\,(1)$ für $x \to x_0$.

Man betrachte

$$f - g = \frac{\frac{1}{g} - \frac{1}{f}}{(\frac{1}{g})\,(\frac{1}{f})} \; .$$

c) Die Fälle 0^0, 1^∞, ∞^0 entsprechen f^g mit ablesbaren Grenzwerten von f und g. Man betrachte jeweils

$$f^g = e^{g \ln f},$$

der Exponent $g \ln f$ fällt unter einen der vorherigen Typen.

11.5. Beispiele:

a) $\dfrac{(e^x)^\alpha}{x^\beta}$ für $x \to \infty$; $\alpha, \beta > 0$.

Der Typ ist $\frac{\infty}{\infty}$, durch m-malige Differentiation von Zähler und Nenner folgt

$$\frac{\alpha^m e^{\alpha x}}{\beta(\beta - 1) \cdots (\beta - m + 1) x^{\beta - m}} \; .$$

Man wähle m als kleinste natürliche Zahl $\geq \beta$ und erhält den Grenzwert ∞: Jede Potenz der Exponentialfunktion wächst schneller als jede Potenz von x (man vergleiche Hilfssatz 9.12c).

Durch Einsetzen von $x = \ln y$ und Übergang zum Kehrwert folgt

$$\frac{(\ln x)^\beta}{x^\alpha} = o\,(1) \quad \text{für } x \to \infty; \ \alpha, \beta > 0:$$

Jede Potenz des Logarithmus wächst schwächer als jede Potenz von x (man vergleiche Hilfssatz 9.14c).

b) $x^\alpha \ln x$ für $x \to 0$, $\alpha > 0$.

Der Typ ist $0 \cdot \infty$, man betrachte zweckmäßigerweise $(\ln x)/x^{-\alpha}$ und erhält nach Differentiation von Zähler und Nenner

$$\frac{1}{x} / (-\alpha x^{-\alpha-1}) = \frac{-x^\alpha}{\alpha} = o\,(1) \quad \text{für } x \to 0, \text{ also}$$

$$x^\alpha \ln x = o\,(1) \quad \text{für } x \to 0.$$

c) $\dfrac{1}{\ln(1+x)} - \dfrac{1}{x}$ für $x \to 0$.

Der Typ ist $\infty - \infty$, man betrachte $\dfrac{x - \ln(1+x)}{x \ln(1+x)} \ = \ : \dfrac{f\,(x)}{g\,(x)}$,

was dem Typ $\frac{0}{0}$ entspricht. Nach Differentiation erhält man

$$\frac{f'(x)}{g'(x)} = \frac{1 - \dfrac{1}{1+x}}{\ln(1+x) + \dfrac{x}{1+x}},$$

was immer noch ein Grenzwert des Typs $\frac{0}{0}$ ist. Erneute Differentiation liefert

$$\frac{f''(x)}{g''(x)} = \frac{1}{(1+x) + (1+x) - x} = \frac{1}{2} + o\,(1) \quad \text{für } x \to 0.$$

Also hat man diesen Grenzwert auch für $\dfrac{f'(x)}{g'(x)}$ und ebenso

$$\frac{1}{\ln(1+x)} - \frac{1}{x} = \frac{1}{2} + o(1) \quad \text{für } x \to 0.$$

d) x^x für $x \to 0$.

Der Typ ist 0^0, man betrachte $e^{x \ln x}$ und erhält wegen Beispiel b)

$$x^x = e^{o(1)} = 1 + o\,(1) \quad \text{für } x \to 0.$$

e) $x^{\frac{1}{x-1}}$ für $x \to 1$.

Der Typ ist 1^∞, man betrachte $e^{\frac{\ln x}{x-1}}$, der Exponent ist vom Typ $\frac{0}{0}$, dafür erhält man nach Differentiation $\frac{1}{x} = 1 + o\,(1)$ für $x \to 1$, also

$$x^{\frac{1}{x-1}} = e^{1+o(1)} = e + o\,(1) \quad \text{für } x \to 1.$$

f) $x^{\frac{1}{x}}$ für $x \to \infty$.

Der Typ ist ∞^0, man betrachte $e^{\frac{\ln x}{x}}$, nach Beispiel a) ist der Exponent $o\,(1)$ für $x \to \infty$, also

$$x^{\frac{1}{x}} = e^{o(1)} = 1 + o\,(1) \quad \text{für} \ x \to \infty.$$

Damit gilt z. B. $\sqrt[n]{n} \to 1$ für $n \to \infty$.

g) $\left(1 + \frac{1}{x}\right)^x$ für $x \to \infty$.

Der Typ ist 1^∞, man betrachte $e^{x \, \ln\left(1 + \frac{1}{x}\right)}$. Der Exponent ist vom Typ $\infty \cdot 0$, für

$\dfrac{\ln\left(1 + \frac{1}{x}\right)}{\frac{1}{x}}$ ergibt Differentiation $\dfrac{1}{1 + \frac{1}{x}} = 1 + o\,(1)$ für $x \to \infty$, also

$$\left(1 + \frac{1}{x}\right)^x = e^{1 + o(1)} = e^1 + o(1) \quad \text{für} \ x \to \infty.$$

Andererseits wissen wir aus Beispiel 7.10c, daß der Grenzwert e ist (falls x durch die natürlichen Zahlen läuft), womit $e^1 = e$ bewiesen ist.

II. Newtonsches Näherungsverfahren

Dieses Verfahren dient der Bestimmung der Nullstelle c einer in einem Intervall $[a, b]$ definierten Funktion mit $f\,(a)\,f\,(b) < 0$. Man geht von einer ersten Näherung x_0 aus, legt in x_0 die Tangente an die gegebene Kurve und sucht den Schnittpunkt x_1 der Tangente mit der x-Achse (Abb. 11.2). Aus der Tangentengleichung

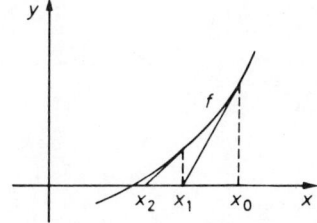

Abb. 11.2

$$y = f\,(x_0) + f\,'\,(x_0)\,(x - x_0)$$

erhält man sofort für $y = 0$

$$x_1 = x_0 - \frac{f(x_0)}{f'(x_0)}.$$

135

Bei Wiederholung des Verfahrens ist insbesondere zu prüfen, unter welchen Voraussetzungen eine so bestimmte Folge von Werten $(x_0, x_1, x_2, \ldots)$ gegen die gesuchte Nullstelle c konvergiert. Der nachfolgende Satz enthält solche Voraussetzungen, die darauf hinauslaufen, daß f und f' streng monoton sein müssen und man außerdem auf der „richtigen" Seite der Nullstelle anfangen muß. Abb. 11.3 zeigt stets konver-

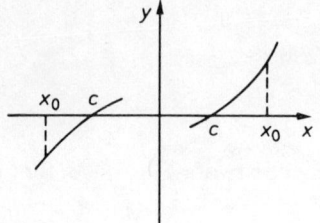
Abb. 11.3

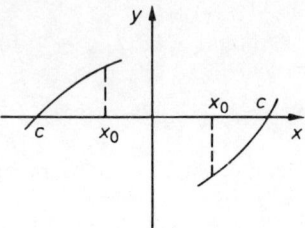
Abb. 11.4

gente, Abb. 11.4 nicht ohne weiteres konvergente Fälle für monoton wachsendes f. Über die Bedeutung der Vorzeichen von f'' (konvex bzw. konkav) vergleiche man unten den Abschnitt IV über Kurvendiskussion.

11.6. Satz: $f : [a, b] \to \mathbb{R}$ sei zweimal differenzierbar in $[a, b]$ mit $f(a) f(b) < 0$. Dann konvergiert das Newtonsche Näherungsverfahren für $x_0 \in [a, b]$ mit

$$x_n = x_{n-1} - \frac{f(x_{n-1})}{f'(x_{n-1})}, \quad n = 1, 2, 3, \ldots,$$

monoton gegen die (einzige) Nullstelle c von f in $[a, b]$, falls folgendes erfüllt ist:

$$f'(x) \neq 0, \quad f''(x) f(x_0) \geqq 0 \quad \text{für } x \in [a, b].$$

Ist $m \leqq |f''(x)| \leqq M$ in $[a, b]$, so gilt für alle n

$$|x_n - c| \leqq |x_0 - c| \left(\frac{M}{M+m}\right)^n.$$

Beweis: Es ist $(x_{n-1} \neq c$ vorausgesetzt, sonst $c = x_n = x_{n+1} = \ldots)$

$$\frac{x_n - c}{x_{n-1} - c} = 1 - \frac{f(x_{n-1})}{f'(x_{n-1})(x_{n-1} - c)}$$

und wegen

$$0 = f(c) = f(x_{n-1}) + f'(x_{n-1})(c - x_{n-1}) + \frac{1}{2}(c - x_{n-1})^2 f''(\xi_n)$$

$$\frac{x_n - c}{x_{n-1} - c} = \frac{(c - x_{n-1})^2 f''(\xi_n)}{2 f(x_{n-1}) + (c - x_{n-1})^2 f''(\xi_n)}.$$

136

Aus der Voraussetzung $f''(x) f(x_0) \geqq 0$ folgt mit Induktion nach n, daß

$$(*) \qquad 0 \leqq \frac{x_n - c}{x_{n-1} - c} < 1,$$

womit die Monotonie der Folge (x_n) und deren Konvergenz gesichert ist. Für eine konvergente Folge, etwa $x_n \to d$, gilt aber stets nach Grenzübergang in der Definitionsgleichung von x_n, daß $d = d - f(d)/f'(d)$, also $f(d) = 0$ und $d = c$. Um die Größe des Quotienten $(*)$ genauer abzuschätzen, betrachte man

$$\frac{2 f(x_{n-1})}{(x_{n-1} - c)^2 f''(\xi_n)} = \frac{2 f(c) + 2 f'(c)(x_{n-1} - c) + (x_{n-1} - c)^2 f''(\eta_n)}{(x_{n-1} - c)^2 f''(\xi_n)} =$$

$$= 2 \frac{f'(c)}{(x_{n-1} - c) f''(\xi_n)} + \frac{f''(\eta_n)}{f''(\xi_n)}.$$

Unter den gegebenen Voraussetzungen ist der erste Summand positiv: Etwa für $f(x_0) > 0$ und $x_0 < c$ muß $f' < 0$ und für $f(x_0) > 0$ mit $x_0 > c$ muß $f' > 0$ sein, wegen der Monotonie von $x_n - c$ hat also $\frac{f'(c)}{x_{n-1} - c}$ positives Vorzeichen. Ähnliches ergibt sich für $f(x_0) < 0$ und insgesamt ist

$$\frac{2 f(x_{n-1})}{(x_{n-1} - c)^2 f''(\xi_n)} \geqq \frac{f''(\eta_n)}{f''(\xi_n)} \geqq \frac{m}{M},$$

mithin

$$0 < \frac{x_n - c}{x_{n-1} - c} \leqq \frac{M}{m+M}.$$

Daraus folgt die Behauptung des Satzes.

11.7. Beispiele:

a) Berechnung von $\sqrt{a}$ für $a > 0$:

Mit $x_0 = a$ und $f(x) = x^2 - a$ ist

$$x_n = x_{n-1} - \frac{x_{n-1}^2 - a}{2 x_{n-1}} = \frac{1}{2} \left(x_{n-1} + \frac{a}{x_{n-1}} \right).$$

Das ist das in Beispiel 7.6d behandelte Heronverfahren, das sehr gut konvergiert. Z. B. ist für $a = 2$

$$x_1 = 1,5; \quad x_2 = \frac{17}{12} = 1,41\overline{6}; \quad x_3 = \frac{577}{408} = 1,414217 \ldots,$$

das sind bereits 5 genaue Dezimalstellen nach dem Komma.

b) Zur Berechnung von $\frac{\pi}{2}$ über $\cos x = 0$ ist das Verfahren nach dem obigen Kriterium nicht geeignet, da $f''(x) = -\cos x$ nicht das richtige Vorzeichen hat und außerdem an der Nullstelle selbst Null hat.

III. Iterationsverfahren

Auch hier handelt es sich um die Berechnung der Nullstelle einer Funktion f in der speziellen Form $f(x) = x - g(x)$. Das ist keine Einschränkung, da man durch Addition und Subtraktion von x stets diese Gestalt erreichen kann. Ausgehend von einem Näherungswert x_0 setzt man nun

$$x_1 = g(x_0), \ldots, x_n = g(x_{n-1}).$$

Gesucht ist der Punkt c mit $g(c) = c$ (Fixpunkt der durch g vermittelten Abbildung). Die Abbildungen 11.5 und 11.6 veranschaulichen das Verfahren. Sie zeigen die

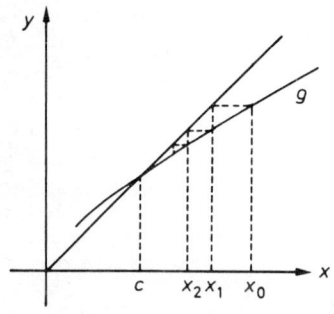

Abb. 11.5

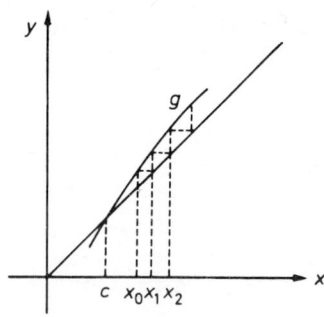

Abb. 11.6

wesentlichen Fälle: Hat der Graph von g im Punkt c eine kleinere Steigung als die Winkelhalbierende, so wird $x_n \to c$ gelten, sonst nicht.

11.8. Satz: $g : [a, b] \to [a, b]$ sei differenzierbar mit $|g'(x)| \le \Theta < 1$ für $x \in [a, b]$.
Dann konvergiert für ein $x_0 \in [a, b]$ und $x_n = g(x_{n-1})$,
$n = 1, 2, 3, \ldots$, die Folge (x_n) gegen die (einzige) Stelle $c = g(c) \in [a, b]$.
Dabei gilt $|x_n - c| < |x_{n-1} - c|$ und $|x_n - c| \le |x_0 - c| \Theta^n \le |a-b| \Theta^n$.

Beweis: Da für $f(x) = x - g(x)$ gilt $f'(x) = 1 - g'(x) > 0$ in $[a, b]$, besitzt f genau eine Nullstelle $c \in [a, b]$, da $f(a) \ge 0$, $f(b) \le 0$. Nach dem Mittelwertsatz ist

$$c - x_n = g(c) - g(x_{n-1}) = (c - x_{n-1}) g'(\xi_n),$$

also
$$|c - x_n| \leqq |c - x_{n-1}| \, \Theta < |c - x_{n-1}|.$$

Daraus folgt sofort die Behauptung.

Das Iterationsverfahren setzt nur einmalige Differenzierbarkeit voraus, liefert allerdings im allgemeinen auch eine schlechtere Konvergenz als das Newtonsche Näherungsverfahren. Andererseits kann man es auf allgemeinere Abbildungen erweitern.

11.9. Beispiele:

a) Die Bestimmung von $\sqrt{a}$ durch $x = g(x) := x^2 + x - a$ führt wegen $g'(x) = 2x + 1 > 1$ (für $x > 0$) nicht zum Ziel Dagegen liefert $x = g(x) := \frac{1}{2}(\frac{a}{x} + x)$ das Heronverfahren, es ist dabei $|g'(x)| = \frac{1}{2} |1 - \frac{a}{x^2}| \leqq \frac{1}{2}$ für $\frac{1}{2}a \leqq x^2$.

b) Bestimmung der zweiten Nullstelle (neben $x = 0$) von

$$f(x) = x - 2 \ln(1+x). \quad \bullet$$

Es ist $g(x) = 2 \ln(1+x)$, $g'(x) = \frac{2}{1+x}$ und

$$x_n = 2 \ln(1 + x_{n-1}).$$

Die Nullstelle liegt im Intervall $[2, 3]$, da $g(2) = 2 \ln 3 > 2$ und $g(3) = 2 \ln 4 < 2,8$; es gilt auch $g : [2, 3] \rightarrow [2, 3]$. Ferner ist dort $|g'(x)| \leqq \frac{2}{3} = \Theta$, so daß das Iterationsverfahren konvergiert. Mit $x_0 = 3$ erhält man $x_1 = 2,77 \ldots$; $x_2 = 2,65 \ldots$; $x_3 = 2,59 \ldots$; $x_4 = 2,55 \ldots$; $x_5 = 2,53 \ldots$. Die Konvergenz ist nicht sehr gut, im 5. Schritt verändert sich die 2. Stelle nach dem Komma noch um 2 Einheiten.

IV. Kurvendiskussion

Eine Kurvendiskussion dient dazu, den Graphen $\{(x, y) \mid y = f(x)\}$ einer Funktion $f : I \rightarrow \mathbb{R}$ zu skizzieren, um einen Überblick über den Verlauf der Funktion zu erhalten. Der Definitionsbereich von f kann dabei aus einem oder mehreren Intervallen bestehen.

1. Man bestimme die Stellen des Definitionsbereiches, an denen f unstetig ist, und untersuche dort f auf einseitige Grenzwerte, ebenso prüfe man diese an den Rändern der Definitionsintervalle (gegebenenfalls auch für $x \rightarrow \pm \infty$).

2. Um an den unter 1. behandelten Grenzwerten den Kurvenverlauf genauer festzulegen, versuche man dort einseitige Differentialquotienten auszurechnen. Diese Möglichkeit besteht in zwei Fällen nicht: Unendlicher Grenzwert für $x \rightarrow x_0 \in \mathbb{R}$ oder $x_0 = \pm \infty$. Dort ersetzt man den einseitigen Differentialquotienten durch den Begriff der Asymptote.

11.10. Definition: a) Die Gerade $g(x) = ax + b$ heißt *Asymptote* von f für $x \to \infty$ (oder $x \to -\infty$), wenn $f(x) - g(x) = o(1)$ für $x \to \infty$ (oder $x \to -\infty$).

b) Die Gerade $x = x_0$ heißt Asymptote von f in x_0, wenn f in x_0 mindestens einen einseitigen unendlichen Grenzwert hat.

11.11. Hilfssatz: f besitzt für $x \to +\infty$ $(x \to -\infty)$ genau dann eine Asymptote $g(x) = ax + b$, wenn

$$\frac{f(x)}{x} = a + o(1), \quad f(x) - ax = b + o(1)$$

für $x \to +\infty$ $(x \to -\infty)$.

Beweis: Existieren diese beiden Grenzwerte, so enthält der zweite die Definition der Asymptote. Existiert umgekehrt eine Asymptote $g(x) = ax + b$, so ist nach Definition $f(x) - ax - b = o(1)$, also $f(x) - ax = b + o(1)$ für $x \to \pm\infty$, daraus folgt auch

$$\frac{f(x) - ax - b}{x} = o(1) \quad \text{oder} \quad \frac{f(x)}{x} = a + o(1) \quad \text{für } x \to \pm\infty.$$

3. Nach der Untersuchung von f an den Rändern der Stetigkeitsintervalle betrachte man in deren Innern f' und bestimme die Null- und Unstetigkeitsstellen von f'. Erstere sind die möglichen relativen Extremwerte von f, in letzteren untersuche man die einseitigen Ableitungen, um die Ecken zeichnen zu können. Zwischen diesen Null- und Unstetigkeitsstellen von f' liegen Intervalle mit $f' > 0$ bzw. < 0, in ihnen ist f streng monoton wachsend bzw. fallend. Damit liegen im allgemeinen bereits die relativen Maxima und Minima von f fest.

4. Für die Skizze ist auch die Bestimmung der Intervalle nützlich, in denen $f'' > 0$ bzw. < 0 ist. Dies hat nämlich einen charakteristischen Verlauf von f zur Folge, der nun beschrieben werden soll.

11.12. Definition: $f : I \to \mathbb{R}$ mit einem Intervall I heißt *konvex* (*konkav*) in I, wenn der Graph von f zwischen zwei seiner Punkte stets unterhalb (oberhalb) der Verbindungsgerade dieser Punkte liegt:

Für alle $x_1, x_2, x \in I$ mit $x_1 \leq x \leq x_2$ gilt

$$f(x) \underset{(\geq)}{\leq} f(x_1) \frac{x_2 - x}{x_2 - x_1} + f(x_2) \frac{x - x_1}{x_2 - x_1}.$$

Abb. 11.7 zeigt eine konvexe, Abb. 11.8 eine konkave Funktion; eine konvexe Funktion könnte man mit „nach unten durchhängend" beschreiben. Punkte, in denen ein Konvexitätsintervall an ein Konkavitätsintervall grenzt, heißen auch Wendepunkte. Im Sinne der vor Definition 6.8 gegebenen Erklärung ist die Punktmenge $\{(x, y) \mid x \in I, y \geq f(x)\}$ für eine konvexe Funktion konvex. Man überlegt sich ferner leicht, daß der Graph einer konvexen Funktion stets oberhalb der Tangente verläuft (Abb. 11.7).

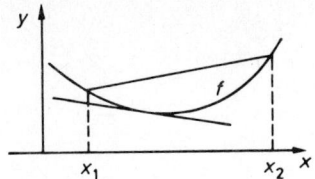

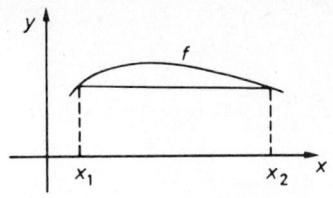

Abb. 11.7   Abb. 11.8

11.13. Hilfssatz: a) f ist genau dann konvex, wenn −f konkav ist.

b) Ist $f : I \to \mathbb{R}$ zweimal differenzierbar in I, so ist f genau dann konvex (konkav) in I, wenn $f''(x) \geqq 0$ $(f''(x) \leqq 0)$ für alle $x \in I$.

Beweis: a) Die Multiplikation der Ungleichung in Definition 11.12 mit −1 kehrt deren Richtung um.

b) Es sei $x_1 < x < x_2$, dann ist jede der Ungleichungen

$$\frac{f(x) - f(x_1)}{x - x_1} \leqq \frac{f(x_2) - f(x_1)}{x_2 - x_1} \leqq \frac{f(x_2) - f(x)}{x_2 - x},$$

gleichbedeutend mit Konvexität, wie man leicht nachrechnet.
Ist nun f konvex, so bilde man hier links den Grenzübergang $x \to x_1$ und unabhängig davon in der rechten Ungleichung $x \to x_2$, es folgt

$$f'(x_1) \leqq \frac{f(x_2) - f(x_1)}{x_2 - x_1} \leqq f'(x_2),$$

also wächst f′ monoton und man erhält $f''(x) \geqq 0$ für alle $x \in I$.
Ist umgekehrt $f'' \geqq 0$, so wende man den Mittelwertsatz folgendermaßen an:

$$\frac{f(x) - f(x_1)}{x - x_1} = f'(\xi) \leqq f'(\eta) = \frac{f(x_2) - f(x)}{x_2 - x},$$

die mittlere Ungleichung folgt aus $f'' \geqq 0$; aus der Ungleichung zwischen den beiden äußeren Ausdrücken errechnet man leicht die Konvexität.

5. Sollten für die Skizze noch Schwierigkeiten bestehen, so bleibt die Möglichkeit der Bestimmung weiterer ausgezeichneter Punkte, z. B. der Schnittpunkte der Kurve mit den Koordinatenachsen, den Asymptoten oder anderen Geraden.

Von dem hier aufgeführten Programm können natürlich je nach Notwendigkeit einzelne Punkte weggelassen werden. An zwei Beispielen soll das Verfahren erläutert werden.

11.14. Beispiele:

a) $f :]-\infty, 1[\cup]1, \infty[\to \mathbb{R}$ mit $f(x) = \frac{x^2 + 3}{x - 1}$.

Zu 1: Als rationale Funktion ist f im Definitionsbereich stetig, folgende Grenzwerte an den Rändern des Definitionsbereiches sind sofort ablesbar:

$f \to -\infty$ für $x \to -\infty$, $\quad f \to \infty$ für $x \to \infty$,

$f \to -\infty$ für $x \to 1-$, $\quad f \to \infty$ für $x \to 1+$.

Zu 2: $x = 1$ ist eine Asymptote, ferner gilt

$$\frac{f(x)}{x} = \frac{x^2 + 3}{x^2 - x} = \frac{1 + 3x^{-2}}{1 - \frac{1}{x}} = 1 + o(1) \quad \text{für } x \to \pm \infty$$

$$f(x) - x = \frac{x^2 + 3 - x^2 + x}{x - 1} = \frac{1 + \frac{3}{x}}{1 - \frac{1}{x}} = 1 + o(1) \quad \text{für } x \to \pm \infty.$$

Also ist $g(x) = x + 1$ Asymptote für $x \to +\infty$ und $x \to -\infty$.

Zu 3: $\quad f'(x) = \frac{x^2 - 2x - 3}{(x-1)^2} = 1 - \frac{4}{(x-1)^2}$

ist im Definitionsbereich von f stetig, die Nullstellen sind $x_{1,2} = 1 \pm \sqrt{4}$, also $x_1 = -1$, $x_2 = 3$. Im Intervall $]-\infty, -1[$ ist $f' > 0$, $f' < 0$ in $]-1, 1[$ und $]1, 3[$, $f' > 0$ in $]3, \infty[$ mit entsprechendem Monotonieverhalten von f. Insbesondere ist also $x_1 = -1$ ein relatives Maximum, $f(-1) = -2$, und $x_2 = 3$ ein relatives Minimum, $f(3) = 6$.

Zu 4: $f''(x) = \frac{8}{(x-1)^3}$, also ist f in $]-\infty, 1[$ konkav und in $]1, \infty[$ konvex.

Zu 5: Schnittpunkte mit der x-Achse liegen nicht vor, mit der y-Achse ist ein Schnittpunkt in $(0, -3)$ gegeben, mit der Asymptote gibt es keinen Schnittpunkt.

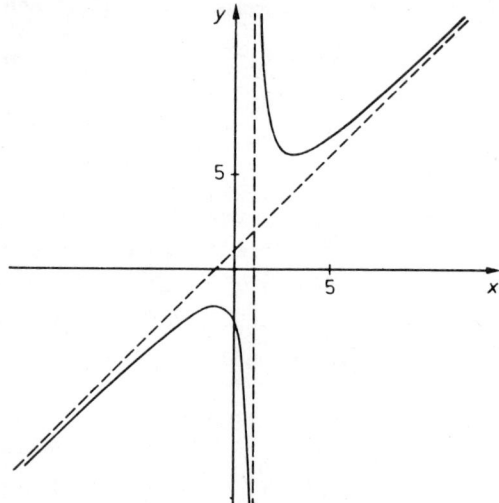

Abb. 11.9

b) Bei Einschwingvorgängen treten Funktionen $f : \mathbb{R} \to \mathbb{R}$ mit z. B. $f(x) = xe^{-x}$ auf.

Zu 1: f ist in $\mathbb{R}$ stetig, wegen Beispiel 11.5a gilt

$$f = o\,(1) \quad \text{für} \quad x \to \infty, \quad f \to -\infty \quad \text{für} \quad x \to -\infty.$$

Zu 2: $\frac{f(x)}{x} = e^{-x} = o\,(1)$ für $x \to \infty$ und $\frac{f(x)}{x} \to \infty$ für $x \to -\infty$

$$f\,(x) - 0 \cdot x = f\,(x) = o\,(1) \quad \text{für} \quad x \to \infty, \text{ also ist } g = 0 \text{ Asymptote}$$

für $x \to \infty$, für $x \to -\infty$ ist keine Asymptote vorhanden.

Zu 3: $f\,'(x) = (-x+1)e^{-x}$ ist in $\mathbb{R}$ stetig, $x_o = 1$ ist Nullstelle und es gilt $f\,' > 0$ in $]-\infty, 1[$, $f\,' < 0$ in $]1, \infty[$. Also ist $x_o = 1$ ein relatives Maximum, $f\,(1) = -\frac{1}{e}$.

Zu 4: $f\,''(x) = (x-2)e^{-x}$, also f in $]-\infty, 2[$ konkav und in $]2, \infty[$ konvex.

Zu 5: Es liegt ein Schnittpunkt mit beiden Koordinatenachsen in $(0, 0)$ vor.

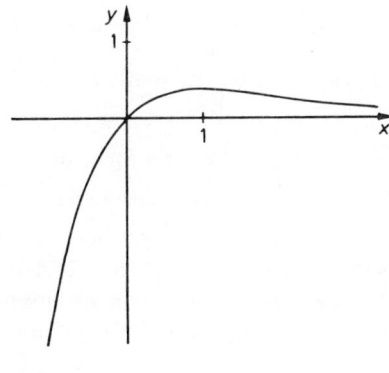

Abb. 11.10

V. Interpolation

Die Approximation von Funktionen durch „einfache" Funktionen (Polynome) ist bisher bei der Differentiation und dem Taylorpolynom aufgetreten. Der Fehler war dabei nur in der Nähe eines Punktes klein. Der Weierstraßsche Approximationssatz 8.11 enthält demgegenüber die Möglichkeit, eine stetige Funktion so durch ein Polynom anzunähern, daß der Fehler in einem ganzen Intervall unterhalb einer vorgegebenen Schranke bleibt.

In diesem Abschnitt soll folgendes Problem behandelt werden, das seines besonderen Charakters wegen Interpolationsproblem heißt (auch hier ist es nur ein sehr spezielles Problem): Gegeben seien an n+1 Stützstellen $x_o, x_1, \ldots, x_n$ die Funktionswerte $f\,(x_o), \ldots, f\,(x_n)$. Gesucht ist ein Polynom möglichst niedrigen Grades, das in den Stützstellen die vorgegebenen Werte annimmt. Im Fall n=1 spricht man auch von *linearer Interpolation*, das interpolierende Polynom wird durch die Gerade durch die beiden Punkte $(x_0, f(x_0))$ und $(x_1, f(x_1))$ bestimmt. Allgemein gilt

11.15. Satz (*Lagrangesche Interpolationsformel*): Im $\mathbb{R}^2$ seien die Punkte (x_0, y_0), (x_1, y_1), ..., (x_n, y_n) mit $y_i = f(x_i)$ und $x_i \neq x_j$ für $i \neq j$ gegeben. Dann gibt es genau ein Polynom höchstens n-ten Grades durch diese Punkte, nämlich

$$P_n(x, f) = \sum_{k=o}^{n} y_k L_{kn}(x)$$

mit

$$L_{kn}(x) = \frac{(x-x_0) \cdots (x-x_{k-1})(x-x_{k+1}) \cdots (x-x_n)}{(x_k-x_0) \cdots (x_k-x_{k-1})(x_k-x_{k+1}) \cdots (x_k-x_n)}.$$

Beweis: Offenbar ist $L_{kn}(x_i) = \delta_{ik}$ mit dem Kroneckersymbol und daher

$$P_n(x_i, f) = \sum_{k=o}^{n} y_k \delta_{ik} = y_i = f(x_i).$$

$P_n(x, f)$ leistet also das Gewünschte. Die eindeutige Bestimmtheit dieses Polynoms ergibt sich wie folgt: Sind P_n und $\widetilde{P}_n$ zwei Polynome mit dieser Eigenschaft, so ist die Differenz $Q_n = P_n - \widetilde{P}_n$ ein Polynom n-ten Grades, das an $(n+1)$ Stellen Null ist. Nun kann man aber ein Polynom, das eine Nullstelle in x_0 hat, in der Form $Q_n(x) = (x-x_0) Q_{n-1}(x)$ mit einem Polynom Q_{n-1} vom Grade $n-1$ darstellen. Also gilt $Q_n(x) = a_n(x-x_0) \cdots (x-x_{n-1})$. Aus $Q_n(x_n) = 0$ folgt dann jedoch $a_n = 0$, also $Q_n = 0$.

Bevor Beispiele betrachtet werden, soll noch eine Fehlerabschätzung angegeben werden:

11.16. Satz: Ist f $(n+1)$-mal differenzierbar in $[a, b]$ und $P_n(x, f)$ das Lagrangesche Interpolationspolynom mit $x_i \in [a, b]$ für $i = 0, \ldots, n$, so gibt es für alle $x \in [a, b]$ ein ξ mit $\min\{x, x_0, \ldots, x_n\} < \xi < \max\{x, x_0, \ldots, x_n\}$, so daß

$$f(x) - P_n(x, f) = \frac{(x-x_0)(x-x_1) \cdots (x-x_n)}{(n+1)!} f^{(n+1)}(\xi).$$

Beweis: f und P_n haben an den Stellen $x_0, \ldots, x_n$ dieselben Werte, so daß

$$K(x) = \frac{f(x) - P_n(x, f)}{(x-x_0) \cdots (x-x_n)}$$

auf $[a, b]$ definiert ist, wenn in den Stützstellen stetig ergänzt wird. Dann sei

$$g(t) = f(t) - P_n(t, f) - (t-x_0)(t-x_1) \cdots (t-x_n) K(x).$$

Es gilt $g(x) = g(x_o) = \cdots = g(x_n) = 0$, daher hat nach dem Satz von Rolle 10.7 g' jeweils zwischen zwei benachbarten dieser Nullstellen von g mindestens eine Nullstelle, insgesamt also mindestens n+1 Nullstellen. Entsprechend hat g'' mindestens n Nullstellen und schließlich $g^{(n+1)}$ mindestens eine Nullstelle ξ mit

$$\min \{x, x_o, \ldots, x_n\} < \xi < \max \{x, x_o, \ldots, x_n\}:$$

$$g^{(n+1)}(\xi) = f^{(n+1)}(\xi) - (n+1)! \, K(x) = 0,$$

was sofort die Behauptung liefert.

Diese Fehlerabschätzung ist nicht immer sehr brauchbar, da man eventuell hohe Ableitungen der interpolierten Funktion f ausrechnen und abschätzen muß.

Nach Satz 11.15 ist zwar das Interpolationspolynom eindeutig bestimmt, es gibt jedoch andere Darstellungen dieses Polynoms, die mitunter für numerische Zwecke besser geeignet sind. Von diesen Darstellungen sei noch die auf Newton zurückgehende angegeben.

11.17. Definition: $f : [a, b] \to \mathbb{R}$ und Stützstellen $x_o, x_1, \ldots, x_n \in [a, b]$ seien gegeben. Dann heißen die Größen

$$f[x_o] : = f(x_o)$$

$$f[x_o, x_1] : = \frac{f(x_o) - f(x_1)}{x_o - x_1}$$

$$\vdots$$

$$f[x_o, x_1, \ldots, x_n] : = \frac{f[x_o, \ldots, x_{n-1}] - f[x_1, \ldots, x_n]}{x_o - x_n}$$

dividierte Differenzen von f.

11.18. Hilfssatz: a) Die dividierten Differenzen lassen sich in der Form

$$f[x_o, x_1, \ldots, x_n] = \sum_{j=0}^{n} \frac{f(x_j)}{(x_j - x_o) \cdots (x_j - x_{j-1})(x_j - x_{j+1}) \cdots (x_j - x_n)}$$

darstellen.

b) Die dividierten Differenzen sind symmetrische Funktionen der Argumente $x_o, \ldots, x_n$, d. h. sie ändern sich bei Vertauschung der x_i nicht.

Beweis: a) Mit vollständiger Induktion nach n, der Induktionsanfang $f[x_o] = f(x_o)$ ist Definition, der Schluß von n auf n+1 ist elementar.

b) Die Darstellung nach a) macht die Symmetrie deutlich.

145

11.19. Satz (*Newtonsche Interpolationsformel*): $f : [a, b] \to \mathbb{R}$ und die Stützstellen $x_0, x_1, \ldots, x_n \in [a, b]$ seien gegeben. Dann gilt für alle $x \in [a, b]$ die Newtonsche Interpolationsformel

$$f(x) = f[x_0] + (x-x_0) f[x_0, x_1] + (x-x_0)(x-x_1) f[x_0, x_1, x_n] + \ldots$$
$$+ (x-x_0)(x-x_1) \cdots (x-x_{n-1}) f[x_0, x_1, \cdots, x_n]$$
$$+ (x-x_0)(x-x_1) \cdots (x-x_n) f[x, x_0, x_1, \cdots, x_n].$$

Speziell gilt also für das Interpolationspolynom von Satz 11.15

$$P_n(x, f) = f[x_0] + (x-x_0) f[x_0, x_1] + \cdots +$$
$$(x-x_0) \cdots (x-x_{n-1}) f[x_0, x_1, \cdots, x_n].$$

Der Fehler bleibt natürlich derselbe wie in Satz 11.16. Man sieht sofort, daß bei Übergang von n zu (n+1) Stützstellen nur ein Summand im Interpolationspolynom hinzukommt, was numerisch große Vorteile bringen kann.

Beweis: Der Polynomanteil der Newtonschen Interpolationsformel hat in $x_0, \cdots, x_n$ die Werte $f(x_0), \cdots, f(x_n)$, da der letzte Summand an diesen Stellen Null ist. Daher stellt er das Interpolationspolynom dar. Die Newtonsche Interpolationsformel selbst ergibt sich durch sukzessives Einsetzen aus den Identitäten

$$f(x) = f[x_0] + (x-x_0) f[x, x_0]$$
$$f[x, x_0] = f[x_0, x_1] + (x-x_1) f[x, x_0, x_1]$$
$$\vdots$$
$$f[x, x_0, \cdots, x_{n-1}] = f[x_0, x_1, \cdots, x_n] + (x-x_n) f[x, x_0, \cdots, x_n].$$

11.20. Beispiele:
a) Ein Spezialfall der linearen Interpolation ist die regula falsi zur Berechnung der Nullstellen einer Funktion. Man beginnt mit Werten $x_0 < x_1$ sowie $f(x_0) f(x_1) < 0$ und bestimmt die Nullstelle x_2 von $P_1(x, f)$. Je nach Vorzeichen von $f(x_2)$ wiederholt man das Verfahren mit x_0 und x_2 oder x_2 und x_1 (Abb. 11.11).

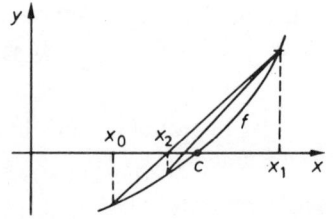

Abb. 11.11

Aus $P_1(x, f) = f(x_0) \dfrac{x_1 - x}{x_1 - x_0} + f(x_1) \dfrac{x - x_0}{x_1 - x_0}$

errechnet man

$$x_2 = \frac{f(x_1) x_0 - f(x_0) x_1}{f(x_1) - f(x_0)}$$

und wenn $f(c) = 0$

$$P_1(c, f) = \frac{f(x_1) - f(x_0)}{x_1 - x_0} (c - x_2) = f'(\eta)(c - x_2).$$

Aus Satz 11.16 schließlich folgt mit $x = c$

$$x_2 - c = \frac{(c - x_0)(c - x_1)}{2} \frac{f''(\xi)}{f'(\eta)}.$$

Das Verfahren kann sehr gut konvergieren.

b) Für die lineare Interpolation ist der Fehler nach Satz 11.16
$\frac{1}{2}(x - x_0)(x - x_1) f''(\xi)$. Der Faktor $-(x - x_0)(x - x_1)$ erreicht sein Maximum bei
$x = \frac{1}{2}(x_0 + x_1)$, ist ferner K eine obere Schranke für $|f''|$ zwischen x_0 und x_1, so
gilt dort

$$|f(x) - P_1(x, f)| \leqq \frac{K}{8}(x_1 - x_0)^2.$$

Das ist beim Tabellieren einer Funktion zu beachten, wenn wie üblich zwischen den Tabellenwerten linear interpoliert werden soll: Ist die Tabelle auf m Stellen (nach dem Komma) berechnet, so ist ihre Genauigkeit $\frac{1}{2} 10^{-m}$, der Interpolationsfehler sollte dann gleichfalls $< \frac{1}{2} 10^{-m}$ sein, damit insgesamt die letzte Stelle höchstens um eine Einheit falsch wird.

Für die Schrittweise $\Delta x = x_1 - x_0$ ergibt sich also

$$\Delta x \leqq 2 (10^m K)^{-\frac{1}{2}}$$

Z. B. bei einer Tafel von Logarithmen zur Basis 10 ist

$f = {}^{10}\log$ und $f''(x) = -\dfrac{1}{x^2 \ln 10}$, so daß $K = \dfrac{1}{x_0^2 \ln 10}$ wird, wenn x_0 der Anfangswert der Tafel ist. Setzt man die Schrittweite zu 1 fest und wählt eine n-stellige Tafel mit $x_0 = 10^{n-2}$, so sollte

$$10^m \leqq \frac{4}{K} = 4 \cdot 10^{2n-4} \ln 10$$

erfüllt sein oder etwa $m \leqq 2n - 3$. So hat man häufig die Wahl $m = 5$, $n = 4$ oder $m = 7$, $n = 5$.

c) Das Lagrangesche Interpolationspolynom ist keineswegs immer als gute Näherung bei niedrigem n geeignet. So lautet $P_4(x, \sin)$ mit den Stützstellen $\pm \pi, \pm \frac{\pi}{2}, 0$:

$$P_4(x, \sin) = -\frac{(x+\pi)\,(x-0)\,(x-\frac{\pi}{2})\,(x-\pi)}{(-\frac{\pi}{2}+\pi)\,(-\frac{\pi}{2}-0)\,(-\frac{\pi}{2}-\frac{\pi}{2})\,(-\frac{\pi}{2}-\pi)} +$$

$$+\frac{(x+\pi)\,(x+\frac{\pi}{2})\,(x-0)\,(x-\pi)}{(\frac{\pi}{2}+\pi)\,(\frac{\pi}{2}+\frac{\pi}{2})\,(\frac{\pi}{2}-0)\,(\frac{\pi}{2}-\pi)} =$$

$$= -\frac{8x}{3\pi^3}(x^2 - \pi^2).$$

Der Fehler $R(x) = \sin x - P_4(x, \sin)$ hat z. B.

für $x = \frac{3}{4}\pi$ den Wert $|R(\frac{3}{4}\pi)| = \frac{1}{2}\,(\frac{7}{4} - \sqrt{2}) = 0,16 \ldots$, also einen recht großen Wert. Der relative Fehler ist noch größer.

Aufgaben zu Kap. 11:

1. Man bestimme die Grenzwerte

   a) $\frac{5^x - 1}{\sin 2x}$ für $x \to 0$,   b) $\frac{2\,\sqrt[3]{1+x} - \sqrt{4+x}}{\sqrt{9+x} - 3}$ für $x \to 0$,

   c) $(\frac{x^3 + 2x^2}{x-1})^{\frac{1}{2}} - x$ für $x \to \infty$, d) $(\tan x - 1)\,(1 - \tan \frac{x}{2})$ für $x \to \frac{\pi}{2}$,

   e) $\frac{1}{\sin x} - \frac{1}{e^x - 1}$ für $x \to 0$, f) $(1-2^x)^{\sin x}$ für $x \to 0$,

   g) $(\cot x)^{\sin x}$ für $x \to 0$,   h) $(1+e^{-x})^{\cot \frac{1}{x}}$ für $x \to \infty$.

2. Man bestimme näherungsweise eine Wurzel der Gleichung
   $e^x - 3x^2 = 0$ zwischen 0 und 1

   a) nach dem Newtonschen Verfahren,   b) nach dem Iterationsverfahren.

3. Man bestimme näherungsweise die kleinste positive Wurzel der Gleichung
   $x - 1 + \frac{1}{2}\tan x = 0$.
   a) nach dem Newtonschen Verfahren,   b) nach dem Iterationsverfahren.

4. Man führe eine Kurvendiskussion für die folgenden Funktionen durch:

a) $\frac{3x - 11}{3x - 9} + \ln [(x^2 - 6x + 9) (x^2 - 1)]$,

b) $\frac{x^4}{x^2 - 4x + 2} e^{1 - 2x}$,   c) $\frac{x^2 - 5}{-x^2 + 3x - 2}$.

5. Man zeige: Ist $g : [a, b] \to \mathbb{R}$ konvex und f auf dem Wertebereich von g monoton wachsend und konvex, so ist $f \circ g$ konvex in $[a, b]$.

Sind die Voraussetzungen notwendig?

6. Man führe die Überlegungen des Beispiels 11.20b für sin durch.

7. Man untersuche den Fehler der Lagrangeschen Interpolation von exp in Intervall $[0, 1]$ mit den Stützstellen $0, \frac{1}{n}, \frac{2}{n}, \ldots, 1$.

Wie groß muß n gewählt werden, damit der Fehler $< 10^{-6}$ wird?

12. Integralrechnung

Die Integration reeller Funktionen kann auf zwei Fragestellungen zurückgeführt werden: Einmal will man den Flächeninhalt krummlinig begrenzter ebener Flächenstücke berechnen, damit kann z. B. auch der Schwerpunkt ebener Figuren bestimmt werden. Dieses Problem ist sehr alt und schon von Archimedes in gewissen Fällen gelöst worden. Zum anderen soll eine Umkehrung der Differentiation gewonnen werden, diese Frage konnte natürlich erst nach der Entdeckung der Differentialrechnung gestellt werden. Z. B. ist bei der Berechnung der Bahn eines Massenpunktes nach dem Newtonschen Gesetz, wenn die wirkenden Kräfte bekannt sind, eine zweimalige Differentiation rückgängig zu machen.

Es zeigt sich, daß beide Fragestellungen zwei Seiten ein und derselben Sache betreffen. Hier soll zuerst die Umkehrung der Differentiation behandelt werden, durch die recht einfach ein formaler Kalkül der Integralrechnung gewonnen werden kann.

12.1. Definition: $f : I \to \mathbb{R}$ sei gegeben, $F : I \to \mathbb{R}$ heißt Stammfunktion von f im Intervall I, wenn $F' = f$; dann heißt für $y, z \in I$

$$F(x) \Big|_y^z := F(z) - F(y) = : \int_y^z f(x)\,dx = : \int_y^z f\,dx$$

(Stammfunktions-) Integral über f von y bis z. x heißt Integrationsvariable und kann durch einen anderen Buchstaben ersetzt werden, der aber nicht mit den als Integralgrenzen bezeichneten y und z übereinstimmen sollte.

Die Bezeichnungsweise lehnt sich an das später über den Flächeninhalt zu definierende bestimmte Integral an. Es sind an dieser Stelle verschiedene Bezeichnungen üblich, die aber meist nicht klar und einwandfrei sind, z. B. wird der Begriff des unbestimmten Integrals ganz verschieden gebraucht. Dagegen ist der obige Ausdruck unabhängig von der speziellen Stammfunktion und daher f und den Werten y und z eindeutig zugeordnet, wenn man den nachstehenden Hilfssatz beachtet.

12.2. Hilfssatz: Ist F Stammfunktion von $f : I \to \mathbb{R}$, so sind die Funktionen $F + c$ mit einer beliebigen konstanten Funktion c genau die sämtlichen Stammfunktionen von f.

Beweis: Wegen $(F+c)' = F' = f$ ist jedes $F+c$ auch Stammfunktion. Ist auch $\widetilde{F}$ Stammfunktion von f, so gilt $(\widetilde{F}-F)' = \widetilde{F}' - F' = f - f = 0$, also nach Folgerung 10.9 $\widetilde{F} - F = c$.

12.3. Beispiele:

Aufgrund der Differentiationsbeispiele 10.4 hat man sofort eine ganze Liste von Stammfunktionen, zur Vereinfachung ist im allgemeinen $z = 0$ gesetzt, also $F(y) - F(0)$ angegeben:

a) $\frac{1}{\alpha+1} y^{\alpha+1} = \int\limits_0^y x^\alpha dx$ für $\alpha \in \mathbb{R}, \alpha > -1$

$\ln|y| = \int\limits_1^y \frac{dx}{x}$ für $y > 0$, $\ln|y| = \int\limits_{-1}^y \frac{dx}{x}$ für $y < 0$.

b) $\sum\limits_{k=0}^n \frac{a_k}{k+1} y^{k+1} = \int\limits_0^y \left(\sum\limits_{k=0}^n a_k x^k \right) dx$.

c) $e^y - 1 = \int\limits_0^y e^x dx$.

d) $1 - \cos y = \int\limits_0^y \sin x \, dx$, $\sin y = \int\limits_0^y \cos x \, dx$.

e) $\tan y = \int\limits_0^y \frac{dx}{\cos^2 x}$ für $|y| < \frac{\pi}{2}$, $-\cot y = \int\limits_{\frac{\pi}{2}}^y \frac{dx}{\sin^2 x}$ für $0 < y < \pi$.

f) $\text{Arc}\sin y = \int\limits_0^y \frac{dx}{+\sqrt{1-x^2}}$ für $|y| < 1$, $\text{Arc}\tan y = \int\limits_0^y \frac{dx}{1+x^2}$.

g) $\cosh y - 1 = \int\limits_0^y \sinh x \, dx$, $\sinh y = \int\limits_0^y \cosh x \, dx$.

h) $\text{area}\sinh y = \int\limits_0^y \frac{dx}{\sqrt{1+x^2}}$, $\text{area}\tanh y = \int\limits_0^y \frac{dx}{1-x^2}$ für $|y| < 1$.

i) $\sum\limits_{n=0}^\infty \frac{a_n}{n+1} y^{n+1} = \int\limits_0^y \left(\sum\limits_{n=0}^\infty a_n x^n \right) dx$

im Innern des Konvergenzkreises, da nach Satz 9.2b beide Reihen denselben Konvergenzradius haben und nach Beispiel 10.4d gliedweise differenziert werden darf.

j) Ist $f(x) \ne 0$ für alle $x \in I$, so gilt dort

$$\ln|f(x)| \, \big|_z^y = \int\limits_z^y \frac{f'(x)}{f(x)} \, dx,$$

speziell ist

$-\ln|\cos y| = \int\limits_0^y \tan x \, dx$, $\ln|\cosh y| = \int\limits_0^y \tanh x \, dx$.

151

Formt man wie folgt um: $\sin x = 2 \sin \frac{x}{2} \cos \frac{x}{2} = 2 \tan \frac{x}{2} \cos^2 \frac{x}{2}$, so sieht man

$$\ln \left| \tan \frac{y}{2} \right| = \int_{\frac{\pi}{2}}^{y} \frac{dx}{\sin x}.$$

Weitere Möglichkeiten zur Berechnung von Stammfunktionen bieten die Differentiationsregeln von Satz 10.3:

12.4. Satz: a) Besitzen f und g Stammfunktionen F bzw. G, so ist für $a \in \mathbb{R}$ aF eine Stammfunktion von af und F+G eine Stammfunktion von f+g:

$$a \int_{z}^{y} f(x)\, dx = \int_{z}^{y} af(x)\, dx$$

$$\int_{z}^{y} f(x)\, dx + \int_{z}^{y} g(x)\, dx = \int_{z}^{y} (f(x) + g(x))\, dx.$$

b) *Partielle Integration*: Sind f und g differenzierbar in I und besitzt f'g eine Stammfunktion H, so ist fg−H eine Stammfunktion von fg':

$$f(x)\, g(x) \Big|_{z}^{y} - \int_{z}^{y} f'(x)\, g(x)\, dx = \int_{z}^{y} f(x)\, g'(x)\, dx.$$

c) *Substitutionsregel*: Besitzt $f : I \to \mathbb{R}$ eine Stammfunktion F und ist $\varphi : I' \to I$ differenzierbar, so ist $F \circ \varphi$ eine Stammfunktion von $(f \circ \varphi)\, \varphi'$:

$$\int_{\varphi(z)}^{\varphi(y)} f(x)\, dx = \int_{z}^{y} f(\varphi(t))\, \varphi'(t)\, dt \quad \text{für alle} \quad y, z \in I'.$$

Ist zusätzlich φ' stetig und $\varphi'(x) \neq 0$ für alle $x \in I'$, so kann man auch schreiben

$$\int_{z}^{y} f(x)\, dx = \int_{\varphi^{-1}(z)}^{\varphi^{-1}(y)} f(\varphi(t))\, \varphi'(t)\, dt \quad \text{für alle} \quad y, z \in I.$$

Beweis: a) Ergibt sich sofort aus Differentiationsregel 10.3a.

b) Nach Satz 10.3a ist $(fg - H)' = f'g + fg' - f'g = fg'$.

c) Nach Satz 10.3c ist $(F \circ \varphi)' = (f \circ \varphi)\, \varphi'$. Unter der Voraussetzung φ' stetig und $\varphi(x) \neq 0$ für $x \in I$ existiert φ^{-1} und man kann das vorherige Ergebnis auch für die Transformation $s = \varphi^{-1}(t)$ anwenden.

Damit hat man das wesentliche Instrumentarium der Integralrechnung.

Neben den folgenden Beispielen sei auf das nächste Kapitel verwiesen, das den Charakter einer Beispielsammlung zu diesem Kapitel hat.

12.5. Beispiele:

a) $\int\limits_z^y \ln x \, dx = \int\limits_z^y 1 \cdot \ln x \, dx$

$\qquad\qquad = x\ln x \ \big|_z^y - \int\limits_z^y dx$

$\qquad\qquad = (x\ln x - x) \ \big|_z^y$

b) $\int\limits_z^y \text{Arc sin } x \, dx = \int\limits_z^y 1 \cdot \text{Arc sin } x \, dx$

$\qquad\qquad = x \text{ Arc sin } x \ \big|_z^y - \int\limits_z^y \frac{x}{\sqrt{1-x^2}} \, dx$

$\qquad\qquad = (x \text{ Arc sin } x + \sqrt{1-x^2}) \ \big|_z^y$

c) $\int\limits_z^y \text{Arc tan } x \, dx = x \text{ Arc tan } x \ \big|_z^y - \int\limits_z^y \frac{x}{1+x^2} \, dx$

$\qquad\qquad = (x \text{ Arc tan } x - \tfrac{1}{2} \ln (1+x^2)) \ \big|_z^y$

d) $\int\limits_z^y x e^x \, dx \qquad = x e^x \ \big|_z^y - \int\limits_z^y e^x dx$

$\qquad\qquad = (x e^x - e^x) \ \big|_z^y$

e) $\int\limits_z^y e^{\sqrt{x}} \, dx \qquad = 2\int\limits_{\sqrt{z}}^{\sqrt{y}} t e^t dt \ \text{ mit } \ x = t^2, \frac{dx}{dt} = 2t \text{ und } x \in \,]0, \infty[,$

$\qquad\qquad = (2t e^t - 2e^t) \ \big|_{\sqrt{z}}^{\sqrt{y}}$

$\qquad\qquad = (2\sqrt{x} \ e^{\sqrt{x}} - 2e^{\sqrt{x}}) \ \big|_z^y$

f) Wegen $\cos x = \cos^2 \tfrac{x}{2} - \sin^2 \tfrac{x}{2} = \cos^2 \tfrac{x}{2} (1 - \tan^2 \tfrac{x}{2})$

und für $t = \tan \tfrac{x}{2}, \frac{dt}{dx} = \tfrac{1}{2} \ \frac{1}{\cos^2 \tfrac{x}{2}}$ mit $x \in \,]-\pi, \pi[$ gilt

$\int\limits_z^y \frac{dx}{\cos x} = \int\limits_{\tan \frac{z}{2}}^{\tan \frac{y}{2}} \frac{2 \, dt}{1-t^2} = \int\limits_{\tan \frac{z}{2}}^{\tan \frac{y}{2}} (\tfrac{1}{1+t} + \tfrac{1}{1-t}) \, dt$

$\qquad\qquad = \ln \big| \tfrac{1+t}{1-t} \big| \ \Big|_{\tan \frac{z}{2}}^{\tan \frac{y}{2}}$

$\qquad\qquad = \ln \big| \frac{1 + \tan \frac{x}{2}}{1 - \tan \frac{x}{2}} \big| \big|_z^y$ für $x \in \,]-\pi, \pi[$

Wenn die oben besprochenen Methoden auch ausreichen, für eine große Funktionenklasse Stammfunktionen zu bestimmen, so reichen sie häufig doch noch nicht hin, um z. B. die Lösung einer Differentialgleichung zu berechnen. Daher möchte man eine leicht beschreibbare und möglichst große Klasse von Funktionen haben, die Stammfunktionen besitzen.

Hier führt die Frage der Flächeninhaltsbestimmung zum Ziel. Diese Theorie kann an dieser Stelle nicht in dem ganzen, für die Anwendungen eigentlich notwendigen Umfang durchgeführt werden. Aber es kann ein erster Schritt gemacht und der weitere Weg skizziert werden, um die notwendigen allgemeinen Sätze formulieren zu können.

Ein möglicher Weg in die Integralrechnung ist der, von der Integration einfacher Funktionen mittels Approximation zu Integralen komplizierterer Funktionen überzugehen. Dies soll im folgenden durchgeführt werden, dazu werden zuerst Treppenfunktionen gemäß Beispiel 4.5f betrachtet. In der Darstellung $(a_0, a_1, \cdots, a_n; c_1, \cdots, c_n)$ einer Treppenfunktion φ sind die a_k im allgemeinen Sprungstellen von φ, brauchen es aber nicht zu sein, dä $c_k = c_{k+1} = \varphi(a_k)$ sein kann. Die spezielle Treppenfunktion χ_I mit $\chi_I(x) = 0$ für $x \notin I$ und $\chi_I(x) = 1$ für $x \in I$ für ein endliches Intervall I heißt *charakteristische Funktion* von I.

Der Flächeninhalt der von φ und der x-Achse begrenzten Figur ist elementargeometrisch klar (Abb. 4.1 in Beispiel 4.5f), er wird als Integral über φ definiert. Vor dieser Definition sollen aber noch einige einfache Eigenschaften von Treppenfunktionen festgehalten werden:

12.6. Hilfssatz: Es seien $\varphi, \psi \in T$, T sei die Menge der Treppenfunktionen. Dann gilt

a) für a, b $\in \mathbb{R}$ sind auch $a\varphi + b\psi$ und $\varphi\psi$ in T, T ist also ein reeller Vektorraum (Definition 5.4).

b) min $\{\varphi, \psi\} \in T$, max $\{\varphi, \psi\} \in T$, $|\varphi| \in T$.

Beweis: Man ordne alle Unstetigkeitspunkte von φ und ψ der Größe nach: $a_0 < a_1 < \ldots < a_n$. Dann sind φ und ψ in $]a_k, a_{k+1}[$, $k = 0, \ldots, n-1$, konstant.

a) $a\varphi + b\psi$ und $\varphi\psi$ sind in $]a_k, a_{k+1}[$ konstant, also sind es Treppenfunktionen.

b) Wie unter a) sind min $\{\varphi, \psi\}$, max $\{\varphi, \psi\}$ und $|\varphi|$ in $]a_k, a_{k+1}[$ konstant, gehören also alle zu T.

12.7. Definition: Für $\varphi \in T$ mit der Darstellung $(a_0, \ldots, a_n; c_1, \ldots c_n)$ sei

$$\int \varphi = \sum_{k=1}^{n} c_n (a_k - a_{k-1}); \text{ gelesen: Integral } \varphi.$$

Diese Definition ist sinnvoll, da sie nicht von der Darstellung abhängt: Eingeschobene oder wegfallende a_k heben sich heraus. Es sollen nun einige Eigenschaften des Integrals gezeigt werden, die auch für die Integrale allgemeinerer Funktionenmengen richtig bleiben und die für den Flächeninhaltsbegriff charakteristisch sind. Es sei an dieser Stelle auf die Abbildungseigenschaften des Integrals hingewiesen:

$(\int: T \to \mathbb{R})$. Diese Abbildung ist nach dem folgenden Hilfssatz linear.

12.8. Hilfssatz: a) Für $\varphi, \psi \in T$ und $\alpha, \beta \in \mathbb{R}$ gilt

$\int (\alpha\varphi + \beta\psi) = \alpha \int \varphi + \beta \int \psi$
(Linearität des Integrals).

b) Für $\varphi \in T, \varphi \geq 0$ gilt $\int\varphi \geq 0$
(Positivität des Integrals). Speziell für $\varphi \leq \psi$ folgt $\int \varphi \leq \int \psi$.

c) Für $\varphi \in T$ gilt $|\int\varphi| \leq \int |\varphi|$.

Beweis: a) Man wähle für φ und ψ Darstellungen, die gleiche Stellen $a_0, a_1, \ldots, a_n$ enthalten. Dann ist die Aussage trivial.

b) $\varphi \geq 0 \Rightarrow \int \varphi \geq 0$ ist eine direkte Folge der Definition. Aus Teil a) folgt dann auch $\int\varphi \leq \int \psi$ für $\varphi \leq \psi$.

c) $|\int\varphi| = |\sum_{k=1}^{n} c_k(a_k - a_{k-1})| \leq \sum_{k=1}^{n} |c_k| (a_k - a_{k-1}) = \int |\varphi|$.

Bei der Erweiterung des Integralbegriffs auf größere Funktionenklassen kann wie folgt vorgegangen werden: Man betrachtet Folgen (φ_n) aus T und deren Grenzwerte f, dann wird $\int f \, dx = \lim_{n\to\infty} \int \varphi_n$ gesetzt, wenn dieser Grenzwert existiert. Diese Definition ist nur dann sinnvoll, wenn für zwei f approximierende Folgen derselbe Wert für das Integral herauskommt, daher ist ein Hilfssatz der Form

"$\varphi_n \to 0 \Rightarrow \int \varphi_n \to 0$" notwendig.

Die Größe der Funktionenmenge, für die man auf diesem Weg das Integral erklären kann, hängt natürlich entscheidend von dem der Approximation zugrunde gelegten Konvergenzbegriff ab. Bisher ist in Definition 9.5 die gleichmäßige Konvergenz vorgekommen, dafür soll nun der oben skizzierte Weg durchgeführt werden. Danach wird noch ein allgemeinerer Konvergenzbegriff erläutert, der zum Lebesgueschen Integral führt, wenn dies auch nicht mehr ausgeführt werden soll.

Um vorab die Reichweite der gleichmäßigen Konvergenz zu zeigen, wird bewiesen:

12.9. Hilfssatz: Eine stetige Funktion $f : [a, b] \to \mathbb{R}$ ist durch eine Folge von Treppenfunktionen (φ_n) gleichmäßig approximierbar, wobei $\varphi_n (x) = 0$ für $x \notin [a, b]$ und alle n.

Beweis: Zu jedem $n \in \mathbb{N}$ seien $a_{no}, a_{n1}, \ldots, a_{n2^n}$ mit $a_{nk} = a+k (b-a) 2^{-n}$ eine Unterteilung von $[a, b]$ und in jedem Teilintervall sei

$c_{nk} = \min \{f (x) \mid x \in [a_{n(k-1)}, a_{nk}]\}, \quad k = 1, \ldots, 2^n.$

φ_n sei die zu diesen a_{nk} und c_{nk} gehörige Treppenfunktion (sie heißt auch Unterfunktion von f und $\int\varphi_n$ Untersumme). Der Einfachheit halber sei $\varphi_n(a) = c_{n1}$ und $\varphi_n(a_{nk}) = c_{nk}$ für $k = 1, \ldots, 2^n$ gesetzt.

Dann ist $\varphi_n \in T, \varphi_n (x) = 0$ für $x \notin [a, b]$ und $\varphi_n \leq \varphi_{n+1} \leq f$. Die letzten Ungleichungen gelten, da beim Übergang von n zu n+1 (Abb. 12.1) jedes Teilintervall

155

halbiert und in den Hälften das Minimum von f nicht kleiner als das Minimum im ganzen Teilintervall sein kann.

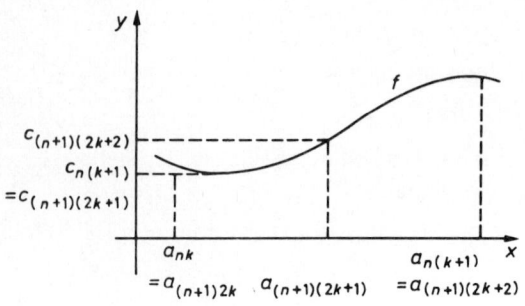

Abb. 12.1

Es sei nun $\epsilon > 0$ gegeben. Wegen der Stetigkeit von f ist $|f(x) - f(a)| < \epsilon$ für $a \leqq x \leqq a + \delta$, für genügend großes n ist also $0 \leqq f(a) - \varphi_n(a) < \epsilon$. Dann ist für genügend großes n

$$x_n^* = \sup\{x \mid 0 \leqq f(t) - \varphi_n(t) \leqq \epsilon \text{ für alle } t \in [a, x]\}$$

definiert, es ist $x_n^* > a$. Da φ_n mit n monoton wächst, wächst auch x_n^* monoton, es gelte $x_n^* \to x^*$ für $n \to \infty$. Wegen der Stetigkeit von f gibt es ein Intervall $I = [x^* - \delta, x^* + \delta] \cap [a, b]$ mit $|f(x) - f(x^*)| \leqq \frac{\epsilon}{2}$ für $x \in I$. Für alle $x \in [a_{n(k-1)}, a_{nk}] \subseteq I$ gilt $|f(x) - c_{nk}| \leqq$

$\leqq |f(x) - f(x^*)| + |f(x^*) - c_{nk}| \leqq \epsilon$, also auch $f(x) - \varphi_n(x) \leqq \epsilon$. Diese Ungleichung bleibt beim Übergang zu n+1 richtig, also gibt es ein Intervall $J \subseteq I$, das Vereinigung von Teilintervallen der jeweiligen Teilung ist und in dem $f(x) - \varphi_n(x) \leqq \epsilon$ für $n \geqq n_0$. Wählt man andererseits n_1 so groß, daß $x_n^* \in J$ für $n \geqq n_1$, so gilt für $n \geqq \max\{n_0, n_1\}$ $f(x) - \varphi_n(x) \leqq \epsilon$ in $[a, x_n^*] \cup J$. Das widerspricht der Definition von x_n^*, es sei denn $x_n^* = x^* = b$ für $n \geqq n_2$. Damit ist für diese n aber $f(x) - \varphi_n(x) \leqq \epsilon$ und die gleichmäßige Konvergenz ist gezeigt.

Das nachstehend definierte Integral ist also insbesondere für stetige Funktion erklärt.

12.10. Hilfssatz: Die Funktionen der Folge (φ_n) aus T seien außerhalb eines endlichen Intervalles $[a, b]$ Null und die Folge φ_n konvergiere gleichmäßig in $[a, b]$ gegen Null. Dann gilt

$$\int \varphi_n \to 0.$$

Beweis: Gleichmäßige Konvergenz bedeutet $|\varphi_n(x)| < \epsilon$ für alle $n > N$ unabhängig von x. Also gilt $|\int \varphi_n| \leqq \int |\varphi_n| \leqq \int \epsilon \, \chi_{[a,b]} = \epsilon(b-a)$ nach Hilfssatz 12.8. Das ist die Behauptung.

12.11. Folgerung: Es sei $f: [a, b] \to \mathbb{R}$ gleichmäßiger Grenzwert zweier Folgen (φ_n) und (ψ_n) aus T, alle φ_n und ψ_n seien außerhalb von $[a, b]$ Null. Dann gilt

a) $\int \varphi_n$ und $\int \psi_n$ konvergieren gegen dieselbe reelle Zahl.

b) f ist beschränkt.

Beweis: a) Wegen der gleichmäßigen Konvergenz gilt

$$|\varphi_n(x) - f(x)| < \tfrac{1}{2}\epsilon \text{ für } n > N$$

unabhängig von x, also

$$|\varphi_n(x) - \varphi_m(x)| \leqq |\varphi_n(x) - f(x)| + |\varphi_m(x) - f(x)| < \epsilon$$

für $n > N$. Damit wird

$$|\int\varphi_n - \int\varphi_m| \leqq \int|\varphi_n - \varphi_m| \leqq \epsilon\int\chi_{[a,b]} = \epsilon\,(b-a),$$

mithin konvergiert die reelle Zahlenfolge $(\int\varphi_n)$ aufgrund des Cauchyschen Konvergenzkriteriums 7.11 gegen eine reelle Zahl s. Analog gilt $\int\psi_n \to \tilde{s}$.

Nun hat man aber wegen $|\psi_n(x) - f(x)| < \tfrac{1}{2}\epsilon$ für $n > N_1$ auch

$$|\varphi_n(x) - \psi_n(x)| \leqq |\varphi_n(x) - f(x)| + |\psi_n(x) - f(x)| < \epsilon$$

für $n > \max\{N, N_1\}$, so daß $\varphi_n - \psi_n$ gleichmäßig gegen Null konvergiert. Nach dem Hilfssatz folgt

$$\int(\varphi_n - \psi_n) = \int\varphi_n - \int\psi_n \to s - \tilde{s} = 0.$$

b) Aus $|f(x) - \varphi_n(x)| < 1$ für $n > N$ folgt $|f(x)| < 1 + |\varphi_n(x)|$ und f ist beschränkt.

12.12. Definition: Existiert für eine Funktion $f : [a, b] \to \mathbb{R}$ in einem endlichen Intervall $[a, b]$ eine Folge (φ_n) aus T, die gleichmäßig gegen f konvergiert, wobei alle φ_n außerhalb von $[a, b]$ Null sind, so heißt f (elementar) *integrierbar* und

$$\int_a^b f(x)\,dx := \int_a^b f\,dx := \lim_{n\to\infty}\int\varphi_n$$

bestimmtes Integral von f über $[a, b]$.

Die Definition ist wegen der letzten Folgerung sinnvoll, die auch die Beschränktheit von f als notwendige Eigenschaft einer integrierbaren Funktion enthält. Die Stetigkeit von f ist hinreichend für die Integrierbarkeit. Es ist anschaulich klar, daß man das bestimmte Integral von f über $[a, b]$ als Flächeninhalt zwischen dem Graphen von f und der x-Achse ansehen kann, da für genügend großes n die φ_n in einem Streifen der Breite 2ϵ um f liegen (Abb. 12.2). Für Funktionen $\varphi \in T$ mit

$$\varphi(x) = 0 \text{ für } x \notin [a, b] \text{ gilt natürlich } \int\varphi = \int_a^b \varphi\,dx, \text{ so daß eine echte Erweiterung}$$

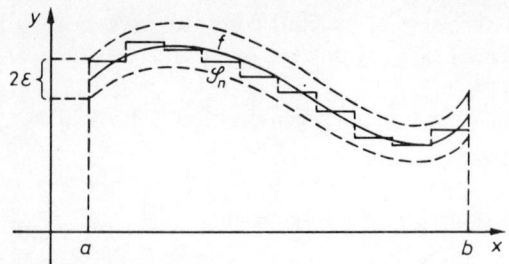

Abb. 12.2

des Integrals über Treppenfunktionen vorliegt. Der nächste Hilfssatz zeigt, daß alle in T bewiesenen Eigenschaften erhalten bleiben.

Es sei noch erwähnt, daß der hier erhaltene Integralbegriff etwas spezieller ist als der häufig eingeführte Begriff des Riemannschen Integrals.

12.13. Hilfssatz: a) Für f, g integrierbar über $[a, b]$ und $\alpha, \beta \in \mathbb{R}$ ist auch $\alpha f + \beta g$ über $[a, b]$ integrierbar und es gilt

$$\int_a^b (\alpha f + \beta g)\, dx = \alpha \int_a^b f\, dx + \beta \int_a^b g\, dx.$$

b) Wenn f integrierbar ist über $[a, b]$ und $f \geq 0$, so gilt $\int_a^b f\, dx \geq 0$,

speziell für $f \leq g$ folgt $\int_a^b f\, dx \leq \int_a^b g\, dx$.

c) Wenn f integrierbar ist über $[a, b]$, ist $|f|$ integrierbar über $[a, b]$ und

es gilt $\left| \int_a^b f\, dx \right| \leq \int_a^b |f|\, dx$.

Beweis: a) Aus $\varphi_n \to f$ und $\psi_n \to g$ gleichmäßig folgt auch die gleichmäßige Konvergenz von $\alpha \varphi_n + \beta \psi_n$ gegen $\alpha f + \beta g$. Daher ist $\alpha f + \beta g$ integrierbar und wegen Hilfssatz 12.8a gilt für $n \to \infty$

$$\int_a^b (\alpha f + \beta g)\, dx \leftarrow \int (\alpha \varphi_n + \beta \psi_n) = \alpha \int \varphi_n + \beta \int \psi_n \to \alpha \int_a^b f\, dx + \beta \int_a^b g\, dx.$$

b) $f \geq 0$ und $\varphi_n \to f$ gleichmäßig, dann konvergiert auch $\psi_n = \max \{\varphi_n, 0\}$ gleichmäßig gegen f, da $|\psi_n(x) - f(x)| \leq |\varphi_n(x) - f(x)|$. Nach 12.8b folgt

$$0 \leq \int \psi_n \to \int_a^b f\, dx,$$

und das letzte Integral muß nichtnegativ sein.

158

c) Wegen $\big|\,|\varphi_n(x)| - |f(x)|\,\big| \leq |\varphi_n(x) - f(x)|$ konvergiert $|\varphi_n|$ gleichmäßig gegen $|f|$, wenn φ_n gleichmäßig gegen f geht. Damit ist $|f|$ integrierbar und nach 12.8c folgt

$$|\int_a^b f\, dx\,| \leftarrow |\int \varphi_n\,| \leq \int |\varphi_n| \rightarrow \int |f|\, dx,$$

daraus ergibt sich die behauptete Ungleichung.

Zu diesen Eigenschaften, die das Verhalten des Integrals als Abbildung der Menge der über [a, b] integrierbaren Funktionen in $\mathbb{R}$ betreffen, treten weitere, die ein Verhalten bezüglich des Integrationsintervalles beschreiben, das man endliche Additivität nennt. Um dies für alle Lagen dreier Punkte formulieren zu können, zuerst eine Definition:

12.14. Definition: Für alle f und a sei

$$\int_a^a f\, dx = 0$$

und für über [b, a] integrierbare Funktionen (b < a) sei

$$\int_a^b f\, dx := -\int_b^a f\, dx.$$

12.15. Hilfssatz: a) Für drei beliebige a, b, c $\in \mathbb{R}$ mit a < b < c ist f genau dann über [a, c] integrierbar, wenn es über [a, b] und [b, c] integrierbar ist, und es gilt

$$\int_a^c f\, dx = \int_a^b f\, dx + \int_b^c f\, dx.$$

b) Falls f über die auftretenden Intervalle integrierbar ist, gilt die letzte Gleichung für alle Lagen von a, b und c.

Beweis: a) Eine Folge $\varphi_n \to f$ in [a, c] kann man wie folgt zerlegen:

$$\psi_n(x) = \begin{cases} \varphi_n(x) & \text{für } x \in [a,b] \\ 0 & \text{sonst} \end{cases}, \quad \chi_n(x) = \begin{cases} \varphi_n(x) & \text{für } x \in [b,c] \\ 0 & \text{sonst} \end{cases}$$

Es gilt $\psi_n \to f$ in [a, b] und $\chi_n \to f$ in [b, c], jeweils gleichmäßig, damit ist f über [a, b] und [b, c] integrierbar. Dieser Schluß läßt sich durch entsprechendes Zusammensetzen von ψ_n und χ_n zu φ_n umkehren, dabei ist etwa $\varphi_n(b) = \psi_n(b)$ zu setzen. Entsprechend zerlegen sich die Integrale über die Treppenfunktionen,

$$\int \varphi_n = \int \psi_n + \int \chi_n,$$

woraus für n $\to \infty$ die Behauptung folgt. b) folgt aus Definition 12.14.

Damit liegt die Theorie des bestimmten Integrals im hier definierten Sinn vor. Vor den Beispielen soll die Verbindung zu den Stammfunktionen hergestellt werden, womit ein zentraler Satz der Analysis bewiesen wird.

12.16. Satz (*Mittelwertsatz der Integralrechnung*):

$f : [a, b] \to \mathbb{R}$ sei stetig, dann existiert ein $\xi \in [a, b]$, so daß

$$\int_a^b f \, dx = f(\xi)(b-a).$$

Beweis: Sei $m = \min \{f(x) \mid x \in [a, b]\}$, $M = \max \{f(x) \mid x \in [a, b]\}$. Wegen $m \leq M$ folgt aus 12.13b und a

$$m\int \chi_{[a,b]} \leq \int_a^b f \, dx \leq M \int \chi_{[a,b]}$$

und damit

$$m \leq \frac{1}{b-a} \int_a^b f \, dx \leq M.$$

Nach dem Zwischenwertsatz 8.8 nimmt f jeden Wert zwischen m und M an mindestens einer Stelle ξ an, daraus folgt die Behauptung.

12.17. Satz (*Hauptsatz der Differential- und Integralrechnung*):

$f : [a, b] \to \mathbb{R}$ sei stetig, dann ist $F : [a, b] \to \mathbb{R}$ mit $F(x) = \int_a^x f \, dt$ eine Stammfunktion von f.

Für jede Stammfunktion F von f gilt

$$\int_a^b f \, dx = F(b) - F(a) = F(x) \mid_a^b.$$

Beweis: Für $F(x) = \int_a^x f \, dt$ gilt nach dem letzten Satz

$$F(x) = \int_a^{x_0} f \, dt + \int_{x_0}^x f \, dt = F(x_0) + f(\xi)(x-x_0)$$

für ein ξ zwischen x_0 und x. Wegen der Stetigkeit von f ist $f(\xi) = f(x_0) + o(1)$, womit alles bewiesen ist.

12.18. Beispiele:

a) Für die Formulierung der Regeln der partiellen Integration und der Substitution für bestimmte Integrale sei auf Aufgabe 12.1 verwiesen, da sich gegenüber Satz 12.4b,c fast nichts ändert.

b) Es sei für $n = 0, 1, 2, \ldots$

$$I_n := \int_0^{\frac{\pi}{2}} \sin^n x \, dx$$

$$= \int_0^{\frac{\pi}{2}} \sin^{n-2} x \, (1 - \cos^2 x) \, dx$$

$$= I_{n-2} - \int_0^{\frac{\pi}{2}} \sin^{n-2} x \cos x \cos x \, dx$$

$$= I_{n-2} - \frac{\sin^{n-1} x}{n-1} \cos x \Big|_0^{\frac{\pi}{2}} - \int_0^{\frac{\pi}{2}} \frac{\sin^{n-1} x}{n-1} \sin x \, dx,$$

$$\left(1 + \frac{1}{n-1}\right) I_n = I_{n-2} \quad \text{oder} \quad I_n = \frac{n-1}{n} I_{n-2} \quad \text{für } n > 1.$$

Mit dieser Rekursionsformel kann man I_n aus I_0 oder I_1 ausrechnen:

$$I_0 = \int_0^{\frac{\pi}{2}} dx = \frac{\pi}{2}, \qquad I_1 = \int_0^{\frac{\pi}{2}} \sin x \, dx = -\cos x \Big|_0^{\frac{\pi}{2}} = 1$$

$$I_{2n} = \frac{2n-1}{2n} \cdot \frac{2n-3}{2n-2} \cdots \frac{3}{4} \cdot \frac{1}{2} \cdot \frac{\pi}{2} = \frac{(2n)!}{2^{2n}(n!)^2} \frac{\pi}{2}$$

$$I_{2n+1} = \frac{2n}{2n+1} \cdot \frac{2n-2}{2n-1} \cdots \frac{4}{5} \cdot \frac{2}{3} \cdot 1 = \frac{2^{2n}(n!)^2}{(2n+1)!}$$

c) $\int_a^b f \, dx$ gibt den Flächeninhalt des von dem Graphen von f, der x-Achse und eventuell zwei zur y-Achse parallelen Strecken berandeten Bereichs an. Etwas allgemeiner erhält man für $f_1 < f_2$ durch

$$F = \int_a^b (f_2 - f_1) \, dx$$

den Flächeninhalt des von den Graphen von f_1 und f_2 sowie eventuell zur y-Achse parallelen Strecken berandeten Bereichs (Abb. 12.3).

Beispiel: $f_1(x) = x$, $f_2(x) = 1 - (x-1)^2$ in $[0, 1]$

$$F = \int_0^1 \left(1 - (x-1)^2 - x\right) dx = \int_0^1 (x - x^2) \, dx$$

$$= \left(\frac{x^2}{2} - \frac{x^3}{3}\right) \Big|_0^1 = \frac{1}{2} - \frac{1}{3} = \frac{1}{6}.$$

d) Der Schwerpunkt mehrerer Punktmassen ρ_i in Punkten (x_i, y_i) ergibt sich bekanntlich aus der Formel

$$x_s = \frac{\Sigma \, \rho_i x_i}{\Sigma \, \rho_i}, \qquad y_s = \frac{\Sigma \, \rho_i y_i}{\Sigma \, \rho_i} \, .$$

Um den Schwerpunkt eines gleichmäßig mit Masse belegten Bereiches (Massendichte $\rho = 1$) zu bestimmen, der von zwei Funktionen f_1 und f_2, $f_1 \leqq f_2$, über $[a, b]$ berandet wird, kann man wie folgt vorgehen: Man nähere f_1 bzw. f_2 durch Treppenfunktionen φ_n bzw. ψ_n an; φ_n werde durch $(a_o = a, a_1, \ldots, a_n = b; c_1, \ldots, c_n)$ und ψ_n durch $(a_o = a, a_1, \ldots, a_n = b; d_1, \ldots, d_n)$ dargestellt. Der Schwerpunkt eines einzelnen Rechtecks $\{a_{k-1} \leqq x \leqq a_k, \; c_k \leqq y \leqq d_k\}$ ist natürlich

$(\frac{a_k + a_{k-1}}{2}, \; \frac{c_k + d_k}{2})$ und die Masse dieses Rechtecks ist gleich der Fläche

$(a_k - a_{k-1}) (d_k - c_k)$. Ersetzt man nun jedes Rechteck durch den mit der entsprechenden Masse belegten Schwerpunkt, so ergibt sich nach der obigen Formel für den Gesamtschwerpunkt

$$x_{sn} = \frac{\Sigma (a_k - a_{k-1}) (d_k - c_k) \, \frac{a_k + a_{k-1}}{2}}{\Sigma (a_k - a_{k-1}) (d_k - c_k)}$$

$$y_{sn} = \frac{1}{2} \frac{\Sigma (a_k - a_{k-1}) (d_k - c_k) (c_k + d_k)}{\Sigma (a_k - a_{k-1}) (d_k - c_k)}$$

oder

$$x_{sn} = \frac{\int (\psi_n - \varphi_n) x_n}{\int (\psi_n - \varphi_n)}, \qquad y_{sn} = \frac{1}{2} \frac{\int (\psi_n^2 - \varphi_n^2)}{\int (\psi_n - \varphi_n)} \, .$$

Dabei ist χ_n die Treppenfunktion mit den Werten $\frac{a_k + a_{k-1}}{2}$ im Intervall (a_{k-1}, a_k), sie approximiert — wie man leicht einsieht — gleichmäßig die Funktion $g(x) = x$, wenn die Intervallängen gegen Null gehen. Für $n \to \infty$ erhält man

$$x_s = \frac{\int_a^b (f_2 - f_1) \, x \, dx}{\int_a^b (f_2 - f_1) \, dx}, \qquad y_s = \frac{1}{2} \frac{\int_a^b (f_2^2 - f_1^2) \, dx}{\int_a^b (f_2 - f_1) \, dx} \, .$$

Im Nenner steht, wie zu erwarten, der Flächeninhalt des betrachteten Bereiches. In dem Zahlenbeispiel aus c) ergibt sich mit $f_1(x) = x$, $f_2(x) = 1 - (1-x)^2$ in $[0, 1]$

$$\int_o^1 x \, (x - x^2) \, dx = (\frac{x^3}{3} - \frac{x^4}{4}) \, \big|_o^1 = \frac{1}{12} \, ,$$

$$\frac{1}{2} \int_o^1 ((2x - x^2)^2 - x^2) \, dx = \frac{1}{2} \int_o^1 (3x^2 - 4x^3 + x^4) \, dx = \frac{1}{2} (x^3 - x^4 + \frac{x^5}{5}) \, \big|_o^1 = \frac{1}{10}$$

und $\; x_s = \frac{1}{12} \cdot 6 = \frac{1}{2}, \qquad y_s = \frac{1}{10} \cdot 6 = \frac{3}{5} \;$ (Abb. 12.3).

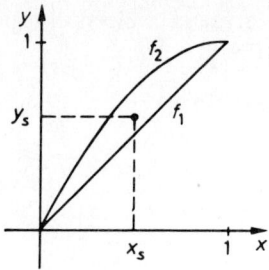

Abb. 12.3

Um zu einem in jeder Hinsicht befriedigenden Integralbegriff – dem Lebesgueschen Integral – zu gelangen, muß das Programm der Definitionen und Hilfssätze 12.10 – 12.15 für einen allgemeinen Konvergenzbegriff durchgeführt werden.

12.19. Definition: a) Eine Menge M reeller Zahlen besitzt das Maß Null (ist eine Nullmenge), wenn es zu jedem $\epsilon > 0$ eine Folge offener Intervalle $I_1, I_2, \ldots$ gibt, so daß jeder Punkt von M in einem der I_n liegt und

$$\sum_{n=1}^{\infty} L(I_n) \leqq \epsilon$$

ist, wobei $L(I_n)$ die Länge von I_n bedeutet.

b) Die Funktionenfolge (f_n) konvergiert in einem (nicht notwendig beschränkten) Intervall I fast überall gegen die Funktion f, wenn es eine Nullmenge $M \subseteq I$ gibt, so daß für jedes $x \in I - M$ gilt $f_n(x) \to f(x)$ (nicht gleichmäßig, sondern punktweise!).
Schreibweise: $f_n \to f$ f.ü.

Mit diesem Konvergenzbegriff ist insbesondere ein Analogon zu Hilfssatz 12.10 zu beweisen, die weiteren Hilfssätze sind dann leicht zu übertragen. Dieses Analogen zu 12.10 lautet etwa wie folgt: Die Funktionen der Folge (φ_n) aus T seien außerhalb des Intervalls I Null und die Folge konvergiere f.ü. in I gegen Null. Gilt dann

$$\sum_{n=1}^{\infty} \int |\varphi_n - \varphi_{n-1}| < \infty,$$

so folgt $\int \varphi_n \to 0$. Der recht lange Beweis soll hier aber nicht gebracht werden. Die gemäß einer 12.12 entsprechenden Definition integrierbaren Funktionen heißen *Lebesgue-integrierbar (L-integrierbar)*. Wesentlich gegenüber dem elementaren Integralbegriff sind die folgenden Konvergenzsätze, die gleichfalls nicht bewiesen werden:

12.20. Satz: a) (*B. Levi*) (f_n) sei eine monoton wachsende Folge L-integrierbarer Funktionen auf einem Intervall I und es sei

$\int_a^b f_n \, dx$ konvergent. Dann konvergiert (f_n) f.ü. gegen ein L-integrierbares

f und es gilt

$$\int_a^b f \, dx = \lim_{n \to \infty} \int_a^b f_n \, dx.$$

b) (*H. Lebesgue*) (f_n) sei eine Folge L-integrierbarer Funktionen, die f.ü. gegen eine Funktion f konvergiert, ferner existiere eine L-integrierbare Funktion g mit $|f_n(x)| \leq g(x)$ f.ü. in I für alle n. Dann ist f L-integrierbar und es gilt

$$\int_a^b f \, dx = \lim_{n \to \infty} \int_a^b f_n \, dx.$$

12.21. Beispiele:

a) Eine abzählbare Punktmenge besitzt das Maß Null, z. B. die Menge $\mathbb{Q}$ der rationalen Zahlen. Ist nämlich $M = \{x_1, x_2, \cdots\}$, so sei $I_n = \,]x_n - \frac{\epsilon}{2^{n+1}}, x_n + \frac{\epsilon}{2^{n+1}}[$.
Es gilt $x_n \in I_n$ und

$$\sum_{n=1}^{\infty} L(I_n) = \sum_{n=1}^{\infty} \frac{\epsilon}{2^n} = \epsilon.$$

Man mache sich klar, daß die rationalen Zahlen überall auf der Zahlengeraden (anschaulich) dicht liegen, daß sie aber zur Länge eines Intervalls „nichts beitragen".

b) Die Folge $\varphi_n = 0$ für alle n konvergiert f.ü. gegen die Funktion $f : \mathbb{R} \to \mathbb{R}$ mit

$$f(x) = \begin{cases} 1, & x \text{ rational} \\ 0, & x \text{ irrational,} \end{cases}$$

da man in $\mathbb{R} - \mathbb{Q}$ $(f - \varphi_n)(x) = 0$ für alle x und n hat. Solche Funktionen werden mit dem Begriff der gleichmäßigen Konvergenz offenbar nicht erfaßt, da es in jedem Intervall Punkte mit $|f(x) - \varphi_n(x)| \geq \frac{1}{2}$ gibt.

c) Es sei für $\alpha \in \mathbb{R}$

$$\varphi_n(x) = \begin{cases} n, & 0 \leq x < n^{-\alpha}, \\ 0, & \text{sonst.} \end{cases}$$

Dann gilt für die Folge (φ_n) aus T $\varphi_n(x) \to 0$ f.ü., nämlich für alle $x \neq 0$. Es ist

$$\int \varphi_n = n^{1-\alpha},$$

so daß $\int \varphi_n \to 0$ nur für $\alpha > 1$ richtig ist. Allein aus $\varphi_n \to 0$ f.ü. kann man also nicht auf $\int \varphi_n \to 0$ schließen.

164

Aufgaben zu Kap. 12:

1. Man formuliere die Formeln der partiellen Integration und der Substitution (Satz 12.4b,c) für bestimmte Integrale.

2. Man berechne Stammfunktionen für die folgenden Funktionen f mit

   a) $f(x) = e^{ax} \sin bx$,   b) $f(x) = e^{\text{Arc sin } x}$,

   c) $f(x) = (\ln x)^2$,   d) $f(x) = x^n \ln x$,

   e) $f(x) = \dfrac{x}{1+\sqrt{x}}$,   f) $f(x) = x^3 \sinh x$.

3. Jede Treppenfunktion ist als endliche Summe von charakteristischen Funktionen a) abgeschlossener und b) punktfremder Intervalle darstellbar.

4. Man zeige, daß die Einschränkung "$\varphi_n(x) = 0$ für $x \notin [a, b]$" in Hilfssatz 12.10 notwendig ist. Dazu bestimme man eine Folge (φ_n) aus T, so daß $\varphi_n \to 0$ gleichmäßig auf $\mathbb{R}$, aber $\int \varphi_n = 1$ für alle n.

5. Man drücke für zwei Intervalle I und J die charakteristische Funktionen von

   a) $I \cup J$,   b) $I \cap J$,   c) $I - J$,   d) $(I \cup J) - (I \cap J)$

   durch χ_I und χ_J aus.

6. Es seien f und g zwei im Sinne von Definition 12.12 über [a, b] integrierbare Funktionen. Man zeige, daß

   a) fg integrierbar ist, b) $\dfrac{f}{g}$ integrierbar ist, wenn $|g| \geq \delta > 0$ in [a, b].

7. Man zeige mit Hilfe von Satz 2.4 für $\varphi, \psi \in T$

   $(\int \varphi \psi)^2 \leq \int \varphi^2 \int \psi^2$.

8. Mit Hilfe der Aufgaben 6a, 7 zeige man die Schwarzsche Ungleichung für integrierbare Funktionen f, g

   $$\left(\int_a^b fg \, dx \right)^2 \leq \int_a^b f^2 \, dx \int_a^b g^2 \, dx.$$

9. Man berechne die bestimmten Integrale:

   a) $\int_0^{\frac{1}{2}} x \text{ arc cos}_0 x \, dx$,   b) $\int_1^e \dfrac{dx}{x\sqrt{1+\ln^2 x}}$,   c) $\int_0^{\frac{1}{2}} x \ln \dfrac{1+x}{1-x} \, dx$.

10. Man berechne Flächeninhalt und Schwerpunkt der folgenden ebenen Flächenstücke:

    a) F wird begrenzt von den Graphen von

    $f_1(x) = \dfrac{x}{\sqrt{1+4x^2}}$

    $f_2(x) = 0$
    für $0 \leq x \leq \sqrt{2}$ (Abb. 12.4).

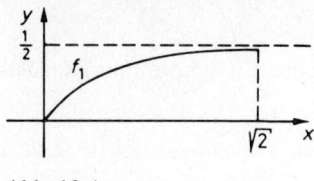

Abb. 12.4

b) F wird begrenzt von den Graphen von

$f_1(x) = \sin\sqrt{x}$,

$f_2(x) = 0$

für $0 \leqq x \leqq \pi^2$ (Abb. 12.5).

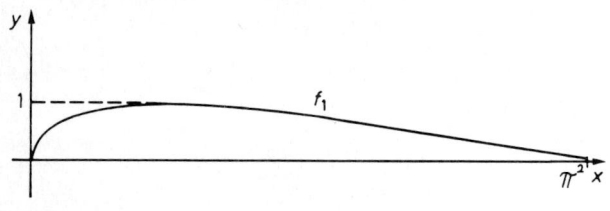

Abb. 12.5   Abb. 12.6

c) F wird begrenzt von den Graphen von

$$f_1(x) = \begin{cases} \sqrt{3-4x-4x^2}, & x \leqq 0 \\ -x+\sqrt{3}, & x \geqq 0 \end{cases}$$

$f_2(x) = 0$

für $-\frac{3}{2} \leqq x \leqq \sqrt{3}$ (Abb. 12.6).

11.   Man zeige: Die Vereinigung zweier Nullmengen ist wieder eine Nullmenge.

Lösungen der Aufgaben

Kap. 1:

1. a) Für $n = 1$ richtig wegen $1 = \frac{1}{6} \cdot 1 \cdot 2 \cdot 3$. Schluß von n auf n+1:

$$\sum_{k=1}^{n+1} k^2 = \frac{1}{6}n\,(n+1)\,(2n+1) + (n+1)^2 = \frac{1}{6}\,(n+1)\,(n+2)\,(2n+3).$$

b) Für $n = 0$ richtig wegen $x^0 = 1 = \frac{1-x}{1-x}$. Schluß von n auf n+1:

$$\sum_{k=0}^{n+1} x^k = \frac{1-x^{n+1}}{1-x} + x^{n+1} = \frac{1-x^{n+1} + x^{n+1} - x^{n+2}}{1-x}.$$

c) Für $n = 1$ richtig wegen $\frac{1}{1\cdot 2} = 1 - \frac{1}{2}$. Schluß von n auf n + 1:

$$\sum_{k=1}^{n+1} \frac{1}{k(k+1)} = 1 - \frac{1}{n+1} + \frac{1}{(n+1)\,(n+2)} = 1 - \frac{1}{n+2}.$$

d) Für $n = 1$ richtig wegen $\frac{1}{1\cdot 2 \cdot 3} = \frac{1\cdot 4}{4 \cdot 3 \cdot 2}$. Schluß von n auf n+1:

$$\sum_{k=1}^{n+1} \frac{1}{k(k+1)\,(k+2)} = \frac{n(n+3)}{4(n+1)\,(n+2)} + \frac{1}{(n+1)\,(n+2)\,(n+3)} = \frac{(n+1)\,(n+4)}{4(n+2)\,(n+3)}.$$

e) Für $n = 1$ richtig wegen $\frac{1}{2} = 2 - \frac{3}{2}$. Schluß von n auf n+1:

$$\sum_{k=1}^{n+1} k2^{-k} = 2 - (n+2)\,2^{-n} + (n+1)\,2^{-n-1} = 2 - (n+3)\,2^{-n-1}.$$

2. $b + (-b) = 0$, nach 1.7a ist $a\,(b+ (-b)\,) = 0$, nach 1.6e $ab + a\,(-b) = 0$, also nach 1.4a $a\,(-b) = -(ab)$. Analog $(-a)\,b = -(ab)$.

3. $ab = 0$ und $a \neq 0$, nach 1.6c,d und 1.7a gilt $0 = \frac{1}{a}(ab) = (\frac{1}{a}a)\,b = b$.

Kap. 2:

1. $\frac{a}{b} < \frac{c}{d}$ ist wegen $b, d > 0$ äquivalent zu $ad < bc$. Daher folgt $a(b+d) < (a+c)b$, also $\frac{a}{b} < \frac{a+c}{b+d}$, und $(a+c)\,d < (b+d)\,c$, also $\frac{a+c}{b+d} < \frac{c}{d}$.

2. Aus $x > 0$ folgt nach 1.8d $x^2 = x \cdot x > 0 \cdot x = 0$. Aus $x < 0$ folgt nach 1.8c $-x > 0$, also $(-x)\,(-x) = -(x\,(-x)) = -(-x^2) = x^2 > 0$ nach Aufgabe 1.2 und 1.4c.

3. Ist $\lambda = \sqrt[n]{a_1 \ldots a_n}$, so ist die Behauptung mit $a_i' = \frac{a_i}{\lambda}$ gleichwertig mit $a_1' + \ldots + a_n' \geq n$ und $a_1' \ldots a_n' = 1$. Für diesen Fall ist die Behauptung für n=1 richtig, da (wieder ohne Striche) $a_1 = 1$. Ist die Behauptung für n richtig und gilt $a_1 \ldots a_n\,a_{n+1} = 1$, so sind entweder alle $a_i = 1$ und damit $a_1 + \ldots + a_{n+1} = n+1$, oder etwa $a_1 > 1$ und $a_2 < 1$. Dann ist $(a_1 - 1) \cdot (1-a_2) > 0$ und daher $1+a_1 a_2 < a_1+a_2$, also $a_1 + \ldots + a_{n+1} > 1+a_1 a_2+a_3 + \ldots +a_{n+1} \geq 1+n$, da $(a_1 a_2)\,a_3 \ldots a_{n+1} = 1$.

4. a) Für $n = 1, 2, 3$ nicht richtig, aber für $n_0 = 4$, da $16 < 24$.
    Schluß von n auf n+1:

    $2^{n+1} = 2 \cdot 2^n < 2\,(n!) < (n+1)\,(n!) = (n+1)!$ wegen $2 < n+1$.

    b) Richtig für $n = 2$ wegen $1 + \frac{1}{\sqrt{2}} > \sqrt{2}$, da $\sqrt{2} + 1 > 2$.
    Schluß von n auf n+1:

    $$\sum_{k=1}^{n+1} \frac{1}{\sqrt{k}} > \sqrt{n} + \frac{1}{\sqrt{n+1}} \geqq \sqrt{n+1} \text{ wegen } \sqrt{n(n+1)} + 1 > \sqrt{n^2} + 1 = n+1.$$

5. a) $xy > x$ gleichwertig mit $x\,(y-1) > 0$, also $\{x > 0 \text{ und } y > 1\}$ oder
    $\{x < 0 \text{ und } y < 1\}$.

    b) $x, y \neq 0$, da sonst der Ausdruck nicht definiert. Dann ist $\frac{x}{y} + \frac{y}{x} > 2$
    äquivalent mit $\frac{(x-y)^2}{xy} > 0$, also erhält man $x \neq y$ und $xy > 0$:
    $\{x > 0 \text{ und } y > 0 \text{ und } x \neq y\}$ oder
    $\{x < 0 \text{ und } y < 0 \text{ und } x \neq y\}$.

6. Wegen $c = -(a+b)$ folgt $a^2(a-1) + b^2(b-1) + c^2(c-1) = -3ab\,(a+b)$
    $-2\,(a^2 + b^2 + ab) \leqq 3abc - (a^2 + b^2 + 2ab) \leqq 3abc$.

7. Annahme: $a \neq b$, also $a-b \neq 0$. Dann ist mit $\epsilon = \frac{1}{2}\,|a-b|$ $|a-b| < \frac{1}{2}\,|a-b|$,
    also $|a-b| < 0$ im Widerspruch zu 2.7a.

8. Ohne Beschränkung der Allgemeinheit sei $a \leqq b$, dann ist

    $$\min\,\{a, b\} = a = \frac{a+b\,-\,(b-a)}{2} = \frac{a+b\,-\,|a-b|}{2} \text{ und}$$

    $$\max\,\{a, b\} = b = \frac{a+b\,+\,(b-a)}{2} = \frac{a+b\,+\,|a-b|}{2}.$$

9. $0 \leqq (\epsilon a \pm \frac{b}{\epsilon})^2 = \epsilon^2 a^2 + \frac{b^2}{\epsilon^2} \pm 2ab$.

10. Nach der Schwarzschen Ungleichung ist mit $b_k = 1$

    $$\left(\sum_{k=1}^{n} |a_k|\right)^2 \leqq \left(\sum_{k=1}^{n} 1\right) \left(\sum_{k=1}^{n} a_k^2\right).$$

11. a) $1 = L$; $2 = L0$; $3 = LL$; $4 = L00$; $5 = L0L$; $6 = LL0$; $7 = LLL$; $8 = L000$;
    $9 = L00L$; $10 = L0L0$;

    b) $\frac{1}{5} = 0,\overline{00LL}$; $\frac{1}{6} = 0,0\overline{0L}$; $\frac{1}{7} = 0,\overline{00L}$; $\frac{1}{8} = 0,00L$; $\frac{1}{9} = 0,\overline{000LLL}$;

    $\frac{1}{10} = 0,0\overline{00LL}$. Man wendet hier das Verfahren von Satz 2.19 mit Ersetzung
    von 10 durch 2 an.

Kap. 3:

1. a) $24 + 10i$; b) 2; c) $\frac{7}{41} + i\frac{19}{41}$; d) $-i\frac{3}{5}$.

2. Über $\frac{17-19i}{5-i}\,\bar{z} = 11 + 23i$ erhält man $z = -1 - 5i$.

3. a) $2 + 2i = \sqrt{8}(\cos\frac{\pi}{4} + i\sin\frac{\pi}{4})$, also

$|\sqrt{2+2i}| = \sqrt[4]{8}$, $\arg\sqrt{2+2i} = \frac{\pi}{8}$ oder $\frac{\pi}{8} + \pi$.

b) $-i = 1\,(\cos(-\frac{\pi}{2}) + i\sin(-\frac{\pi}{2}))$, also $|\sqrt[3]{-i}| = 1$ und

$\arg\sqrt[3]{-i} = -\frac{\pi}{6}$ oder $\frac{\pi}{2}$ oder $\frac{7\pi}{6}$.

c) $-16 = 16\,(\cos\pi + i\sin\pi)$, also $|\sqrt[4]{-16}| = 2$ und $\arg\sqrt[4]{-16} = \frac{\pi}{4}$

oder $\frac{3\pi}{4}$ oder $\frac{5\pi}{4}$ oder $\frac{7\pi}{4}$.

4. a) $z_{1,2} = \frac{1}{2}(-1 \pm \sqrt{10})\,i$; b) $z_{1,2} = 3 \pm 3i$.

5. a) Der Schnitt des Äußeren des Kreises vom Radius 2 um 2 und des zur positiven x-Achse symmetrischen Winkels mit Scheitel im Nullpunkt und Öffnungs-
winkel $\frac{\pi}{2}$.

b) Der zur positiven y-Achse symmetrische Winkel mit Scheitel in i und Öffnung $\frac{\pi}{2}$.

c) Wird $\arg z = \varphi$ durch $-\pi < \varphi \leq \pi$ beschränkt, so erhält man einmal
$|\frac{\varphi}{2}| \leq \frac{\pi}{4}$, also die z mit $|\varphi| \leq \frac{\pi}{2}$, das ist die rechte Halbebene mit Einschluß
der y-Achse. Die zweite Wurzel gibt $|\frac{\varphi}{2} + \pi| \leq \frac{\pi}{4}$, also wegen $|\frac{\varphi}{2}| \leq \frac{\pi}{2}$
keine weiteren Lösungen.

Kap. 4:

1. a) $[1, 2] \cup [3, 4]$; b) $[-2, 2] - [-1, 1] = [-2, -1\,[\,\cup\,]\,1, 2]$.

2. $x \in (A\cap B) \cup C \Leftrightarrow x \in A \cap B$ oder $x \in C \Leftrightarrow (x \in A$ und $x \in B)$ oder $x \in C$
$\Leftrightarrow (x \in A$ oder $x \in C)$ und $(x \in B$ oder $x \in C) \Leftrightarrow x \in A \cup C$ und $x \in B \cup C$
$\Leftrightarrow x \in (A\cup C) \cap (B\cup C)$.

3. $A \subseteq B \Leftrightarrow (x \in A \Rightarrow x \in B) \Leftrightarrow [(x \in A$ oder $x \in B) \Leftrightarrow x \in B] \Leftrightarrow A \cup B = B$.

4. a) $x \in C - (A\cup B) \Leftrightarrow x \in C$ und $x \notin A \cup B \Leftrightarrow x \in C$ und $x \notin A$ und $x \notin B$
$\Leftrightarrow (x \in C$ und $x \notin A)$ und $(x \in C$ und $x \notin B) \Leftrightarrow x \in C-A$ und $x \in C-B$
$\Leftrightarrow x \in (C-A) \cap (C-B)$.

b) $x \in C-(A\cap B) \Leftrightarrow x \in C$ und $x \notin A \cap B \Leftrightarrow x \in C$ und $(x \notin A$ oder $x \notin B)$
$\Leftrightarrow (x \in C$ und $x \notin A)$ oder $(x \in C$ und $x \notin B) \Leftrightarrow x \in C-A$ oder $x \in C-B$
$\Leftrightarrow x \in (C-A) \cup (C-B)$.

5. a) $g \circ f\,(a) = g \circ f\,(b) \Leftrightarrow g\,(f\,(a)) = g\,(f\,(b)) \Rightarrow$ wegen g injektiv $f\,(a) = f\,(b)$
$\Rightarrow$ wegen f injektiv $a = b$.

b) $f\,(a) = f\,(b) \Rightarrow g\,(f\,(a)) = g\,(f\,(b)) \Rightarrow$ wegen $g \circ f$ injektiv $a = b$.

c) $g \circ f$ bijektiv $\Rightarrow g \circ f$ injektiv und $g \circ f$ surjektiv $\Rightarrow$ nach b) f injektiv. Da $g \circ f$ surjektiv, gibt es zu $c \in C$ ein $a \in A$ mit $g(f(a)) = c \Rightarrow$ g surjektiv, da $f(a) \in B$,

d) f, g surjektiv, $c \in C \Rightarrow$ existiert $b \in B$ mit $g(b) = c$ und zu b existiert $a \in A$ mit $f(a) = b \Rightarrow g(f(a)) = c \Rightarrow g \circ f$ surjektiv.

6. Da $f \circ g$ und $g \circ f$ bijektiv sind $\Rightarrow$ nach Aufgabe 5b, daß f und g injektiv und nach Aufgabe 5c, daß f und g surjektiv. Also sind f und g bijektiv. Nach Definition 4.9f folgt die Behauptung.

7. $\tilde{f} : I \to f(I)$ mit $\tilde{f}(x) = f(x)$ ist bijektiv, da nach Konstruktion surjektiv und aus $\tilde{f}(x) = \tilde{f}(x')$ muß $x = x'$ folgen, da für $x < x'$ auch $f(x) < f(x')$ wäre. Also ist $\tilde{f}$ bijektiv.

8. $f : \mathbb{N} \to \mathbb{Z}$ mit $f(1) = 0$, $f(2k) = k$, $f(2k+1) = -k$ für $k \in \mathbb{N}$ ist bijektiv und daher ist $\mathbb{Z}$ abzählbar.

9. A abzählbar, daher existiert $f : A \to \mathbb{N}$ mit f injektiv.
    $g : B \to \mathbb{N}$ mit $g(b) = f(b)$ ist auch injektiv, daher B abzählbar.

10. Die Wahrheitstafel

A	B	A und B	A oder (A und B)
R	R	R	R
R	F	F	R
F	R	F	F
F	F	F	F

zeigt, daß A bzw. A oder (A und B) gleichzeitig richtig oder falsch sind.

11. Die Wahrheitstafel

A	B	A und B	$\neg$ (A und B)	$\neg$ A oder $\neg$ B	$\neg$ A	$\neg$ B
R	R	R	F	F	F	F
R	F	F	R	R	F	R
F	R	F	R	R	R	F
F	F	F	R	R	R	R

zeigt die Behauptung.

Kap. 5:

1. $\wp(P) = (1-2t, 2+t, 3-3t)$, für $0 \le t \le 1$ erhält man die Punkte der Strecke zwischen P_1 und P_2, und zwar entspricht $t = 0$ dem Punkt P_1 und $t = 1$ dem Punkt P_2.

2. a) Nimmt man $\wp = \wp_o + t \mathcal{A}$ vektoriell mit $\mathcal{A}$ mal, so zeigt sich, daß jeder Punkt der Geraden die Gleichung $\wp \times \mathcal{A} = \wp_o \times \mathcal{A} =: \mathcal{M}$ erfüllt. Da jeder Punkt $\tilde{\wp}$, der nicht auf der Geraden liegt, in der Form $\tilde{\wp} = \wp_1 + \mathcal{L}$ darstellbar ist mit $\wp_1$ auf der Geraden und $\mathcal{L} \perp \mathcal{A}$, folgt $\tilde{\wp} \times \mathcal{A} = \mathcal{M} + \mathcal{L} \times \mathcal{A} \ne \mathcal{M}$. Ist der Lotfuß-

punkt $\mathfrak{x}_0$, so ist $\mathfrak{x}_0 \perp \mathscr{A}, \mathfrak{r}$, also $\mathfrak{x}_0 = \lambda\,\mathscr{A} \times \mathfrak{r}$. $\mathfrak{x}_0$ muß auf der Geraden liegen, also $\lambda\,(\mathscr{A} \times \mathfrak{r}) \times \mathscr{A} = \mathfrak{r}$ oder nach 5.15 $\lambda\,((\mathscr{A}\cdot\mathscr{A})\,\mathfrak{r} - (\mathscr{A}\cdot\mathfrak{r})\,\mathscr{A}) = \mathfrak{r}$, d. h. $\lambda = 1$.

b) Eine Richtung ist schon angegeben: $\mathfrak{r} = \wp_0 \times \mathscr{A}$. Die andere Richtung ist $\wp = \mathscr{A} \times \mathfrak{r} + t\,\mathscr{A}$.

3. a) $\wp = \wp_1 + t\,(\wp_2 - \wp_1)$ ist die Gerade, Durchstoßpunkt $\widetilde{\wp}_i$ mit $\wp \cdot \mathfrak{n}_i = p_i$ ergibt sich aus $\wp_1 \cdot \mathfrak{n}_i + t_i\,(\wp_2 - \wp_1) \cdot \mathfrak{n}_i = p_i$, also

$$t_i = \frac{p_i - \wp_1 \cdot \mathfrak{n}_i}{(\wp_2 - \wp_1)\cdot \mathfrak{n}_i}, \quad \widetilde{\wp}_i = \wp_1 + t_i\,(\wp_2 - \wp_1),$$

falls der Nenner $\neq 0$ (notwendige Bedingung für Lösbarkeit).

b) Ebene ist $\wp \cdot \mathfrak{n} = 0$ mit

$$\mathfrak{n} = \frac{\widetilde{\wp}_1 \times \widetilde{\wp}_2}{|\widetilde{\wp}_1 \times \widetilde{\wp}_2|} = \frac{\wp_1 \times \wp_2}{|\wp_1 \times \wp_2|},$$

falls $t_1 \neq t_2$ (zwei verschiedene Durchstoßpunkte).

4. Es sei $\wp_i = \wp(P_i)$ und zuerst $\wp_0$ nicht auf der Geraden durch P_1 und P_2.

Sei $\mathfrak{b}_1 = \dfrac{\wp_2 - \wp_1}{|\wp_2 - \wp_1|}$, $\mathfrak{b}_2 = \dfrac{\mathfrak{b}_1 \times (\wp_1 - \wp_0)}{|\mathfrak{b}_1 \times (\wp_1 - \wp_0)|}$, $\mathfrak{b}_3 = \mathfrak{b}_1 \times \mathfrak{b}_2$.

Der Einheitsvektor in Richtung der gesuchten Geraden sei $\mathscr{A}$, dann ist $\mathscr{A} = \mathfrak{b}_1 \cos\alpha + \lambda\,\mathfrak{b}_2 + \mu\,\mathfrak{b}_3$. λ und μ sind so zu bestimmen, daß $(\wp_0 + t_0\,\mathscr{A}) \times \mathfrak{b}_1 = \wp_1 \times \mathfrak{b}_1$ für ein geeignetes t_0. Man erhält $t_0(-\lambda\,\mathfrak{b}_3 + \mu\,\mathfrak{b}_2) = -|\mathfrak{b}_1 \times (\wp_1 - \wp_0)|\,\mathfrak{b}_2$, also $\lambda = 0$. Für $|\mathscr{A}| = 1$ ist dann $\mu^2 = 1 - \cos^2\alpha \neq 0$, da nur $0 < \alpha < \pi$ möglich ist. Man erhält die beiden Lösungen $\mathscr{A} = \mathfrak{b}_1 \cos\alpha \pm \mathfrak{b}_3 \sin\alpha$ mit der zugehörigen Geradengleichung $\wp \times \mathscr{A} = \wp_0 \times \mathscr{A}$.

Für $\wp_0$ auf der Geraden durch P_1 und P_2 erhält man $\mathscr{A} = \mathfrak{r}_1 \cos\alpha + \lambda\,\mathfrak{r}_2 + \mu\,\mathfrak{r}_3$ mit $\lambda^2 + \mu^2 = \sin^2\alpha$, wobei $\mathfrak{r}_1, \mathfrak{r}_2, \mathfrak{r}_3$ ein beliebiges Rechtssystem ist mit $\mathfrak{r}_1 = \mathfrak{b}_1$, also eine Schar von Geraden. Zahlenbeispiel: $\mathfrak{b}_1 = \dfrac{1}{\sqrt{6}}\,(1, -2, 1)$, $\mathfrak{b}_2 = \dfrac{1}{\sqrt{3}}\,(1, 1, 1)$,

$\mathfrak{b}_3 = \dfrac{1}{\sqrt{2}}\,(-1, 0, 1)$, $\cos\alpha = \dfrac{1}{2}\sqrt{3}$, $\sin\alpha = \dfrac{1}{2}$, $\mathscr{A} = \dfrac{1}{2\sqrt{2}}\,(1 \mp 1, -2, \pm 1)$,

$\wp \times \mathscr{A} = \mathfrak{r} = \dfrac{1}{\sqrt{8}}\,(-6 \pm 7, -3 \pm 9, 5 \pm 7)$.

5. $\mathscr{A}$ sei der Einheitsvektor in Richtung der Geraden, es muß $\mathscr{A} = \lambda\,\mathfrak{r} + \mu\,\mathfrak{b}$ gelten. Nach Aufgabe 2 ist der Abstand vom Nullpunkt $|\mathfrak{x}_0|^2 = |\mathscr{A} \times (\wp_0 \times \mathscr{A})|^2$ $= |\wp_0 - (\mathscr{A}\cdot\wp_0)\,\mathscr{A}|^2 = \wp_0^2 - (\mathscr{A}\cdot\wp_0)^2$. Dieser Abstand wird minimal, wenn $(\mathscr{A}\cdot\wp_0)^2 = (\lambda\,(\mathfrak{r}\cdot\wp_0) + \mu\,(\mathfrak{b}\cdot\wp_0))^2$ möglichst groß wird. Nimmt man $\mathfrak{b} \perp \mathfrak{r}$ an (was nach Übergang zu $\mathfrak{b} - (\mathfrak{r}\cdot\mathfrak{b})\,\mathfrak{r}$ möglich ist), so muß $|\mathscr{A}|^2 = 1 = \lambda^2 + \mu^2$ gelten und nach der Schwarzschen Ungleichung muß

$(\mathcal{A} \cdot \rho_0)^2 \leqq (\mathcal{u} \cdot \rho_0)^2 + (\mathcal{b} \cdot \rho_0)^2 = : c^2$ sein. Das wird aber für

$\lambda = \dfrac{\mathcal{u} \cdot \rho_0}{c}, \mu = \dfrac{\mathcal{b} \cdot \rho_0}{c}$ gerade erreicht. Also

$$\mathcal{A} = \frac{(\mathcal{u} \cdot \rho_0)\, \mathcal{u} + (\mathcal{b} \cdot \rho_0)\, \mathcal{b}}{c}.$$

6.   Dem Cosinussatz.

7. $\mathcal{m} = \pm \dfrac{(\rho_2 - \rho_1) \times (\rho_3 - \rho_1)}{|(\rho_2 - \rho_1) \times (\rho_3 - \rho_1)|} = \pm \dfrac{1}{\sqrt{153}}\,(-10, -2, -7),$

Ebengleichung: $\rho \cdot \mathcal{m} = \dfrac{16}{\sqrt{153}},$

wenn man das negative Vorzeichen wählt; $\cos \alpha = \dfrac{8}{3\sqrt{153}};$

$\mathcal{n} = \dfrac{\mathcal{u} \times \mathcal{m}}{|\mathcal{u} \times \mathcal{m}|} = \dfrac{1}{\sqrt{1313}}\,(11, -34, -6).$

8. $\rho = \rho_i + t\mathcal{A}_i$ (i=1, 2) seien die beiden Geraden mit $|\mathcal{A}_i| = 1$ und
$\mathcal{A}_1 \times \mathcal{A}_2 \neq \mathcal{o}$ (nicht parallel). $\mathcal{A} = \dfrac{\mathcal{A}_1 \times \mathcal{A}_2}{|\mathcal{A}_1 \times \mathcal{A}_2|}$ ist senkrecht auf beiden

Geraden, die Gerade durch einen Punkt der ersten Geraden in Richtung $\mathcal{A}$
soll die zweite Gerade schneiden:

$(\rho_1 + t_0\,\mathcal{A}_1) + \tau_0\,\mathcal{A} = \rho_2 + s_0\,\mathcal{A}_2.$ Nimmt man skalar mit $\mathcal{A} \times \mathcal{A}_2$ mal,
folgt

$$t_0 = \frac{(\rho_2 - \rho_1) \cdot (\mathcal{A} \times \mathcal{A}_2)}{\mathcal{A}_1 \cdot (\mathcal{A} \times \mathcal{A}_2)} = \frac{(\rho_2 - \rho_1) \cdot (\mathcal{A}_1 - (\mathcal{A}_1 \cdot \mathcal{A}_2)\,\mathcal{A}_2)}{1 - (\mathcal{A}_1 \cdot \mathcal{A}_2)^2}.$$

Nenner $\neq 0$ wegen $1 - (\mathcal{A}_1 \cdot \mathcal{A}_2)^2 = 1 - \cos^2\alpha = |\mathcal{A}_1 \times \mathcal{A}_2|^2,$

$\rho = \rho_0 + t_0\mathcal{A}_1 + \tau\mathcal{A}$ ist die gesuchte Gerade. Der kürzeste Abstand ergibt
sich zu $|\tau_0 \mathcal{A}| = |\tau_0|$:

$$\tau_0 = (\rho_2 - \rho_1) \cdot \mathcal{A} = \frac{(\rho_2 - \rho_1) \cdot (\mathcal{A}_1 \times \mathcal{A}_2)}{|\mathcal{A}_1 \times \mathcal{A}_2|}.$$

9.   Die Seitenvektoren sind $\mathcal{u} = (-3, 1, -7)$, $\mathcal{b} = (3, -3, 6)$, $\mathcal{r} = (0, 2, 1)$.
Das Dreieck ist wegen $\mathcal{b} \cdot \mathcal{r} = 0$ rechtwinklig in P_3,
$F = \frac{1}{2}|\mathcal{b} \times \mathcal{r}| = \frac{3}{2}\sqrt{30}.$

10. $\mathcal{n}_{1,2} = (\cos \alpha, \cos \frac{\pi}{3}, \cos \frac{\pi}{4}) = (\pm \frac{1}{2}, \frac{1}{2}, \frac{1}{2}\sqrt{2}).$

$\mathcal{n}_1 \cdot \mathcal{n}_2 = \frac{1}{2}$, also $\sphericalangle(\mathcal{n}_1, \mathcal{n}_2) = \frac{\pi}{3}.$

$\mathcal{A}_{1,2} = \pm \dfrac{\mathcal{n}_1 \times \mathcal{n}_2}{|\mathcal{n}_1 \times \mathcal{n}_2|} = \pm \dfrac{1}{\sqrt{3}}\,(0, -\sqrt{2}, 1)$ sind senkrecht auf $\mathcal{n}_1$ und $\mathcal{n}_2$.

11. $\vartheta = (\mathcal{u} - \mathit{x}) \times \mathit{b} + (\mathit{x} - \mathcal{u}) \times \mathcal{u} = (\mathcal{u} - \mathit{x}) \times (\mathit{b} - \mathcal{u}).$

12. $V = \pm \frac{1}{6}(\mathcal{u} \times \mathit{b}) \cdot \mathit{x} = \pm \frac{1}{6}(-19, -11, 1) \cdot (3, 2, 1) = 13.$

Kap. 6:

1. $\alpha_1 \mathcal{u} + \alpha_2 \, \mathit{b} + \alpha_3 \, \mathit{x} = \vartheta$ führt zu

$$2\alpha_1 + 3\alpha_2 \quad\quad = 1 \quad\quad \alpha_1 = \frac{119}{13}$$
$$\alpha_2 + 2\alpha_3 = -1 \quad \text{und} \quad \alpha_2 = \frac{-75}{13}$$
$$4\alpha_1 + \;\; \alpha_2 + 3\alpha_3 = 38 \quad\quad \alpha_3 = \frac{31}{13}$$

2. $P, Q \in M_1 \cap M_2 \Rightarrow P, Q \in M_1$ und $P, Q \in M_2 \Rightarrow$ da M_1, M_2 konvex, daß die Strecke S von P nach Q in M_1 und $M_2 \Rightarrow S \subseteq M_1 \cap M_2 \Rightarrow M_1 \cap M_2$ konvex.

3. $\mathcal{M}_i = (n_{i1}, n_{i2}, n_{i3})$ führt auf das System $n_{i1}x_1 + n_{i2}x_2 + n_{i3}x_3 = p_i$, $i = 1, 2, 3$. Rang 3: $\mathcal{M}_1, \mathcal{M}_2, \mathcal{M}_3$ linear unabhängig, die drei Ebenen schneiden sich in genau einem Punkt (z. B. die Koordinatenebenen). Rang 2: Eine der Normalen liegt in der von den beiden anderen aufgespannten Ebene, aber keine zwei der Normalen sind parallel. Entweder schneiden sich alle drei Ebenen in einer Geraden, die dann Lösung ist, oder je zwei der Ebenen haben eine Schnittgerade, diese drei Schnittgeraden sind parallel und verschieden, das System ist nicht lösbar. Rang 1: Zwei der Normalen sind Vielfache der dritten, die drei Ebenen sind parallel. Entweder fallen alle drei Ebenen zusammen, diese Ebene ist Lösung, oder mindestens zwei der Ebenen sind zwar parallel, aber verschieden, keine Lösung. Rang 0: Kann wegen $|\mathcal{M}_i| = 1$, $i = 1, 2, 3$ nicht auftreten.

4. Das Gaußverfahren liefert $x_1 = \frac{172}{21}, x_2 = 21, x_3 = \frac{236}{7}, x_4 = 4.$

5. $A \cdot B = \begin{pmatrix} 13 & 12 & 11 \\ 11 & 16 & 9 \\ 13 & 12 & 11 \end{pmatrix}$, $B \cdot A = \begin{pmatrix} 12 & 12 & 12 \\ 12 & 12 & 12 \\ 8 & 12 & 16 \end{pmatrix}$, $\det B = 12$,

$\det A = \det A \cdot B = \det B \cdot A = 0.$

6. $B \cdot A$ existiert nicht, $A \cdot B = \begin{pmatrix} 22 & -10 \\ 21 & 5 \\ 1 & -7 \end{pmatrix}.$

7. Es ist $(A + \lambda E) \cdot (A - \lambda E) = A \cdot A - \lambda^2 E = (A - \lambda E) \cdot (A + \lambda E)$, Multiplikation mit $(A - \lambda E)^{-1}$ von beiden Seiten liefert die Behauptung.

8. Es ist $\det A = 0$, aber die rechte untere Unterdeterminante $\det \begin{pmatrix} 4 & 8 \\ 3 & 1 \end{pmatrix} = -20 \neq 0$, also Rang $A = 2$. Es ist Rang $B \leq 2$ und wegen $\det \begin{pmatrix} 1 & 3 \\ 2 & 2 \end{pmatrix} = -4 \neq 0$ ist Rang $B = 2$.

Kap. 7:

1. a) Durch Erweitern von Zähler und Nenner erhält man

$a_n = (\sqrt{n+1} + \sqrt{n})^{-1}$ und $a_n \to 0$, denn $|a_n| < \frac{1}{2\sqrt{n}} < \epsilon$ für $n > \frac{1}{4}\epsilon^{-2} = N$.

b) $\frac{1}{a_n} = (\frac{n}{n-1})^n = (1 + \frac{1}{n-1})^{n-1} (1 + \frac{1}{n-1}) \to e \cdot 1 = e$ nach 7.10c und 7.13a.

Also gilt nach 7.13c $a_n \to \frac{1}{e}$.

c) Für $|b| \leqq 1$ ist $|a_n| \leqq \frac{1}{\sqrt{n}} < \epsilon$ für $n > \epsilon^{-2} = N$, also $a_n \to 0$.

Für $|b| > 1$ ist $|a_n| = \frac{(1+c)^n}{\sqrt{n}} > c\sqrt{n}$ nach der Bernoullischen Ungleichung 2.2 mit einem $c > 0$. Also gilt $|a_n| \to \infty$, da aber a_n das Vorzeichen wechselt, liegt auch keine uneigentliche Konvergenz vor.

d) Gemäß Beispiel 7.14b gilt

$$a_n = \frac{1 + \frac{3}{n} + \frac{7}{n^2}}{1 + \frac{5}{n^3}} \to 1.$$

e) Wegen $\frac{1}{3n+1} \frac{1}{3n+4} = \frac{1}{3}(\frac{1}{3n+1} - \frac{1}{3n+4})$ gilt $a_n = \frac{1}{3}(1 - \frac{1}{3n+4}) \to \frac{1}{3}$.

2. a) $\sqrt[n]{n} = 1 + a_n$ mit $a_n > 0$, da für $a_n \leqq 0$ auch $(1+a_n)^n \leqq 1 < n$ wäre.
Für $n \geqq 2$ ist dann $n = (1+a_n)^n > \binom{n}{2} a_n^2$ oder $a_n < \sqrt{2/(n-1)}$, also $a_n \to 0$ und damit $\sqrt[n]{n} = 1 + a_n \to 1$.

b) $1 \leqq a \Rightarrow 1 \leqq a < n$ für n genügend groß $\Rightarrow 1 \leqq \sqrt[n]{a} < \sqrt[n]{n}$ nach Satz 2.1e $\Rightarrow$
$\Rightarrow \sqrt[n]{a} \to 1$ nach 7.13d; $0 < a < 1 \Rightarrow b = \frac{1}{a} > 1 \Rightarrow \sqrt[n]{a} = \frac{1}{\sqrt[n]{b}} \to 1$.

3. Gegeben $|a_n| < \frac{\epsilon}{M}$ für $n > N$ und $|b_n| \leqq M \Rightarrow$
$\Rightarrow |a_n b_n| < \frac{\epsilon}{M} M = \epsilon$ für $n > N$ $\Rightarrow a_n b_n \to 0$.

4. Gegeben $|a_n - a| < \epsilon$ für $n > N$ $\Rightarrow$
$|a_n - a_m| \leqq |a_n - a| + |a_m - a| < 2\epsilon$ für $n, m > N$.

5. Gegeben $|a_n - a| < \frac{\epsilon}{2}$ für $n > N$ $\Rightarrow$

$|b_n - a| \leqq \frac{1}{n} \sum_{k=1}^{n} |a_k - a| \leqq \frac{1}{n} \sum_{k=1}^{n_o} |a_k - a| + \frac{\epsilon(n-n_o)}{2n}$ für $n > n_o > N$

und $|b_n - a| < \epsilon$ für $n > \max \{n_o, \frac{2}{\epsilon} \sum_{k=1}^{n_o} |a_k - a|\}$.

Die Folge $a_n = (-1)^n$ konvergiert nicht, jedoch gilt offenbar
$b_n = \frac{1}{2n}((-1)^n - 1) \to 0$.

6. Mit $\Sigma\, c_n$ konvergiert auch $\Sigma\, c_{n+1}$ und damit $\Sigma(c_n + c_{n+1})$. Das ist aber nach der Ungleichung zwischen arithmetischem und geometrischem Mittel eine Majorante für $\Sigma\,\sqrt{c_n c_{n+1}}$.

7. $\Sigma\,\dfrac{1}{\sqrt{n}}$ divergiert nach Aufgabe 2.4 , es ist $\displaystyle\sum_{k=1}^{n}\dfrac{1}{\sqrt{k}} > \sqrt{n} \to \infty$.

$\Sigma\,\dfrac{(-1)^{n+1}}{\sqrt{n}}$ konvergiert nach dem Leibnizschen Kriterium 7.18 , da sie alternierend ist und $\dfrac{1}{\sqrt{n}}$ monoton abnehmend $\to 0$.

8. a) Divergent, da $\dfrac{1}{\sqrt{n^2+1}} \geqq \dfrac{1}{\sqrt{2n}}$ und $\Sigma\,\dfrac{1}{n}$ divergiert nach 7.16a.

b) Konvergent nach Quotientenkriterium 7.21 :

$$\left|\frac{c_{n+1}}{c_n}\right| = \frac{1}{2}\,\frac{1+\sqrt{n+1}}{1+\sqrt{n}} = \frac{1}{2}\,\frac{\dfrac{1}{\sqrt{n}}+\sqrt{1+\dfrac{1}{n}}}{\dfrac{1}{\sqrt{n}}+1} \to \frac{1}{2}\,.$$

c) Konvergent nach Quotientenkriterium 7.21 :

$$\left|\frac{c_{n+1}}{c_n}\right| = \left(\frac{n+1}{n}\right)^2\frac{1}{n+1} = \frac{1}{n}+\frac{1}{n^2} \to 0\,.$$

d) Divergent nach 7.17a, da nach Aufgabe 7.2a $c_n \to 1$.

e) Konvergent nach Wurzelkriterium 7.22 :

$$\sqrt[n]{|c_n|} = \sqrt[n]{n} - 1 \to 0 \text{ nach Aufgabe 7.2a.}$$

f) Konvergent nach Quotientenkriterium 7.21 :

$$\left|\frac{c_{n+1}}{c_n}\right| = (n+1)\,\frac{n^n}{(n+1)^{n+1}} = \left(1+\frac{1}{n}\right)^{-n} \to \frac{1}{e} < 1\,.$$

9. a) Wegen der Monotonie der c_k gilt

$$2^{k-1}c_{2^k} \leqq c_{2^{k-1}+1} + c_{2^{k-1}+2} + \cdots + c_{2^k} \leqq 2^{k-1}c_{2^{k-1}}$$

und damit

$$\frac{1}{?}\sum_{k=1}^{n} 2^k c_{2^k} \leqq \sum_{k=1}^{2^n} c_k \leqq \sum_{k=1}^{n} 2^{k-1}c_{2^{k-1}}\,.$$

Da es sich um Reihen mit positiven Gliedern handelt, kommt es nur auf die Beschränktheit der Partialsummen an. Diese ist aber für die Reihen $\Sigma\,2^n c_{2^n}$ und $\Sigma\,c_n$ jeweils aus der der anderen Reihe abzulesen.

b) $\Sigma\,n^{-\alpha}$ konvergiert genau dann, wenn $\Sigma\,2^n 2^{-\alpha n} = \Sigma\,2^{n(1-\alpha)}$ konvergiert. Dies ist nach dem Quotientenkriterium wegen

$\dfrac{2^{(n+1)(1-\alpha)}}{2^{n(1-\alpha)}} = 2^{1-\alpha}$ für $\alpha > 1$ gegeben, während für $\alpha \leqq 1$ Divergenz vorliegt.

Kap. 8:

1. Wegen $f(x) = 1 + \frac{2}{x-1}$ gilt $f \to \infty$ für $x \to 1+$, $f \to -\infty$ für $x \to 1-$ und $f \to 1$ für $x \to \pm\infty$ (Abb. 1). $|f(x) - 1| = \frac{2}{x-1} < \epsilon$ für $x > \frac{2}{\epsilon} + 1$, für $\epsilon = 0{,}001$ also $x > 2001$.

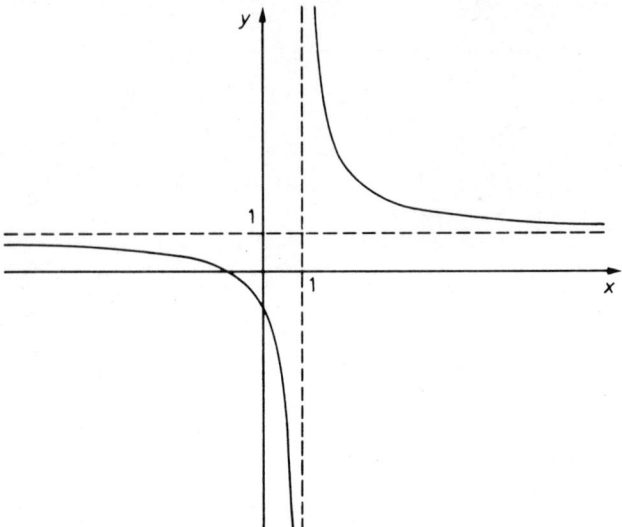

Abb. 1

2. a) $g(x) = [x]$ ist für $n < x < n+1$ konstant, dort also stetig, für $x_0 = n$ gilt $g(x) = g(x_0)$ für $x_0 \leq x < x_0 + 1$, also liegt rechtsseitige Stetigkeit vor, für $x_0 > x \geq x_0 - 1$ gilt $g(x) = g(x_0) - 1$, also gilt $g \to g(x_0) - 1$ für $x \to x_0-$. Damit ist $f(x) = [x] - x$ für $x_0 \neq n \in \mathbb{Z}$ stetig, für $x_0 = n$ gilt $f \to 0 = = f(x_0)$ für $x \to x_0 +$ und $f \to 1$ für $x \to x_0-$ (Abb. 2).

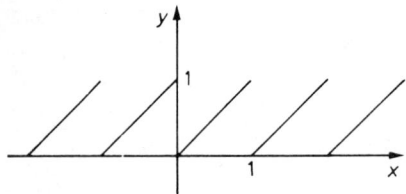

Abb. 2

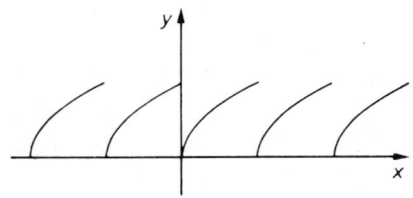

Abb. 3

176

b) Nach Aufgabe 8.3 und Satz 8.5e ist $f(x) = \sqrt{x-[x]}$ für $x_0 \neq n \in \mathbb{Z}$ stetig in x_0, für $x_0 = n$ gilt $f \to 0 = f(x_0)$ für $x \to x_0+$ und $f \to 1$ für $x \to x_0-$ (Abb. 3).

c) Wie unter b) folgt die Stetigkeit für $x_0 \neq n \in \mathbb{Z}$. Für $x_0 = n$ gilt $f \to x_0 + 0 = f(x_0)$ für $x \to x_0+$ und $f \to (x_0-1)+1 = f(x_0)$ für $x \to x_0-$, also ist f in R stetig (Abb. 4)

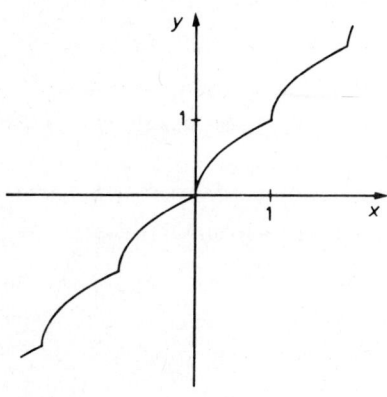

Abb. 4

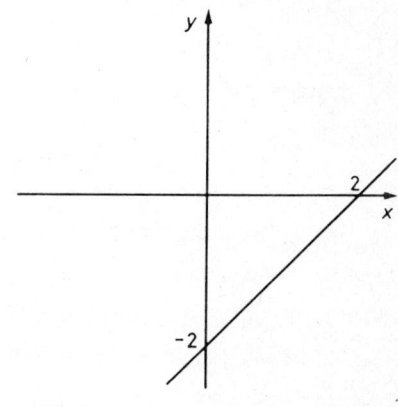

Abb. 5

3. a) f ist definiert für $x \neq 1$, es gilt wegen $f(x) = (x-2)$ für $x \neq 1$ die Stetigkeit und $f \to -1$ für $x \to 1$, $f \to \infty$ für $x \to \infty$ und $f \to -\infty$ für $x \to -\infty$. f wird auch für $x_0 = 1$ stetig, wenn man dort $f(1) = -1$ definiert (Abb. 5).

b) f ist definiert für $x \neq 3$, es gilt wegen $f(x) = \pm \frac{3}{2}|x+3|$ für $x \gtrless 3$ die Stetigkeit und $f \to 9$ für $x \to 3+$, $f \to -9$ für $x \to 3-$, $f \to \infty$ für $x \to \infty$, $f \to -\infty$ für $x \to -\infty$. Da die rechts- und linksseitigen Grenzwerte in $x_0 = 3$ nicht gleich sind, läßt sich der Definitionsbereich nicht so erweitern, daß f stetig bleibt (Abb. 6).

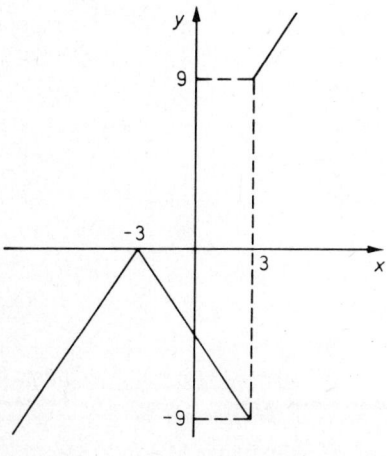

Abb. 6

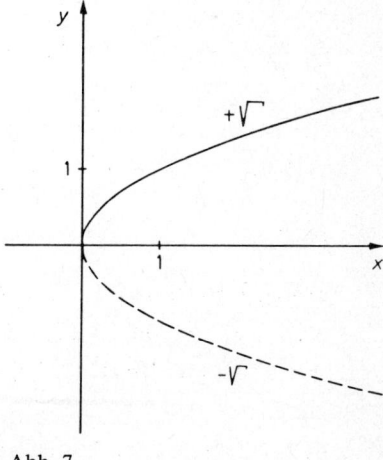

Abb. 7

c) Man hat zwei „Zweige", $f(x) = \sqrt{x}$ und $f_{-}(x) = -\sqrt{x}$, Definitionsbereich ist wegen Aufgabe 2.2 $[0, \infty[$. Die Stetigkeit für $x_0 = 0$ ist in Beispiel
8.3g untersucht, für $x_0 > 0$ gilt

$$|\sqrt{x} - \sqrt{x_0}| = \frac{|x-x_0|}{\sqrt{x} + \sqrt{x_0}} \leq \frac{|x-x_0|}{\sqrt{x_0}} < \epsilon \text{ für } |x-x_0| < \epsilon \sqrt{x_0} = \delta, \text{ also}$$

Stetigkeit. Es gilt $f \to 0$ für $x \to 0+$, $f \to \infty$ für $x \to \infty$ (Abb. 7).

4. a) Wegen $x_1^4 < x_2^4$ für $0 < x_1 < x_2$ und $0 > x_1 > x_2$ ist f in $]-\infty, 0]$ streng
monoton fallend und in $[0, \infty[$ streng monoton wachsend. Daher existieren
für $\tilde{f} :]-\infty, 0] \to [0, \infty[$ und $\tilde{\tilde{f}} = [0, \infty[\to [0, \infty[$ jeweils stetige Umkehrfunktionen gleichen Monotonieverhaltens.

b) Wegen $x_1^3 < x_2^3$ für $x_1 < x_2$ ist f streng monoton wachsend, besitzt also
eine gleichfalls streng monoton wachsende Umkehrfunktion $\sqrt[3]{\ }: \mathbb{R} \to \mathbb{R}$.

c) Analog zu a).

5. a) $|f(x)| \leq M_1$, $|g(x)| \leq M_2$ für $0 < |x-x_0| < \delta \Rightarrow$
$|f(x) + g(x)| \leq M_1 + M_2 = M_3$ und $|f(x) g(x)| \leq M_1 M_2 = M_4$
für $0 < |x-x_0| < \delta$.

b) $|f(x)| \leq M_1$, $|g(x)| \geq k$ für $0 < |x-x_0| < \delta \Rightarrow$
$|f(x) / g(x)| \leq \frac{M_1}{k} = M_2$ für $0 < |x-x_0| < \delta$.

c) $|f(x)| \leq \epsilon$ für $0 < |x-x_0| < \delta \Rightarrow$ mit $\epsilon = M$, daß $f = O(1)$ für $x \to x_0$.

Kap. 9:

1. a) $|\frac{c^n}{c^{n+1}}| \to |c|^{-1} = r,$

b) $\frac{(n+2)(n+3)}{(n+1)(n+2)} = 1 + \frac{2}{n+1} \to 1 = r,$

c) $\frac{n!}{n^n} \frac{(n+1)^{n+1}}{(n+1)!} = (1 + \frac{1}{n})^n \to e = r,$

d) $2^{2n-2(n+1)} \sqrt{\frac{n}{n-1}} = 2^{-2} \sqrt{1 + \frac{1}{n-1}} \to 2^{-2} = r,$

e) $\sqrt[n]{|a_n|} = (\sqrt[n]{n})^2 \, 2^{-n} \to 1 \cdot 0 = \frac{1}{r} \Rightarrow r = \infty,$

f) $\sqrt[n]{|a_n|} = (\sqrt[n]{n})^{-6} \, 2^{\frac{1}{3}} \to 1 \cdot 2^{\frac{1}{3}} = \frac{1}{r}.$

2. a) Wegen Hilfssatz 9.12c ist $t^3 e^{-t} \leq 1$ für $t \geq t_0$, wegen Satz 8.10 existiert
max $t^3 e^{-t} = C$ in $[0, t_0] \Rightarrow t^3 e^{-t} \leq C_0$ für $t \geq 0$.
$\Rightarrow x^3 e^{-nx} = n^{-3}(nx)^3 e^{-nx} \leq C_0 n^{-3}$, man hat eine von x unabhängige Majorante.

b) $|n^{-2} \sin nx| \leq n^{-2}$ liefert eine von x unabhängige Majorante.

3. a) $1^x = e^{x \ln 1} = e^0$ ist konstant. Für $a > 1$ ist $a^x = e^{x \ln a}$ wegen $\ln a > 0$ streng monoton wachsend, da aus $x_1 < x_2 \Rightarrow x_1 \ln a < x_2 \ln a \Rightarrow e^{x_1 \ln a} < e^{x_2 \ln a}$ wegen der Monotonie von exp. Entsprechend folgt, daß a^x für $a < 1$ wegen $\ln a < 0$ streng monoton fällt. Daher haben auch die Umkehrfunktionen dieses Monotonieverhalten.

b) $a^{x+y} = e^{(x+y) \ln a} = e^{x \ln a + y \ln a} = e^{x \ln a} e^{y \ln a} = a^x a^y$, $^a\log (xy)$ folgt hieraus entsprechend 9.14a.

c) $a^0 = e^{0 \cdot \ln a} = e^0 = 1$, daher $^a\log 1 = 0$. Für $a > 1$ gilt $a^x = e^{x \ln a} \to \infty$ für $x \to \infty$, da $x \ln a \to \infty$, entsprechend $a^x \to 0$ für $x \to -\infty$, da $x \ln a \to -\infty$. Die Grenzwerte für $^a\log$ ergeben sich hieraus.

d) $(a^x)^y = e^{y \ln(e^{x \ln a})} = e^{yx \ln a} = a^{xy}$.

$x^y = \exp (y \ln x) = \exp (\frac{y \ln x}{\ln a} \ln a) = {}^a\exp (\frac{y \ln x}{\ln a})$, also $^a\log x^y = y \frac{\ln x}{\ln a}$, mit Aufgabe 9.4b ergibt sich die Behauptung.

4. a) $a^{(^a\log b)^b \log a} = (a^{^a\log b})^{b \log a} = a^1$ nach Aufgabe 9.3a,

$\Rightarrow (^a\log b)^b \log a = 1$.

b) $a^{(^a\log x) \ln a} = (a^{^a\log x})^{\ln a} = x^{\ln a} = e^{\ln a \ln x} = a^{\ln x}$

$\Rightarrow (^a\log x) \ln a = \ln x$.

5. a) $e^z = e^{x+iy} = e^x(\cos y + i \sin y) \Rightarrow |e^z| = e^x > 0$ für $z \in \mathbb{C}$.

b) $\cos iy = \dfrac{e^{-y} + e^y}{2}$, $\sin iy = \dfrac{e^{-y} - e^y}{2i}$,

$\cos z = \cos x \dfrac{e^{-y} + e^y}{2} - \sin x \dfrac{e^{-y} - e^y}{2i}$,

$\sin z = \sin x \dfrac{e^{-y} + e^y}{2} + \cos x \dfrac{e^{-y} - e^y}{2i}$,

$|\cos z|^2 = \frac{1}{4} (e^{-y} - e^y)^2 + \cos^2 x$, $|\sin z|^2 = \frac{1}{4} (e^{-y} - e^y)^2 + \sin^2 x$.

Für $y \neq 0$ ist der erste Summand $= \sinh^2 y \neq 0$.

6. a) $\dfrac{\sin x}{x} = \sum\limits_{n=0}^{\infty} (-1)^n \dfrac{x^{2n}}{(2n+1)!} = 1 + \sum\limits_{n=1}^{\infty} (-1)^n \dfrac{x^{2n}}{(2n+1)!} = 1 + o(x)$,

da die letzte Reihe den Faktor x^2 enthält.

b) $\dfrac{1 - \cos x}{x^2} = - \sum\limits_{n=1}^{\infty} (-1)^n \dfrac{x^{2n-2}}{(2n)!} = \frac{1}{2} + o(x)$, da die Reihe für $n > 1$ den Faktor x^2 enthält.

c) $\dfrac{\tan x}{x} = \dfrac{\sin x}{x} \dfrac{1}{\cos x} = (1 + o_1(x)) \dfrac{1}{1 + o_2(x)} = (1 + o_1(x))(1 + o_3(x)) = 1 + o(x)$, da $\dfrac{1}{1 + o_2(x)} - 1 = \dfrac{-o_2(x)}{1 + o_2(x)} = o_3(x)$.

d) $x \cot x = \dfrac{x}{\sin x} \cos x = 1 + o(x)$ wie unter c).

7. Man setze Arc tan x = ξ, Arc tan y = η, man hat $-\frac{\pi}{2} < \xi, \eta < \frac{\pi}{2}$,
$-\pi < \xi + \eta < \pi$ und

$$\text{Arc tan} (\tan(\xi+\eta)) = \text{Arc tan} \frac{x+y}{1-xy}.$$

Nach Definition 9.23 steht links genau dann $\xi+\eta$, wenn
$-\frac{\pi}{2} < \xi + \eta < \frac{\pi}{2}$, für $\frac{\pi}{2} < \xi + \eta < \pi$ ist π von $\xi+\eta$ zu subtrahieren,
für $-\pi < \xi + \eta < -\frac{\pi}{2}$ zu addieren:

$$\text{Arc tan x} + \text{Arc tan y} (\pm \pi) = \text{Arc tan} \frac{x+y}{1-xy},$$

$\pm \pi$ ist so hinzuzufügen, daß die linke Seite in $]-\frac{\pi}{2}, \frac{\pi}{2}[$ liegt.
Dem entspricht: Für $xy < 1$ gilt das Additionstheorem ohne Zusatz, für $xy = 1$
ist die Formel nicht definiert, für $xy > 1$ ist links π hinzuzufügen, falls x, y > 0,
und $-\pi$, falls x, y < 0.

8. Es ist $\frac{1}{\pm\sqrt{1+\tan^2 x}} = \cos x$, wobei für $|x| < \frac{\pi}{2}$ das positive und für

$\frac{\pi}{2} < |x| \leq \pi$ das negative Vorzeichen zu wählen ist.
Daher

$$\sin x = \frac{\tan x}{\pm\sqrt{1+\tan^2 x}}, \quad \cos x = \frac{1}{\pm\sqrt{1+\tan^2 x}}$$

mit der obigen Vorzeichenwahl. Für $x \to \pm \frac{\pi}{2}$ ist $\tan^2 x \to \infty$, also
$(1 + \tan^2 x)^{-\frac{1}{2}} \to 0$, in diesem Sinne gilt die Darstellung des cos auch dort,
für sin betrachte man

$$\sin x = \frac{1}{\pm\sqrt{1+\cot^2 x}}$$

mit $\cot^2 x \to 0$ für $x \to \pm \frac{\pi}{2}$, also Gültigkeit der Darstellung.

9. $\sinh x = \dfrac{e^x - e^{-x}}{2} = \displaystyle\sum_{n=0}^{\infty} \frac{1}{2} \left(\frac{1}{n!} - \frac{(-1)^n}{n!}\right) x^n = \sum_{k=0}^{\infty} \frac{1}{(2k+1)!} x^{2k+1}$,

$\cosh x = \dfrac{e^x + e^{-x}}{2} = \displaystyle\sum_{n=0}^{\infty} \frac{1}{2} \left(\frac{1}{n!} + \frac{(-1)^n}{n!}\right) x^n = \sum_{k=0}^{\infty} \frac{1}{(2k)!} x^{2k}$.

10. a) $\frac{1}{4}(e^x + e^{-x})^2 - \frac{1}{4}(e^x - e^{-x})^2 = 1$

b) $\cosh(x+y) = \frac{1}{2}(e^{x+y} + e^{-x-y}) = \frac{1}{4}(e^x + e^{-x})(e^y + e^{-y}) +$

$+ \frac{1}{4}(e^x - e^{-x})(e^y - e^{-y}) = \cosh x \cosh y + \sinh x \sinh y,$

$\sinh(x+y) = \frac{1}{2}(e^{x+y} - e^{-x-y}) = \frac{1}{4}(e^x - e^{-x})(e^y + e^{-y}) +$

$+ \frac{1}{4}(e^x + e^{-x})(e^y - e^{-y}) = \sinh x \cosh y + \cosh x \sinh y.$

c) $\tanh(x+y) = \dfrac{\sinh(x+y)}{\cosh(x+y)} = \dfrac{\sinh x \cosh y + \cosh x \sinh y}{\cosh x \cosh y + \sinh x \sinh y}$

Teilt man Zähler und Nenner durch $(\cosh x)(\cosh y) \neq 0$, so erhält man das Ergebnis.

11. Es ist $\cosh x > 1$ für $x \neq 0$ nach Aufgabe 9, also mit $x' = x + \Delta,\ \Delta > 0$,
$\sinh x' = \sinh x \cosh \Delta + \cosh x \sinh \Delta > \sinh x \cosh \Delta > \sinh x$.
$\cosh x' = \cosh x \cosh \Delta + \sinh x \sinh \Delta \geq \cosh x \cosh \Delta > \cosh x$.
In der letzten Zeile ist $\sinh x \geq 0$, also $x \geq 0$ vorauszusetzen.

12. $y = \text{area sinh } x$ ergibt sich als Auflösung von $\sinh y = x$. Wegen

$$\sinh y + \cosh y = e^y \Rightarrow y = \ln\left(\sinh y + \sqrt{1 + \sinh^2 y}\right) \text{ oder}$$

$\text{area sinh } x = \ln(x + \sqrt{1 + x^2})$. $y = \text{area tanh } x$ ergibt sich entsprechend über

$x = \dfrac{e^{2y} - 1}{e^{2y} + 1}$, $e^{2y} = \dfrac{1+x}{1-x}$ zu $\text{area tanh } x = \dfrac{1}{2} \ln \dfrac{1+x}{1-x}$.

13. Aus $n \leq \dfrac{1}{x} < n+1$ folgt (für $x > 0$)

$$1 + \frac{1}{n} \geq 1 + x > 1 + \frac{1}{n+1}$$

$$\left(1 + \frac{1}{n}\right)^{n+1} > \left(1 + \frac{1}{n}\right)^{\frac{1}{x}} \geq (1 + x)^{\frac{1}{x}} > \left(1 + \frac{1}{n+1}\right)^{\frac{1}{x}} \geq \left(1 + \frac{1}{n+1}\right)^{n+1-1}.$$

Die äußeren Ausdrücke unterscheiden sich für genügend großes n, also x genügend nahe an 0, um beliebig wenig von e, also gilt das auch für den mittleren Ausdruck. Für $x < 0$ setze man $y = -x$ und hat

$$(1-y)^{-\frac{1}{y}} = \left(1 + \frac{y}{1-y}\right)^{\frac{1}{y}} = (1+z)^{1+\frac{1}{z}} \to e$$

mit $\dfrac{y}{1-y} = z \to 0$ für $y \to 0$.

14. Für $a = 1$ gilt $\dfrac{a^x - 1}{x} = 0 \to \ln a = 0$. Für $a \neq 1$ setze man $x = {}^a\log(1+y)$, also $y \to 0 \Leftrightarrow x \to 0$, und betrachte den Kehrwert $\dfrac{x}{a^x - 1} = \dfrac{1}{y}\ {}^a\log(1+y) =$

$= {}^a\log(1+y)^{\frac{1}{y}} \to {}^a\log e = \dfrac{1}{\ln a}$ nach Aufgaben 9.3,4 und 13.

Kap. 10:

1. a) $f(x) = x^\alpha = e^{\alpha \ln x}$ ist für $x > 0$ definiert;

$f'(x) = \dfrac{\alpha}{x} e^{\alpha \ln x} = \alpha x^{\alpha - 1}$ nach 10.3c;

$f = 1$ für $\alpha = 0$; $f \to 0$ für $x \to 0$ und $\alpha > 0$ wegen $\alpha \ln x \to -\infty$,
$f \to \infty$ für $x \to 0$ und $\alpha < 0$; $f \to \infty$ für $x \to \infty$ und $\alpha > 0$ wegen
$\alpha \ln x \to \infty$, $f \to 0$ für $x \to \infty$ und $\alpha < 0$.

b) $f(x) = (x^x)^x = e^{x^2 \ln x}$ definiert für $x > 0$;

$f'(x) = (2x \ln x + x) e^{x^2 \ln x} = (1 + \ln x^2) x^{x^2 + 1}$; $f \to 1$ für $x \to 0$.
wegen 9.14c; $f \to \infty$ für $x \to \infty$.

c) $f(x) = e^{x^x \ln x} = \exp(e^{x \ln x} \ln x)$ definiert für $x > 0$;

$f'(x) = (\frac{1}{x} e^{x \ln x} + (\ln x + 1) e^{x \ln x} \ln x) f$

$= (\frac{1}{x} + \ln x + \ln^2 x) x^x f$;

$f \to 0$ für $x \to 0$, da $e^{x \ln x} \to 1$ und $\ln x \to -\infty$; $f \to \infty$ für $x \to \infty$.

2. $\dfrac{a^{x+h} - a^x}{h} = a^x \dfrac{a^h - 1}{h} \to a^x \ln a$ für $h \to 0$ nach Aufgabe 9.14.

$\dfrac{{}^a\log(x+h) - {}^a\log x}{h} = \frac{1}{h} {}^a\log(1 + \frac{h}{x}) = \frac{1}{x} {}^a\log(1 + \frac{h}{x})^{\frac{x}{h}}$

$\to \frac{1}{x} {}^a\log e = \dfrac{1}{x \ln a}$ nach Aufgabe 9.13.

3. $\dfrac{\sin(x+h) - \sin x}{h} = \sin x \dfrac{(\cos h - 1)}{h} + \cos x \dfrac{\sin h}{h}$

$= \cos x + o(1) \to \cos x$ für $h \to 0$.

$\dfrac{\cos(x+h) - \cos x}{h} = \cos x \dfrac{(\cos h - 1)}{h} - \sin x \dfrac{\sin h}{h}$

$= -\sin x + o(1) \to -\sin x$ für $h \to 0$.

4. $(\sinh x)' = \frac{1}{2}(e^x - e^{-x})' = \frac{1}{2}(e^x + e^{-x}) = \cosh x$,

$(\cosh x)' = \frac{1}{2}(e^x + e^{-x})' = \frac{1}{2}(e^x - e^{-x}) = \sinh x$,

$(\tanh x)' = (\frac{\sinh x}{\cosh x})' = \dfrac{\cosh^2 x - \sinh^2 x}{\cosh^2 x} = \dfrac{1}{\cosh^2 x} = 1 - \tanh^2 x$,

$(\coth x)' = (\frac{\cosh x}{\sinh x})' = \dfrac{\sinh^2 x - \cosh^2 x}{\sinh^2 x} = -\dfrac{1}{\sinh^2 x} = 1 - \coth^2 x$.

5. a) $(\text{area sinh } x)' = \dfrac{1}{\sinh'(\text{area sinh } x)} = \dfrac{1}{\cosh(\text{area sinh } x)} = \dfrac{1}{\sqrt{1+x^2}}$

$(\text{area tanh } x)' = \dfrac{1}{\tanh'(\text{area tanh } x)} = \dfrac{1}{1 - \tanh^2(\text{area tanh } x)} = \dfrac{1}{1-x^2}$

b) $(\text{area sinh } x)' = (\ln(x + \sqrt{1+x^2}))' = \dfrac{1 + \frac{x}{\sqrt{1+x^2}}}{x + \sqrt{1+x^2}} = \dfrac{1}{\sqrt{1+x^2}}$,

$(\text{area tanh } x)' = \frac{1}{2}(\ln \frac{1+x}{1-x})' = \frac{1}{2}(\frac{1}{1+x} + \frac{1}{1-x}) = \dfrac{1}{1-x^2}$.

6. $f(x) = f(x_o) + f'(x_o)(x-x_o) + o_1(x-x_o)$,
$g(x) = g(x_o) + g'(x_o)(x-x_o) + o_2(x-x_o)$
gegeben, es folgt $f(x) g(x) = f(x_o) g(x_o) + [f(x_o) g'(x_o) +$
$+ g(x_o) f'(x_o)](x-x_o) + (x-x_o)[f(x_o) o_2(1) + g(x_o) o_1(1)] +$
$+ (x-x_o)^2 [f'(x_o) o_2(1) + g'(x_o) o_1(1) + o_1(1) o_2(1)] + f'(x_o) g'(x_o)]$.
Nach Satz 8.4b, c ist die erste eckige Klammer $= o_3(1)$, die zweite $= o(1)$,
wegen $(x - x_o)^2 = o_4(x - x_o)$ ist alles bewiesen.

7. Nach Definition ist $f(x) = f(x_o) + f'_{\pm}(x_o)(x-x_o) + o(x-x_o)$ für $x \to x_o \pm$.

Wäre $f'_+(x_o)\, f'_-(x_o) > 0$, so würde entsprechend dem Beweis von Hilfssatz 10.6 $f(x) - f(x)$ in x_o das Vorzeichen wechseln, es läge also kein Extremwert vor. Für $f'_+(x_o)\, f'_-(x_o) < 0$ ist $f(x) - f(x_o) = [f'_{\pm}(x_o) + o(1)](x-x_o)$ $\lessgtr 0$ für $0 < |x-x_o| < \delta$ und $f'_+(x_o) \lessgtr 0$. – Für $f(x) = |x|$ ist $f'_{\pm}(0) = \pm 1$, also liegt ein Minimum vor.

8. $\varphi = f + \lambda g$ mit $\varphi(a) = \varphi(b)$ für $\lambda = \frac{f(a) - f(b)}{g(b) - g(a)}$. Der Nenner ist wegen $g(b) - g(a) = g'(\xi)(b-a) \neq 0$. Nach dem Satz von Rolle existiert ein $\xi \in \,]a, b[$ mit $\varphi'(\xi) = f'(\xi) + \lambda g'(\xi) = 0$, das ist bereits die Behauptung.

9. Nach der Taylorformel ist $\sin x = \sum\limits_{k=0}^{n} (-1)^k \frac{x^{2k+1}}{(2k+1)!} + \mathbb{R}_{2n+2}(x)$

mit $R_{2n+2}(x) = \frac{\sin^{(2n+3)}\xi}{(2n+3)!} x^{2n+3}$. Für $|x| \leq 1$ erhält man

$|R_{2n+2}(x)| \leq \frac{1}{(2n+3)!} \leq \epsilon$ für $(2n+3)! \geq \frac{1}{\epsilon}$. Im vorliegenden Fall ist für n=4 erstmals $11! = 39\,916\,800 > 10^6$, so daß 5 Glieder der Reihe zu berechnen sind (Genauigkeit sogar 10^{-7}).

10. a) $\ln(1+x) = \ln(1-(-x)) = -\sum\limits_{n=1}^{\infty} (-1)^n \frac{x^n}{n} = \sum\limits_{n=1}^{\infty} (-1)^{n+1} \frac{x^n}{n}$; $r = 1$.

b) $\frac{1}{(1-x)^k} = (1-x)^{-k} = \sum\limits_{n=0}^{\infty} \binom{-k}{n}(-x)^n = \sum\limits_{n=0}^{\infty} \binom{k+n-1}{n} x^n$

wegen $\binom{-k}{n} = (-1)^n \frac{k(k+1)\cdots(k+n-1)}{n!} = (-1)^n \binom{n+k-1}{n}$; $r = 1$.

c) $a^x = e^{x \ln a} = \sum\limits_{n=0}^{\infty} \frac{1}{n!}(x \ln a)^n = \sum\limits_{n=0}^{\infty} \frac{(\ln a)^n}{n!} x^n$; $r = \infty$.

Kap. 11:

1. a) $\frac{0}{0} : \frac{f'(x)}{g'(x)} = \frac{5^x \ln 5}{2 \cos 2x} \to \frac{1}{2} \ln 5$.

b) $\frac{0}{0} : \frac{f'(x)}{g'(x)} = \dfrac{\frac{2}{3}(1+x)^{-\frac{2}{3}} - \frac{1}{2}(4+x)^{-\frac{1}{2}}}{\frac{1}{2}(9+x)^{-\frac{1}{2}}} \to \frac{5}{2}$.

c) $\infty - \infty : \dfrac{[x(\frac{1}{g(x)} - \frac{1}{f(x)})]'}{[\frac{x}{f(x)\,g(x)}]'} = \dfrac{3}{2 - \frac{1}{x} - \frac{4}{x^2}} \to \frac{3}{2}$.

d) $\infty \cdot 0 : \dfrac{g'(x)}{(\frac{1}{f(x)})'} = \dfrac{1}{2\cos^2 \frac{x}{2}} \cdot \dfrac{(\tan x - 1)^2}{\tan^2 x + 1} \to 1$.

e) $\infty - \infty$: $\dfrac{\left(\frac{1}{g(x)} - \frac{1}{f(x)}\right)'}{\left(\frac{1}{g(x)\,f(x)}\right)'} = \dfrac{e^x - \cos x}{e^x(\sin x + \cos x) - \cos x}$, entspricht $\dfrac{0}{0}$,

nochmalige Differentiation ergibt $\dfrac{e^x + \sin x}{2e^x\cos x + \sin x} \to \dfrac{1}{2}$.

f) 0^0 : $\dfrac{(\log f(x))'}{\left(\frac{1}{g(x)}\right)'} = \dfrac{2^x \ln 2}{\cos x}\ \dfrac{\sin^2 x}{1 - 2^x}$, der letzte Bruchstrich ergibt bei noch-

maliger Differentiation $\dfrac{2\sin x \cos x}{-2^x \ln 2} \to 0$, also $f^g \to e^0 = 1$.

g) ∞^0 : $\dfrac{(\log f(x))'}{\left(\frac{1}{g(x)}\right)'} = \dfrac{\sin x}{\cos^2 x} \to 0$, also $f^g \to e^0 = 1$.

h) 1^∞ : $\dfrac{(\log f(x))'}{\left(\frac{1}{g(x)}\right)'} = \dfrac{e^{-x}}{1 + e^{-x}}\ x^2 \cos^2 \dfrac{1}{x} \to 0$ nach Beispiel 11.5a,

also $f^g \to e^0 = 1$.

2. a) Mit $f(x) = e^x - 3x^2$ ist $f(0) = 1$, $f(1) = e - 3 < 0$; $f'(x) = e^x - 6x$;
$f''(x) = e^x - 6 < 0$ in $[0, 1]$. Wegen $f'' < 0$ muß $f(x_0) < 0$ sein, also
$x_0 = 1$. Wegen $6x > 3x^2$ in $]0, 1]$ ist $f'(x) < f(x) \leqq 0$ im Intervall $[c, 1]$,
wenn c die Nullstelle von f ist. Damit sind alle Voraussetzungen erfüllt.
Es ist $x_1 = 0,9141\ldots$, $x_2 = 0,9100\ldots$, $x_3 = 0,9100\ldots$.

b) Für $g(x) = f(x) + x$ ist $g'(x) = e^x - 6x + 1 \leqq e - 6 \cdot 0,9 + 1 < -1,6$
in $[0,9\ ,1]$, also kommt das Iterationsverfahren nicht in Frage.

3. a) Mit $f(x) = \frac{1}{2}\tan x + x - 1$ ist $f(0) = -1$, $f(\frac{\pi}{4}) = \frac{\pi}{4} - \frac{1}{2} > 0$,
$f'(x) = \frac{1}{2}(3 + \tan^2 x) > 0$; $f''(x) = \tan x\,(1 + \tan^2 x) > 0$, also muß
$f(x_0) > 0$ sein, etwa $x_0 \approx \frac{\pi}{4}$. Es ist $x_0 \approx 0,7854$, $x_1 \approx 0,6427$, $x_2 \approx 0,6331 \ldots$,

b) Mit $g(x) = 1 - \frac{1}{2}\tan x$ ist $g'(x) = -\frac{1}{2}(1 + \tan^2 x)$.
Wegen $[g(a), g(b)] \subset [a, b]$ muß auf $[0,57 , 0,7] = [a, b]$ zurückgegangen
werden, dort ist $-0,7 > g'(x) > -0,9$. Mit $x_0 = 0,6 \Rightarrow x_1 \approx 0,6579$,
$x_2 \approx 0,6136$, $x_3 \approx 0,6478$.

4. a) f definiert in $]-\infty, -1[\ \cup\ ]1, 3[\cup]3, \infty[$, dort differenzierbar.
Grenzwerte: $f \to \infty$ für $x \to \pm\infty$, $f \to -\infty$ für $x \to -1-$ und $x \to 1+$,
$f \to -\infty$ für $x \to 3+$, $f \to \infty$ für $x \to 3-$. Asymptoten: $x = \pm 1$, $x = 3$,
$f'(x) = \dfrac{4}{3}\ \dfrac{(x-2)\,(3x^2 - 7x - 2)}{(x-3)^2(x^2-1)}$ hat Nullstellen $x_{1,2} = \frac{1}{6}(7 \pm \sqrt{73})$, $x_3 = 2$,
also $f' < 0$ in $]-\infty, -1[$, $f' > 0$ in $]1, 2[$, $f' < 0$ in $]2, x_1[$, $f' > 0$ in
$]x_1, 3[$ und $]3, \infty[$. Damit ist $x_3 = 2$ ein Maximum, $f(x_3) = \frac{5}{3} + \ln 3 =$
$= 2,76\ldots$, $x_1 = \frac{1}{6}(7 + \sqrt{73}) = 2,59\ldots$ ein Minimum, $f(x_1) = 2,58\ldots$

Aus $f''(x) = \frac{4}{3} \frac{-3x^5 + 17x^4 - 39x^3 + 47x^2 - 42x + 44}{(x-3)^3(x^2-1)^2}$ ist nicht so leicht etwas

abzulesen, nur $f'' < 0$ in $]-\infty, -1[$ kann man sofort sehen, da der Zähler dort positiv ist. Mit einigem Aufwand kann man sich überlegen, daß der Zähler für $x > 1$ monoton abnimmt, so daß eine Nullstelle x_4 zwischen 2 und 2,5 vorliegt. Damit ist f in $]-\infty, -1[$, $]1, x_4[$ und $]3, \infty[$ konkav, sowie in $]x_4, 3[$ konvex. Es liegt jeweils eine Nullstelle der Funktion in den Intervallen $]-\infty, -1[$, $]1, 2[$, $]3, \infty[$, was man noch leicht zu $]-2, -1[$, $]1, 2[$, $]3, 4[$ verbessern kann. (Abb. 8)

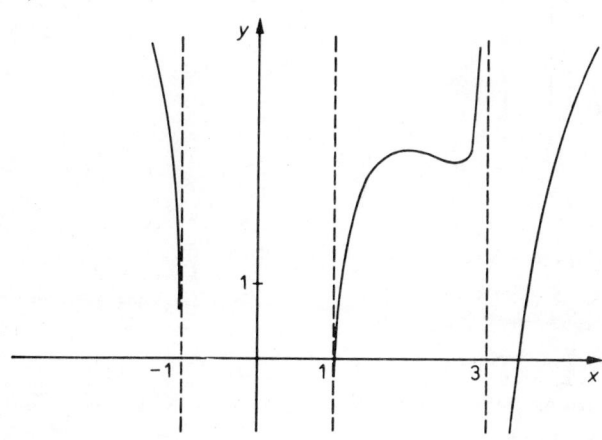

Abb. 8

b) f definiert in $]-\infty, x_1[$, $]x_1, x_2[$, $]x_2, \infty[$ mit $x_{1,2} = 2 \mp \sqrt{2}$, dort stetig. Grenzwerte: $f \to \infty$ für $x \to -\infty$ und $x \to x_1-$, $f \to -\infty$ für $x \to x_1+$ und $x \to x_2-$, $f \to \infty$ für $x \to x_2+$ und $f \to 0$ für $x \to \infty$.

Asymptoten: $x = x_1$, $x = x_2$ und $g(x) = 0$. $f'(x) = -2 \frac{x^3(x-1)(x-2)^2}{(x^2-4x+2)^2} e^{1-2x}$

und $f' < 0$ in $]-\infty, 0[$, $f' > 0$ in $]0, x_1[$ und $]x_1, 1[$, $f' < 0$ in $]1, 2[$ $]2, x_2[$ und $]x_2, \infty[$. Damit liegt in $x_3 = 0$ ein Minimum vor, $f(0) = 0$, in $x_4 = 1$ ein Maximum, $f(1) = -e^{-1}$. Aus $f''(x) = \frac{2x^2(x-2)e^{1-2x}}{(x^2-4x+2)^3} \cdot (2x^5 - 16x^4 + 49x^3 -$ $-66x^2 + 42x - 12)$ ist nur $f'' > 0$ für $x < 0$ leicht zu sehen, da dort die letzte Klammer negativ ist. Mit einigem Aufwand kann man sich überlegen, daß die letzte Klammer monoton wachsend ist und eine Nullstelle x_4 in $]1, 2[$ hat: f konvex in $]-\infty, x_1[$, f konkav in $]x_1, x_4[$ und konvex in $]x_4, 2[$, f konkav in $]2, x_2[$ und konvex in $]x_2, \infty[$ (Abb. 9).

c) f definiert und stetig in $]-\infty, x_1[$, $]x_1, x_2[$ und $]x_2, \infty[$ mit $x_1 = 1, x_2 = 2$. $f \to -1$ für $x \to \pm\infty$, $f \to \infty$ für $x \to x_1-$ und $x \to x_2+$, $f \to -\infty$ für $x \to x_1+$ und $x \to x_2-$.

185

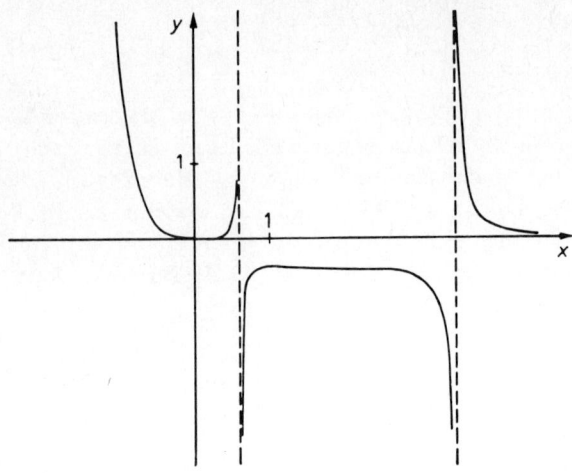

Abb. 9

Asymptoten: $x = x_1$, $x = x_2$, $g(x) = -1$ Asymptote für $x \to \pm\infty$.

$f'(x) = \dfrac{3x^2 - 14x + 15}{(x^2 - 3x + 2)^2} = \dfrac{(3x - 5)(x - 3)}{(x^2 - 3x + 2)^2}$, also $f' > 0$ in $]{-\infty}, x_1[$ und

$]x_1, x_3[$ mit $x_3 = \frac{5}{3}$, $f' < 0$ in $]x_3, x_2[$ und $]x_2, x_4[$ mit $x_4 = 3$,

$f' > 0$ in $]x_4, \infty[$. Damit liegt in x_3 ein Maximum vor, $f(x_3) = -10$, und in x_4 ein Minimum, $f(x_4) = -2$.

$f''(x) = 2\,\dfrac{-3x^3 + 21x^2 - 45x + 31}{(x^2 - 3x + 2)^3}$, der Zähler hat eine Nullstelle x_5 in $]3, 4[$ und

man hat f konvex in $]{-\infty}, x_1[$, f konkav in $]x_1, x_2[$, f konvex in $]x_2, x_4[$ und f konkav in $]x_4, \infty[$. Nullstellen von f liegen in $\pm\sqrt{5}$, Schnittpunkt mit der Asymptote $g(x) = -1$ ist $x = \frac{7}{3}$ (Abb. 10).

5. Aus $f(y) \leqq f(y_1)\,\dfrac{y_2 - y}{y_2 - y_1} + f(y_2)\,\dfrac{y - y_1}{y_2 - y_1} = f(y_1) + (f(y_2) - f(y_1))\,\dfrac{y - y_1}{y_2 - y_1}$

für $y_1 \leqq y \leqq y_2$ erhält man mit $y = g(x)$ für $g(x_1) \leqq g(x) \leqq g(x_2)$

$f(g(x)) \leqq f(g(x_1)) + [f(g(x_2)) - f(g(x_1))]\,\dfrac{g(x) - g(x_1)}{g(x_2) - g(x_1)}$

und der letzte Bruchstrich ist wegen der Konvexität von g wiederum

$\leqq \dfrac{x - x_1}{x_2 - x_1}$. Ist $g(x) \leqq g(x_1) \leqq g(x_2)$, so gilt $f(g(x)) \leqq f(g(x_1)) \leqq$

$\leqq f(g(x_1))\,\dfrac{x_2 - x}{x_2 - x_1} + f(g(x_2))\,\dfrac{x - x_1}{x_2 - x_1}$ und schließlich berücksichtige man

für $g(x_1) > g(x_2)$, daß $y_2 = g(x_1)$ und $y_1 = g(x_2)$ zu setzen ist. Die Konvexität von g ist notwendig, da sonst für $f(x) = x$ jedes g konvex wäre.

186

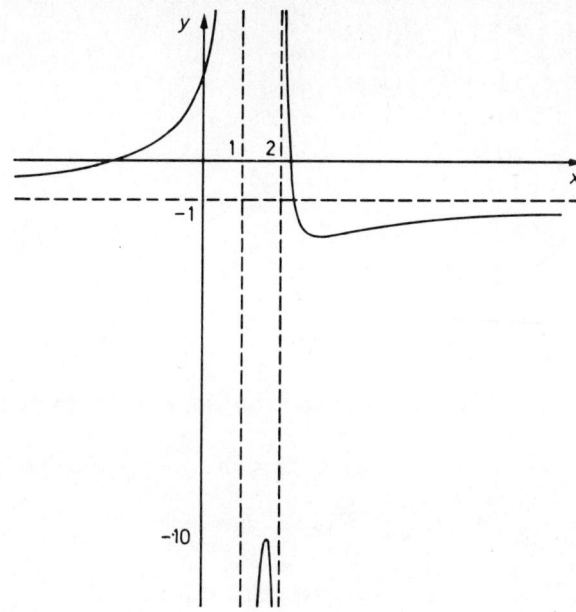

Abb. 10

Die Konvexität von f ist notwendig, da sonst mit $g(x) = x$ und $f(x) = \ln x$ der ln konvex wäre. Das monotone Wachsen von f ist notwendig, da sonst mit $f(x) = \frac{1}{x}$ und $g(x) = \frac{1}{\sqrt{x}}$ die Funktion $\sqrt{x}$ konvex wäre.

6. Für sin ist sin $'' = -\sin$, also nach Beispiel 11.20b $K = 1$ und es muß $10^m \leqq (\frac{2}{\Delta x})^2$ sein. Für $\Delta x = 2{,}909 \cdot 10^{-3}$ (was 10 ' entspricht) erhält man z.B. $m \leqq 5$. Das ist eine häufige Wahl.

7. Es ist $P_n(x, \exp) = \sum\limits_{k=o}^{n} e^{\frac{k}{n}} \prod\limits_{\substack{j=o \\ j \neq k}}^{n} \frac{(nx-j)}{(k-j)}$ und für $R(x) = e^x - P_n(x, \exp)$ gilt nach 11.16

$$R(x) = \frac{e^\xi}{(n+1)!} \prod\limits_{k=o}^{n} (x - \frac{k}{n})$$

für ein $\xi \in [0, 1]$. Da x in einem der Intervalle $]\frac{k}{n}, \frac{k+1}{n}[$ liegen muß, ist $\frac{1}{n} \cdot \frac{1}{n} \cdot \frac{2}{n} \cdots \frac{n}{n} = \frac{n!}{n^{n+1}}$ eine grobe Abschätzung für das Produkt und $|R(x)| \leqq e\, n^{-(n+2)}$. Dies wird $\leqq 10^{-6}$ für $n \geqq 7$.

Kap. 12:

1. $\int\limits_a^b f\,'\,g\,dx = f(b)\,g(b) - f(a)\,g(a) - \int\limits_a^b fg\,'\,dx$

$\int\limits_a^b f\,dx = \int\limits_\alpha^\beta (f \circ \varphi)\,\varphi\,'\,dt,$

wenn $x = \varphi(t), \ \varphi(\alpha) = a, \ \varphi(\beta) = b.$

2. a) Mit zweimaliger partieller Integration

$$\int\limits_z^y e^{ax} \sin bx\,dx = \frac{1}{a^2+b^2} (a\,e^{ax} \sin bx - b\,e^{ax} \cos bx)\,|_z^y.$$

b) Die Substitution $x = \sin t, \ t = \text{Arc} \sin x$ für $x \in [-1, 1]$ führt auf

$\int\limits_{z'}^{y'} e^t \cos t\,dt = \frac{1}{2}\,e^t\,(\cos t + \sin t)\,|_{z'}^{y'},$ mit zweimaliger partieller Integration.

Also $\int\limits_z^y e^{\text{Arc} \sin x}\,dx = \frac{1}{2}(x + \sqrt{1-x^2})\,e^{\text{Arc} \sin x}\,|_z^y\,.$

c) Die Substitution $x = e^t$ für $x \in\ ]0, \infty[$ führt auf

$\int\limits_{z'}^{y'} t^2 e^t\,dt = e^t\,(t^2 - 2t + 2)\,|_{z'}^{y'},$ mit zweimaliger partieller Integration.

Also $\int\limits_z^y (\ln x)^2\,dx = x\,(\ln^2 x - 2\ln x + 2)\,|_z^y.$

d) Mit partieller Integration für $n \neq -1$ ist

$\int\limits_z^y x^n \ln x\,dx = \frac{x^{n+1}}{n+1}\,(\ln x - \frac{1}{n+1})\,|_z^y.$ Für $n = -1$ ist etwa mit der Substitution

$x = e^t$ für $x \in\ ]0, \infty[$

$$\int\limits_z^y \frac{\ln x}{x}\,dx = \frac{1}{2}\,(\ln x)^2\,|_z^y.$$

e) Mit der Substitution $1 + \sqrt{x} = t$ für $x \in [0, \infty[$ erhält man

$\int\limits_{z'}^{y'} 2\,\frac{(t-1)^3}{t}\,dt = (\frac{2}{3}\,t^3 - 3t^2 + 6t - 2\ln t)\,|_{z'}^{y'},$ und damit

$$\int\limits_z^y \frac{x\,dx}{1+\sqrt{x}} = [2\sqrt{x} - x + \frac{2}{3}\,x^{\frac{3}{2}} - 2\ln(1 + \sqrt{x})]\,|_z^y.$$

f) Mit dreimaliger partieller Integration

$$\int\limits_z^y x^3 \sinh x\,dx = (x^3 \cosh x - 3x^2 \sinh x + 6x \cosh x - 6 \sinh x)\,|_z^y.$$

3. φ sei durch $(a_0, \ldots, a_n; c_1, \ldots, c_n)$ dargestellt.

188

a) $\varphi = \sum\limits_{k=1}^{n} c_k \, \chi_{[a_k, a_{k-1}]} + \sum\limits_{k=0}^{n} (\varphi(a_k) - c_k - c_{k+1}) \, \chi_{[a_k, a_k]}$

mit $c_{n+1} = c_0 = 0$.

b) $\varphi = \sum\limits_{k=1}^{n} c_k \, \chi_{]a_k, a_{k-1}[} + \sum\limits_{k=0}^{n} \varphi(a_k) \, \chi_{[a_k, a_k]}$.

4. φ_n sei dargestellt durch $(-\frac{n}{2}, \frac{n}{2}; \frac{1}{n})$, dann ist $\int \varphi_n = 1$ und

$|\varphi_n(x)| \leq \frac{1}{n} < \epsilon$ für $n > \frac{1}{\epsilon}$.

5.   a) $\chi_{I \cup J} = \chi_I + \chi_J - \chi_{I \cap J}$, b) $\chi_{I \cap J} = \chi_I \chi_J$, c) $\chi_{I - J} = (\chi_I - \chi_J) \chi_I$,

d) $\chi_{(I \cup J) - (I \cap J)} = \chi_I + \chi_J - 2\chi_I \chi_J$ (man berücksichtige, daß stets $\chi_I^2 = \chi_I$).

6.   a) Gegeben $\varphi_n \to f$, $\psi_n \to g$ gleichmäßig, f und g beschränkt nach 12.11b,
also $|g|, |\varphi_n| \leq M$ und $|fg - \varphi_n \psi_n| \leq |f - \varphi_n| \, |g| + |\varphi_n| \, |g - \psi_n| \leq$
$M(|f - \varphi_n| + |g - \psi_n|)$. Damit konvergiert auch $\varphi_n \psi_n$ gleichmäßig gegen
fg ($\varphi_n \psi_n \in T$ nach 12.6a), also fg integrierbar.

b) $\varphi_n \to f$, $\psi_n \to g \Rightarrow |\psi_n - g| \leq \frac{\delta}{2}$ für $n \geq n_0 \Rightarrow \frac{1}{|\psi_n|} \leq \frac{2}{\delta}$ für $n \geq n_0$;

$\frac{1}{\psi_n}(x) = \frac{1}{\psi_n(x)}$ für $x \in [a, b]$ und $= 0$ für $x \notin [a, b]$ definiert also wieder

eine Treppenfunktion und $|\frac{f}{g} - \varphi_n \frac{1}{\psi_n}| = |\frac{f\psi_n - g\varphi_n}{g\psi_n}| \leq \frac{2}{\delta^2} M \, (|f - \varphi_n| +$

$|g - \psi_n|)$, wenn M eine Schranke für φ_n und ψ_n. Für $n > n_0$ gilt damit

$\varphi_n \frac{1}{\psi_n} \to \frac{f}{g}$ gleichmäßig und $\frac{f}{g}$ integrierbar.

7. φ bzw. ψ seien dargestellt durch $(a_0, \ldots, a_n; c_1, \ldots, c_n)$ bzw. $(a_0, \ldots,$
$a_n; d_1, \ldots, d_n)$. Dann werden $\varphi\psi$, φ^2 bzw. ψ^2 dargestellt durch
$(a_0, \ldots, a_n; \lambda_1, \ldots, \lambda_n)$ mit $\lambda_i = c_i d_i$, $\lambda_i = c_i^2$ bzw. $\lambda_i = d_i^2$. Die Schwarzsche Ungleichung 2.4 liefert wegen $a_k - a_{k-1} > 0$

$$(\int \varphi\psi)^2 = (\sum\limits_{k=1}^{n} c_k d_k \, (a_k - a_{k-1}))^2 \leq \sum\limits_{k=1}^{n} c_k^2 \, (a_k - a_{k-1}) \sum\limits_{j=1}^{n} d_j^2 \, (a_j - a_{j-1})$$

$$= \int \varphi^2 \, \int \psi^2.$$

8.   Für f und g integrierbar sind nach Aufgabe 6a auch fg, f^2 und g^2 integrierbar
und aus $\varphi_n \to f$, $\psi_n \to g$ folgt $\varphi_n \psi_n \to fg$, $\varphi_n^2 \to f^2$, $\psi_n^2 \to g^2$ jeweils gleichmäßig. Nach Aufgabe 7 gilt die Behauptung für φ_n und ψ_n, der Grenzüber-
gang $n \to \infty$ liefert die Aussage.

9.   a) Die Substitution $x = \cos t$ mit $x \in [0, \frac{1}{2}]$ und $t \in [\frac{\pi}{3}, \frac{\pi}{2}]$ liefert

$$\int\limits_{0}^{\frac{1}{2}} x \, \arccos_0 x \, dx = - \int\limits_{\frac{\pi}{2}}^{\frac{\pi}{3}} t \cos t \sin t \, dt = - \left. \frac{t}{4} \cos 2t \, \right|_{\frac{\pi}{3}}^{\frac{\pi}{2}} +$$

$$\frac{1}{4} \int\limits_{\frac{\pi}{3}}^{\frac{\pi}{2}} \cos 2t \, dt = \frac{\pi}{12} - \frac{1}{16} \sqrt{3}.$$

189

b) Mit der Substitution $x = e^t$, $x \in [1, e]$ und $t \in [0, 1]$ erhält man nach den Aufgaben 10.5 und 9.12

$$\int_1^e \frac{dx}{x\sqrt{1+\ln^2 x}} = \int_0^1 \frac{dt}{\sqrt{1+t^2}} = \text{area sinh } t \,\Big|_0^1 = \ln(1+\sqrt{2}).$$

c) $\int_0^{\frac{1}{2}} x \ln \frac{1+x}{1-x}\, dx = [\frac{x^2}{2} \ln \frac{1+x}{1-x}] \,\Big|_0^{\frac{1}{2}} - \int_0^{\frac{1}{2}} \frac{x^2-1+1}{1-x^2}$

$= \frac{1}{8} \ln 3 + [x - \text{area tanh } x] \,\Big|_0^{\frac{1}{2}} = \frac{1}{2} - \frac{3}{8} \ln 3$ nach Aufgaben 10.5 und 9.12.

10. a) $F = \int_0^{\sqrt{2}} \frac{x \, dx}{\sqrt{1+4x^2}} = \frac{1}{4}\sqrt{1+4x^2} \,\Big|_0^{\sqrt{2}} = \frac{1}{2}$;

$x_s = \frac{1}{F} \int_0^{\sqrt{2}} \frac{x^2 dx}{\sqrt{1+4x^2}} = \frac{1}{F} [\frac{x}{8}\sqrt{1+4x^2} - \frac{1}{16}\text{ area sinh } 2x] \,\Big|_0^{\sqrt{2}} =$

$= \frac{1}{8} [6\sqrt{2} - \ln(2\sqrt{2}+3),$

dabei ist $\int_y^z \frac{x^2}{\sqrt{1+4x^2}}\, dx = \frac{x}{4}\sqrt{1+4x^2} \,\Big|_y^z - \frac{1}{4}\int_y^z \sqrt{1+4x^2}\, dx$

verwendet worden;

$y_s = \frac{1}{2F}\int_0^{\sqrt{2}} \frac{x^2}{1+4x^2}\, dx = \frac{1}{8F}[x - \frac{1}{2}\text{Arc tan } 2x] \,\Big|_0^{\sqrt{2}}$

$= \frac{1}{8}[2\sqrt{2} - \text{Arc tan } 2\sqrt{2}].$

b) $F = \int_0^{\pi^2} \sin\sqrt{x}\, dx = 2\int_0^\pi t \sin t\, dt = 2[-t\cos t + \sin t] \,\Big|_0^\pi = 2\pi$;

$x_s = \frac{1}{F}\int_0^{\pi^2} x \sin\sqrt{x}\, dx = \frac{2}{F}\int_0^\pi t^3 \sin t\, dt = \frac{2}{F}[-t^3\cos t + 3t^2\sin t$

$+ 6t\cos t - 6\sin t] \,\Big|_0^\pi = \pi^2 - 6$;

$y_s = \frac{1}{2F}\int_0^{\pi^2} \sin^2\sqrt{x}\, dx = \frac{1}{2F}\int_0^\pi t(1-\cos 2t)\, dt =$

$= \frac{1}{2F}[\frac{1}{2}t^2 - \frac{1}{2}t\sin 2t - \frac{1}{4}\cos 2t] \,\Big|_0^\pi = \frac{\pi}{8},$

jeweils mit der Substitution $x = t^2$, $t = \sqrt{x}$.

c) $F = \int\limits_{-\frac{3}{2}}^{0} \sqrt{3-4x-4x^2} \ dx + \int\limits_{0}^{\sqrt{3}} (-x+\sqrt{3}) \ dx$

$= 2 \int\limits_{-\frac{3}{2}}^{0} \sqrt{1-(x+\frac{1}{2})^2} \ dx + [-\frac{x^2}{2}+\sqrt{3} \, x] \, |_{0}^{\sqrt{3}} = 2 \int\limits_{-1}^{\frac{1}{2}} \sqrt{1-t^2} \ dt + \frac{3}{2}$

$= [t\sqrt{1-t^2} + \text{Arc sin } t] \, |_{-1}^{\frac{1}{2}} + \frac{3}{2} = \frac{1}{4}\sqrt{3} + \frac{3}{2} + \frac{2\pi}{3},$

dabei ist $x + \frac{1}{2} = t$ und

$\int\limits_{z}^{y} \sqrt{1-t^2} \ dt = t\sqrt{1-t^2} \, |_{z}^{y} + \int\limits_{z}^{y} \frac{t^2-1+1}{\sqrt{1-t^2}} \ dt \quad$ verwendet worden.

$x_s = \frac{1}{F} \int\limits_{-\frac{3}{2}}^{0} x\sqrt{3-4x-4x^2} \ dx + \frac{1}{F} \int\limits_{0}^{\sqrt{3}} x \, (-x+\sqrt{3}) \ dx$

$= \frac{2}{F} \int\limits_{-1}^{\frac{1}{2}} (t-\frac{1}{2})\sqrt{1-t^2} \ dt + \frac{1}{F} [-\frac{x^3}{3}+\frac{1}{2} x^2 \sqrt{3}] \, |_{0}^{\sqrt{3}}$

$= \frac{2}{F} [-\frac{1}{3}(1-t^2)^{\frac{3}{2}} - \frac{1}{4} t\sqrt{1-t^2} - \frac{1}{4} \text{Arc sin } t] \, |_{-1}^{\frac{1}{2}} + \frac{\sqrt{3}}{2F}$

$= \frac{1}{F} [\frac{1}{8}\sqrt{3} - \frac{\pi}{3}];$

$y_s = \frac{1}{2F} \int\limits_{-\frac{3}{2}}^{0} (3-4x-4x^2) \ dx + \frac{1}{2F} \int\limits_{0}^{\sqrt{3}} (x^2-2x\sqrt{3}+3) \ dx$

$= \frac{1}{2F} [3x-2x^2-\frac{4}{3}x^3] \, |_{-\frac{3}{2}}^{0} + \frac{1}{2F} [\frac{x^3}{3} - x^2\sqrt{3} + 3x] \, |_{0}^{\sqrt{3}}$

$= \frac{1}{4F} [9+2\sqrt{3}].$

11. Sind M_1 und M_2 Nullmengen, so existieren Folgen von Intervallen (I_n) und (J_n) mit $M_1 \subseteq \cup I_n$ und $M_2 \subseteq \cup J_n$ sowie $\Sigma L(I_n) < \frac{\epsilon}{2}$, $\Sigma L(J_n) < \frac{\epsilon}{2}$. Dann gilt $M_1 \cup M_2 \subseteq \cup K_n$ mit $K_{2k} = I_k$ $K_{2k-1} = J_k$ (k=1, 2 ...) und es ist $\Sigma L(K_n) < \frac{\epsilon}{2} + \frac{\epsilon}{2} = \epsilon$.

Liste weiterführender Lehrbücher

Naturgemäß muß diese Liste sehr unvollständig sein, zum Teil handelt es sich um Lehrbücher für Mathematiker (auch mit eingeschränkterem Themenkreis), zum Teil um umfangreiche Darstellungen der Höheren Mathematik für Physiker, Ingenieure usw.

Courant, R.:   Vorlesungen über Differential- und Integralrechnung I,II.
Berlin-Heidelberg-New York: Springer Verlag 1971/72.

Dieudonné, J.:   Grundzüge der modernen Analysis, I, II, III, IV.
Braunschweig, Vieweg 1972/75/76.

Duschek, A.:   Höhere Mathematik I, II, III, IV.
Wien: Springer Verlag 1960/61/63/65.

Favard, J.:   Cours d'analyse de l' École Polytechnique I, II, III.
Paris: Gauthiers-Villars 1960/62/63.

Fichtenholz, G. M.:   Differential- und Integralrechnung I, II, III.
Berlin: Deutscher Verlag der Wissenschaften 1973/74.

Grauert, H., Lieb, I. und Fischer, W.:   Differential- und Integralrechnung I, II, III.
Berlin-Heidelberg-New York: Springer Verlag 1968/73.

v. Mangoldt, H. und Knopp, K.:   Einführung in die Höhere Mathematik I, II, III, IV.
Stuttgart: Hirzel Verlag 1974/75.

Ostrowski, A.:   Vorlesungen über Differential- und Integralrechnung I, II.
Basel-Stuttgart: Birkhäuser Verlag 1965/67/68.

Sauer, R., und Szabò I. (Herausgeber):   Mathematische Hilfsmittel des Ingenieurs I. II. III. IV.
Berlin-Heidelberg-New York: Springer Verlag 1967/68/69/70.

Smirnow, W. I.:   Lehrgang der Höheren Mathematik I, II, III, IV, V.
Berlin: Deutscher Verlag der Wissenschaften 1973/74/75.

Sachregister